品尝的科学

从地球生命的第一口，到饮食科学研究最前沿

TASTY

The Art and Science of What We Eat

John McQuaid

[美] 约翰·麦奎德 —— 著

林东翰 张琼懿 甘锡安 —— 译

北京联合出版公司 · 后浪
Beijing United Publishing Co.,Ltd.

献给我的母亲

目　录

Contents

Chapter 1

The Tongue Map

第一章

味觉地图

波林图

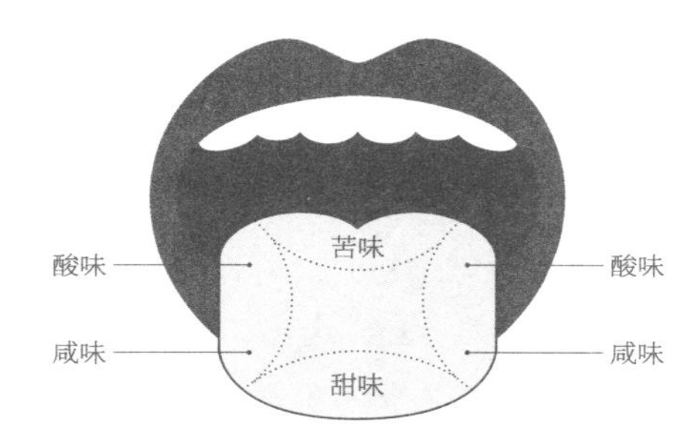

错误的味觉地图

埃德温·加里格斯·波林（Edwin Garrigues Boring）在他心理学家生涯的初期，常常拿自己当人体实验品。1914 年，他在康奈尔大学念研究生时，就曾吞下喂养管来测试自己的食道与胃对于不同食物的反应，还切开过自己前臂的一条神经，只为了记录下该神经逐渐愈合的过程。1922 年，就在波林开始在哈佛大学任教之前，他在一个雨夜被车撞了。因为颅骨骨折，他在医院躺了六个星期，还出现了短期记忆丧失的状况，会忘记几分钟前和访客讲过的话。波林康复之后，利用这次的亲身经历来分析意识的本质，探讨活在当下的人是否真的有意识。[001]

波林曾因为“波林图”（Boring figure）这幅新奇有趣的小图而声名大噪过。“波林图”是一种错视（optical illusion）现象，只要观看的角度稍微改变，图案就会从老妇的脸变成年轻女人的头，看到什么全凭眼睛与心智的认知来决定。[002] 然而真正让波林闻名于世的，是他改变了心理学的普遍观念。而前述的那种亲自动手体验的感觉，在波林成为 20 世纪最具影响力的心理学家之一的过程中，颇有帮助。在他职业生涯刚开始时，这个领域像是各种学科的大杂烩，有哲学、治疗和实验室实验，每个学科都有各自的方法与专业术语。波林利用自己在哈佛大学的影响力，致力于把心理学变成更一致、更严谨的学问，让它更接近科学方法。他坚信科学家有义务不断地认真检视与衡量自己的感觉，所有的发现都要以直接的观察结果为基础——也就是“实证主义”(positivism）这种哲学原则。这是最有可能找到心理学渴望发掘的，关于现实的真相的科学了。

不过，当波林想要把这些信念落实到可以避免科学上的重大误解时，他重重地栽了个跟头。这次的失败和味觉的性质有关。20 世纪 40 年代时，波林已经是个杰出的历史学家了，他把现代心理学的出现与演变都记录了下来。他于 1942 年出版的大作《实验心理学历史上的感觉与知觉》(*Sensation and Perception in the History of Experimental Psychology*）至今仍被视为人类感官的权威研究，这一研究可以追溯至 17 世纪牛顿爵士对于光和色彩的研究。

这本著作厚达 700 页，但波林只用仅占全书 25 页的一章探讨了味觉与嗅觉。在该章中，他回顾了德国科学家戴维·P·黑尼希（David P.Hänig)在 1901 年完成的一项实验。黑尼希把甜、咸、苦、酸的溶液（它们代表最基本的四种味道，是风味的重要组成部分）涂在测试志愿者舌头的不同区域，然后让他们评价这些味道的相对强度。他发现，察觉每种味道的临界值，会随着舌头边缘的位置而变。比方说，对于甜味和咸味，舌尖比舌根更敏感。

003

至于这代表了什么（如果有的话），并不是很明确，而且两者的差异非常小。不过波林认为这个概念很有意思，并进一步对它进行了图解——他借用黑尼希的研究数据，把这个概念转绘成了图表。这张图表只是一个视觉辅助，上面没有单位，而且图表上的曲线就算以印象主义的观点来看，也太过粗放草率了。或许波林是要夸张阐述论点，也可能不是有意为之，总之结果就是他让感官上的微小差异巨大化了。

004

这幅随性绘成的图表，成了著名的味觉地图的基础，它把每种味觉分在几个区域：舌尖标示为甜味，舌根为苦味；沿着侧边，咸味在近前端处，酸味则在其后；舌头中间则是空白的。长期研究味觉地图起源的心理学教授琳达·巴托舒克（Linda Bartoshuk）认为，它是“传话”失真所产生的：一开始，波林把黑尼希的发现夸大了；接下来，研究者和教科书编者又错误解读了波林的图表，把图表中曲线的顶点用来标示舌头的特定区域。后一回合的混乱，产生了一幅比世界地图上各国国界还要分明的味觉分界图。

“舌头处理味道”是个众所周知的现象，但对于它是如何做到的，味觉地图提出了一个简单的解释。教师们欣然接纳了这幅图，每一届的小学生，在专门设计用来强调味觉地图的课堂实验上，啜饮着掺了糖、盐、柠檬汁或汤力水的水。就像防空演习或躲避球那样，味觉地图也成了战后美国学校教育的一个特点，这也使得它在公众印象中占了一席之地。

然而，被这些实验、图表所混淆的儿童，很可能比被启发的还要多，因为有很多人发现，用舌头各处尝到的味道并没有多大的差异。就算味觉地图披着传统智慧的外衣，但研究显示，味觉地图不仅仅是夸大或曲解而已，它根本就是错的。1973年，匹兹堡大学的弗吉尼娅·科林斯（Virginia Collings）重复了黑尼希的原始实验。和黑尼希一样，她也发现舌头味觉地图上的味觉变动程度非常有限。到了21世纪初，更多先进的实验证明，整个舌头表面都感觉得到五种味道（2001年，“鲜味”被认定为第五种味道）。每个味蕾都分布着五种不同的受体蛋白质（receptor protein），每一种受体蛋白质专门侦测一种基本味道分子。

005
006

波林不是只解释黑尼希40年前的资料，他自己也做过一些味觉实验，很可能早已注意到自己的图表有不对劲的地方。然而，他却提出了一个在历史上更广为流传的错误科学信息。

最近几年，这幅陈旧的味觉地图已经远不如以往那般权威，不过在烹饪界的某些领域还是见得着它的身影，包括品尝咖啡和红酒，这些领域把传统与延续性看得和科学同样重要。奥地利玻璃器具设计师克劳斯·里德尔（Claus Riedel）利用味觉地图制作红酒杯，这种酒杯拥有独特的曲线，目的就是要让你喝的每一口红酒都能碰到舌头上的正确位置，以散发出所有的酒香。克劳斯·里德尔在2004年过世，之后，他的儿子与继承人乔治·里德尔（Georg Riedel）坦承，科学证据让味觉地图的说服力大打折扣，不过他们仍旧沿用酒杯的设计。

007

波林早在味觉地图的可信度备受质疑之前的 1968 年就辞世了。他认为感官是了解心理与宇宙的途径，但讽刺的是，他在其中一个感官的本质上犯了一个根本错误，要是波林在世时味觉地图便遭受质疑，他显然会觉得很难堪。这可不只是计算错误，而是根本弄错了人类共有的一种体验。每个人都知道，对甜味感到满意时会发出满足的感叹，也知道一小撮盐和一大把盐会让食物的味道截然不同。奶酪蛋糕会让你的大脑爆发愉悦感；咖啡里的复杂味道风靡全球。烹饪把所有文化概括成了单一的感觉。仅有极少数事物能让我们每天的生活不只是为了生存，而是会令人感觉愉悦，味道就是其中之一。

为什么会这样？波林对自己实证主义哲学的漠视，只用"无心之失"这种理由来解释，似乎还不够充分，毕竟实证主义哲学是他毕生事业的基础。由于味觉地图实际上完全无效，所以味觉地图实验的趣味性也无法解释为什么它会流行得这么长久。波林的错误或许是味道版的弗洛伊德口误，一个明显且肤浅的错误反映出的是隐藏的矛盾。

造成这种迷惘的一个原因，是因为几千年来，科学家与哲学家一直把味觉和味道看成不太值得研究的主题。古希腊人认为味觉是最下等、最不雅的感官。视觉可以辨别出高雅的艺术或情人的微笑，而味觉的工作很简单：只是把食物和其他东西区分开来。希腊人认为味觉起作用时引发的诱惑会蒙蔽心智。柏拉图在他的《蒂迈欧篇》(*Timaeus*) 中写道，味觉是由"进入小静脉然后进入心脏的食物粒子”的粗糙或滑顺程度所造成的。心脏是较低级的身体感官的所在位置，而思想与理智则占据了大脑的“会议室”。当然，食物会直接送进胃这个不受审议委员会控制的贪婪怪兽：“胃不会听命于理智，而且会屈服于幻觉与错觉的力量。”

柏拉图把他的信念付诸实行：在他的著作《会饮篇》(*Symposium*)里，宾客齐聚宴会，却为了保持头脑清醒以讨论爱的本质，而谢绝用餐和饮酒。

这些偏见形塑了几个世纪以来我们对于感官的看法。德国哲学家伊曼努尔·康德(Immanuel Kant)在18世纪就表示，味道太有特殊性而不值得研究。就他看来，显然没有普遍原则可以支配味道，就像支配光线行为的原则一样。即使真有那些原则，也没办法借由观察找出来，因为你没办法观察人的心理。味觉总是让我们摸不着头绪。和康德同时代的大卫·休谟(David Hume)有不同意见，他主张，对食物有好的品味，和对艺术及所有事物有好品味是息息相关的。不过，终究是康德那更接近怀疑论的立场流传了下来。

这些负面评价忽视了很多东西，而且它们反映出了一定程度的不安。气味具体表现了身为动物的基本野性，动物为了求生而吞食植物与其他动物的血肉，并且乐此不疲。在味道面前，文明的秩序一下子消失无踪，取而代之的是腥风血雨，要对抗人类本性中的这部分真的令人心力交瘁。吃与喝也和性一样，是强大且令人不安的表现亲密感的方式，不过各有千秋罢了；毕竟，它们都是把东西吸收进体内，一天数次，靠味道诱惑人。对于那些让生命得以延续的古老、不挠的驱动力，味道是它们的一种意识表现。西格蒙德·弗洛伊德（Sigmund Freud）坚信，人生剧本的主要部分来自性欲。但是追求食物（也会进行一种类似的“渴望、愉悦、释放、满足”循环）的动力，对于持续掌控我们的生活与积极性，更加强而有力。

研究味道的另一个问题，在于味觉现象神秘莫测，会涉及人类身体、大脑、心理等许多层面。视觉、听觉和触觉是“有共通性”的感官。我们所有人都会看到（或是认为我们看到了）相同的颜色色差，听到同样的声音，用指尖感觉到相同的质地。这让科学家得到了一个共通的参考系，用来进行实验、搜集数据，以及对这些现象和察觉这些现象的感官记录进行比较。

在味道上，就没有这类共通的实际体验了。与光线和声音一样，食物和饮料里面的化学成分是客观的、可量测的量。然而对味道的感受会因人而异，且差异极大：有感觉纤细灵敏的，也有感觉迟钝的。某些人爱得不得了的食物，可能其他人会嗤之以鼻。对食物的品味会随着文化、地理位置，甚至一个人的心情而变化。《堂吉诃德》（*Don Quixote*）里有个场景就描述了这些细微的差异。那个举止大咧咧、忠心耿耿的随从桑丘·潘沙（Sancho Panza），常对陌生人吹嘘自己家族世代遗传了敏感的味觉（血统优良的象征）。他讲述了他的两个亲戚在酒馆品酒的故事：其中一人啜饮了一小口，在嘴里快速过了一下之后表示，这酒很棒，只不过有一点点皮革的味道。另一人喝了一杯，说除了有点轻微铁味之外，这酒极好。酒馆常客嘲笑他的亲戚，说他们不过是装腔作势，不过当酒桶里的酒喝光了之后，酒馆老板发现桶里有把挂在皮质带子上的铁钥匙。

前面提到的这类知觉上的差异，对于味道的内在运作——这个潜藏在日常体验外表下，等着破茧而出的秘密世界——提供了些许线索。不过，要找到风味化学（flavor chemistry）或味觉知觉的普遍原则之所以这么困难，恰好就是这样的主观性造成的。牛顿耗费多年时间研究光线与色彩，并发现了光学的科学原理——证明白光并不是没有颜色，而是由所有色光混合而成的（当然还证明了其他现象）。但是味觉这个研究领域缺少像牛顿这样的人物——没有启蒙时代的科学家引领领域内的革新，带它走上现代理解的道路。

难以理解加上不安，让味道与味觉的研究在过去两千年的绝大多数时间里，一直徘徊在科学的边缘位置。古希腊人最早提出把“基本”味道当作不可约元素——味道原子——的观念，其中最早试图对味觉做出的一个解释，是住在意大利半岛的希腊城市克罗顿（Croton）的内科医生阿尔克迈翁（Alcmaeon），在公元前500年到前450年间所写的。他认为，舌头就像眼睛那样（还有鼻子和耳朵，不过不知道是什么原因，触觉没有被算进去），有它自己的“通道”（poroi），会像驳船运送双耳酒瓶那样，把对味觉的认知传送到大脑。这恰好就是神经的作用。公元前五世纪，古希腊哲学家德谟克利特（Democritus）则宣称，对味道的感觉，是由个别原子（假设的物质最小单位）的形状来决定的：甜味原子是圆形而且比较大，所以会在舌头上面到处滚动；咸味原子的形状像等腰三角形；辣味原子是“球状、薄形、有角且弯曲的”，很容易扯破舌头表皮，借由摩擦产生热，这就可以解释为什么辣味会造成刺激感。

从那时起直到现在，在大多数社会和文明里，这种对于味道的观念一直是主流，只有很微小的变化。传统的印度医学“阿育吠陀”（Ayurveda，梵语“生命科学”之意），就采用甜、酸、辣、苦、咸和涩的味道组合来对付疾病。阿育吠陀开出的减肥食疗方是辣（火元素与气元素的产物）或苦（气元素和以太）的，以对抗过量的土能量，或者说黏液（土元素与水元素）。[1]18 世纪，瑞典植物学家卡尔·林奈（Carl Linnaeus）发明了物种命名与生物分类的现代科学系统，他把基本味道分为甜、酸、苦、咸、涩、呛（sharp）、黏、油腻、平淡、水润和恶心。味觉地图背后的“大自然把舌头表面清楚地分成不同味觉区”这种概念，就是源于这个传统。味觉地图很简单，也很吸引人，就像 19 世纪的颅相学（phrenology）图解——把各种不同的心智能力画在颅骨的各

[1] 阿育吠陀医学认为，万物都是由土、水、火、气和空间（大气）这五大基本元素组成。——编注

个区域。然而近年来，关于味道的那些一度很神秘、封闭的领域，已经开始被揭露出来。采用新型工具与技术的科学家们，已经让我们能更深入了解味道是什么，帮它摆脱在各种感官现象里的次等地位，并将它公正地放在人体生物学研究的前沿。

旧时哲学家宣称的“味道不会受科学探究影响”，现在已经失去了意义。味道科学（flavor science）在20世纪有了巨大进展；到21世纪的今天，它更是以惊人的速度向前迈进。五种基本味道的受体已经都被发现了，而且油脂味（fat）看起来可能会被认定为第六种基本味道。科学家们开始了解心智、大脑与身体之间的关联：你为什么会认为自己非得吃个干酪汉堡或喝杯红酒。

本书是关于味道的小传。讲述的内容从地球上出现生命之初开始，结束于现在，并且要通过更精细复杂的身体、大脑与心智层级，从它的分子的基本组成开始，探索这种独一无二的感官的结构。在数百万年的演化过程中，味道已经越来越深入与复杂。它在新的方向上推动了演化，近来则是推动了人类文化与社会。味道就像一块石板，上面记录、清除、重新记录了人类的奋斗、志向与失败。我们的存在与我们的人性都是来自于它，而且，在某些方面，我们的未来也要靠它。随着科学对味道秘密的破解，它对我们的饮食大爆炸产生了很大影响。从大公司的食品实验室到世界顶级餐厅的厨房，再到街边的酒吧，科学塑造着令人惊奇的新感觉（有时是令人担忧的），这些新感觉与我们的DNA、内心深处的驱动力和感觉紧密相关。

1998 年 3 月，美国马里兰州贝塞斯达（Bethesda）的国立卫生研究院（National Institutes of Health，简称 NIH）的科学家们发现，自己处在这些范式变化进展之一的前沿。那时他们正在寻找“甜味受体”，这是舌头上的一种蛋白质，专门从嘴巴里嚼碎的食物与饮料中抓取糖分子。自德谟克利特和阿尔克迈翁的时代过去两千多年后，科学家终于接近了让我们能够把食物里的分子排列转化成感官认知，并最终变成烹饪艺术的味觉机制。

过去十多年来，遗传学技术已经有了惊人的进展。科学家首次完成了人类 DNA——在每个细胞的细胞核内染色体上发现的阶梯状螺旋体分子——测序。人类基因组是由四种氨基酸配对组成的，总数有 30 亿组之多；每一组配对（碱基对）都会在阶梯状螺旋体上形成一段横向连接。碱基对的变异组合会形成一个编码，规划出人体的蓝图与人体的所有功能。每个人都有两套这样的蓝图，分别来自父母。把螺旋状的 DNA 拉直的话，一个细胞里的 DNA 大概就有 180 厘米长；如果把人体里所有的 DNA 头尾接起来，长度大概等于往返地球与太阳 70 多次。

分离基因[1]已经能够让科学家发现、治疗疾病，并进一步了解人类的演化过程。现在，遗传学提供了一个把无形无色的味道予以量化的方法，来解释其令人百思不解的多样性。鼻子

[1] 用来执行特别的生物指令（像是制造人体的基本组成成分“蛋白质”）的分离的 DNA 片段。

内的嗅觉受体已经在1999年被分离出来并破译，这个成果后来赢得了诺贝尔奖。嗅觉受体比较容易找到，它的数量很多，而且集中在鼻腔顶端的一小块组织里，用一根棉签就可以从活人身上提取到。

不过寻找味觉受体就拖了很久。科学家认为，在舌头表面有一种特定类型的蛋白质，不过也已经证明这些蛋白质几乎不可能被分离出来：因为这些味觉侦测细胞相对稀少、难以着手，而且要从这些细胞诱发反应也很困难。人体有很多器官可以侦测到各种迹象，从体内的激素到体外的热、冷、压力、光和化学物质。这些反应大多都很灵敏，要使能够侦测这些反应的受体产生反应，只需要一点点肾上腺素。但是味觉受体的灵敏度大概只有嗅觉的十万分之一，这是因为它们会接触到我们周遭世界的混乱物质。考虑到舌头在一顿饭里遇到的多种多样的感觉，如果每个食物分子都能触发味觉受体，那么大脑恐怕会过载。喝一小口可乐可能会像眼睛盯着太阳那样。

在尼克·里巴（Nick Ryba）的率领下，国立卫生研究院的科学家终于突破重围。他们一方面检视味蕾细胞，一方面在基因组中一段又一段地寻找，希望找到和味觉受体蛋白对应的基因。他们先从大鼠、小鼠味蕾细胞中的DNA着手，因为它们的味觉和人类非常相似。这么做的重点是要找到正确的基因片段：一小段藏身在茫茫DNA序列中的特定基因密码。有了它作为蓝图，科学家们就可以复制味觉受体，并进一步研究它的构造与运作模式。

没用多久时间，科学发展就让切段、分割、分类这些一度无法判读的分子链，成了稀松平常的事。国立卫生研究院的科学家也把味觉受体的稀有性变成优势，找到了一个好方法：他们利用一种技术，挑出了来自舌头的罕见 DNA 片段，把它们和那些常见的 DNA 片段分别开来，这当中肯定会有和味觉相关的基因。接着，他们将这些 DNA 片段注射到啮齿动物的味觉细胞中。如果注射进去的 DNA 片段和细胞内原有的 DNA 接上，那它就是味觉受体基因。简单地说，就像把一个幼儿放进一个房间，房间里有一个你觉得可能是他母亲的女人，如果他们互相拥抱了，就代表他们是有关系的。

这个方法果然奏效了：科学家先找到了半段啮齿动物的甜味受体基因；很快又找出了另外半段，以及与它们类似的人类甜味受体基因。这种双基因模式意味着甜味受体分子是由两个部分组成的，就像接在一起的两节火车厢一样。它们位于味觉细胞表面，由七股纠缠在一起的螺旋状蛋白质构造组成，模样诡异得犹如恐怖小说作家霍华德·菲利普·洛夫克拉夫特（Howard Phillips Lovecraft）[1] 作品里的东西。其中一股蛋白质构造向外延伸，制造出一个拦截糖分子的空隙；一旦拦截到了，就会启动电化学连锁反应，将这个信息送至大脑，引发愉悦的感受。

在其他地方，则有科学家正着手解决另一个曾经很棘手的

[1] 创立了“克苏鲁神话”体系。——编注

问题：味觉的主观性。在发现甜味受体多年之后，荷兰格罗宁根大学的一项实验里，测试志愿者躺在平台上，嘴巴咬着接了长吸管的奶嘴，被推到一台核磁共振仪（MRI）里，在他们用吸管吸着苦苦的汤力水时，仪器记录下了他们大脑活动的连续影像。之后，让被测试人观看人们尝了饮料后出现脸孔扭曲反应的照片，扫描他们的大脑活动；接着让他们阅读会引起嫌恶或恶心的短文，再一次拍摄大脑活动影像。这个由神经科学家克里斯蒂安·凯泽斯（Christian Keysers）主持的实验，目的是要探索味觉和情绪之间的关系。在20世纪90年代，功能性核磁共振成像（fMRI）的出现，让科学家可以看到，一个人在吃、喝、闻香味、阅读或在头部被固定住时能够完成的任何活动的时候，大脑的哪一区活跃了。

这个方法有许多限制。它证明了现实世界的活动与大脑神经元形成的反射弧网络之间是有关联的，但这些关联的意义却并不十分明确。不过它揭露了“舌头上味觉的化学反应”与“意识本身”之间彼此相关，让科学家了解到大脑是怎么把味道从原始粗糙的感觉处理成复杂的认知，让他们得以对这种神秘难解的过程做出有根据的猜测。

他们的发现很奇怪。当测试志愿者在想象着心酸的故事，或是看到嫌恶皱眉表情的照片时，他们的大脑会体验到“苦”的反应。在实验的每个部分中，这些模式会稍有不同，延伸至环绕大脑的不同部位。味觉似乎成了想象力和情感这类更高等功能的基础。

这个故事的下一个转折还在书写着，它取决于迟迟无法解开的特定谜团。味道仍旧吊诡得令人沮丧，和其他感官一样的是，它是由基因规划的；和其他感官不同的是，它会变来变去，由经历与社会暗示（social cues）塑造出来，随着你一生的历程而改变。这种可塑性是无法控制且无法预测的：人们几乎能学到喜欢或讨厌任何东西，这就是为什么世界上味道的变化会看似无限多，还有为什么那幅古老的味觉地图毫无用处。

每个人都活在自己的味道世界里，这个世界在童年初期就成形了，并随着生命的进程而演变。每个人的味道世界，是由古老的演化规则与伴随终生的高能量食物、文化熏陶与商业信息产生冲击所创造的。

我的两个相差两岁的孩子对食物味道的偏好，显然从他们开始吃固体食物的时候就开始了。哥哥马修（Matthew）很喜欢极端的东西；他在学龄前就开始吃墨西哥辣椒，而且九岁时就喜欢上了咖啡。他偶尔（通常在夏季）会拿颗柠檬或酸橙坐下，切成四瓣，撒上盐，连果皮一起吃掉。妹妹汉娜（Hannah）喜爱温和、丰富的口味，而且她吃的食物偏向白色或米黄色，像是奶酪、米饭、马铃薯、意大利面、鸡肉。她喜欢洋甘菊茶胜过咖啡，偏好牛奶巧克力多过黑巧克力。然而他们两个都很挑食，他们知道自己喜欢吃什么，而且几乎离不开这些食物。要他们离开各自的舒适区，尝试一些新东西，几乎是不可能的任务。

由于孩子在食物味道上的差异，以及只喜好某些范围内的东西，因此我们去杂货店购物或去餐厅吃饭，都像是一个魔方难题似的；能够让大家都满意的只有比萨。家里的晚餐几乎都是我做的，而且要让一个星期里变化不大、种类寥寥可数的相同菜色看起来不至于一成不变，也很勉强：给汉娜准备意大利面、烤鸡或炸鸡块，给马修准备热狗或四川辣酱虾。我和我太太翠西（Trish）是比较喜欢新奇玩意儿的，但我们也得天天陪着吃这种没什么变化的便利食品。

小孩子的胃口是个大熔炉，化学与文化的力量就在这个熔炉里互相碰撞。“爱吃甜食”这个现代营养学和牙医公认的祸端，对于儿童的成长相当关键。在新生儿身上，糖所扮演的角色就像阿司匹林，可以减轻痛苦。位于费城的莫奈尔化学感官中心（The Monell Chemical Senses Center）——专门研究味觉和嗅觉的综合研究所——发现，偏好甜食的儿童，体内和骨骼成长息息相关的激素浓度也比较高。对甜食的渴望，会引导早期人类幼童摄取水果和蜂蜜中珍贵的糖分，要是喜欢酸味，那么就会去摄取含有维生素 C 和维生素 D 的柑橘类水果。

挑食可能也是同一个时代遗留下的习惯，那时人类以小型迁移族群的形式一起生活，而小孩子天性爱乱跑，加上拿到什么东西就喜欢往嘴里塞，因而时常面临中毒的危险。如今，有限的食物摄取对于长期健康来说是一种危险，最极端的挑食类型甚至已经被视为一种饮食失调行为，称为“新食物恐惧症”（food neophobia）。

小孩子的口味很奇怪是因为他们就是奇异的生物。味觉和嗅觉的发展比其他感官早，所以胎儿的感官世界，几乎完全是由羊水里的气味和味道所构成的，这会产生一个长久持续的印象。在莫奈尔化学感官中心的另一项研究里，在怀孕期间或哺乳期间持续喝胡萝卜汁的女性，她们的孩子以后会比较喜欢胡萝卜口味的燕麦片。

接着，从出生到两三岁期间，婴幼儿的神经元突触会从每个神经元约 2500 个突触，增加到 1.5 万个（成人则是 8000 到 1 万个）。这会暂时把各种感官绑在一起。幼儿的感觉是交叉重叠的，这就是为什么先前的味道体验唤起的不仅是吃东西的记忆，而是所有时刻的记忆。当儿童渐长，经验会让神经元的突触逐渐减少，并且产生更好的感官连接。在这个过程中，小孩子的口味有时会比较保守，有时则爱尝新、冒险。

在青少年那几年，极端的口味会随着童年时期的生理需求和演化的必要性而变淡，一种更微妙的口味取而代之，然而原来的好恶并不会完全消失。这种弱化现象使得我们可以体验到的味道范围增加了，而且我们对食物的记忆与联想的容纳量也加深了。感觉从鼻子与嘴巴里的化学反应中，一个突触接着一个突触地大量涌出。同时，食物也吸引住了其他感官，发掘心智的学习、理解与鉴赏能力。心智塑造了味觉，而经验形塑了心智，如此循环往复。这样的互动贯穿了自生命首次发展出食欲以来的无数顿饭，而且还会持续下去的。

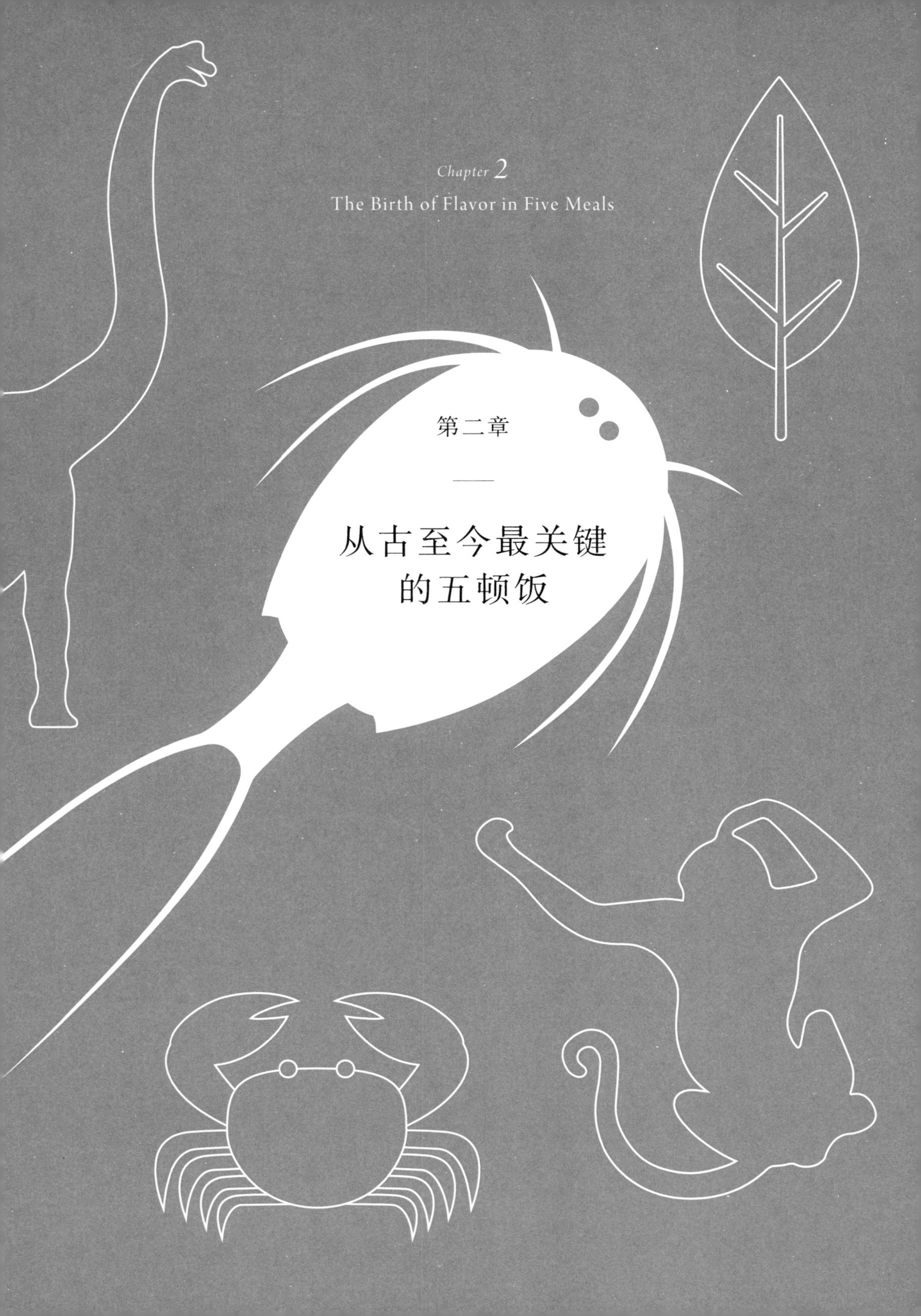

Chapter 2

The Birth of Flavor in Five Meals

第二章

从古至今最关键的五顿饭

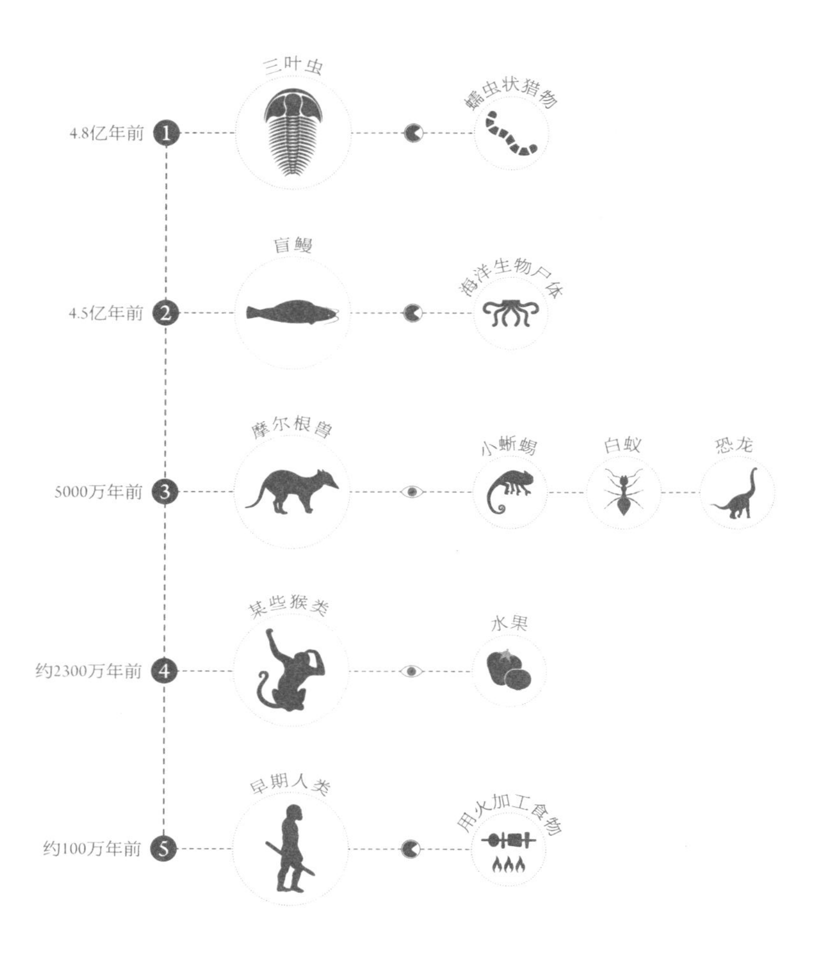

❶ 三叶虫捕食蠕虫状的猎物

❷ 盲鳗吞食海洋生物的尸体

❸ 在同一时刻，摩尔根兽可以记下30米外一只小蜥蜴的气味、下一个高地处的白蚁蚁丘，以及一只跨过沼泽的恐龙

❹ 某些猴类获得了第三组视锥细胞，帮助它们在丛林中发现水果

❺ 智人的近亲族群有能力用火加工食物

最早的和味道有关的迹证，早在地球生命开始感觉到周遭世界的时候就有了。海水里的营养物质从这些原始生命体旁边漂过，其味道激发了它们原始的神经系统。在接下来的数十亿年里，生命在演化的过程中，已经吃过无数顿饭了。我们现在的口味，就像俄罗斯套娃那样，一层层包覆着以前的那些体验。不论一个人的口味是如何培养起来的，或是一道菜里的成分有多么不易察觉，一个味道就能勾起久远记忆中的原始冲动，这些原始冲动中回响着演化过程的曲折与远古时期为食物争得你死我活的争斗。下面介绍的从古至今最重要的“五顿饭”，每一餐都发生在演化史的重要转折点，它们对于解释味觉从哪里出现，以及智人（Homo sapiens）的烹饪发明天赋从何处产生，大有帮助。

地球生命的第一口饭

The First Bite

这种生物有些像金龟子，大约 2.5 厘米长，有带棱纹的柔软甲壳，会在海岸浅滩的沙子里窜来窜去。它察觉到了由气味、振动与光线变化交织而成的画面。它的蠕虫状的猎物会往沙里挖洞，企图以波浪形路线逃到安全地点。不过为时已晚。掠食者用钳状的上颚把猎物扯开，吸进嘴里、吞进食道，然后继续它的行程，寻找藏身处躲藏，让食物消化。

关于 4.8 亿年前的这一餐的证据，是在 1982 年发现的。那一年，还是硕士研究生的马克·麦克梅纳明（Mark McMenamin）为墨西哥政府调查索诺拉沙漠（Sonoran Desert）的地质情况，在墨西哥索诺拉州图桑市（Tucson）西南方约 100 千米处的最高点朗山（Cerro Rajón）山侧进行挖掘，这里在古代曾是海底。他在一片灰绿色页岩上注意到一个很微小的化石压痕，当时他也没有多想，就把那个压痕从岩石上凿下来，和其他标本一起装袋了。

在未经训练的人眼中，这块化石只不过是大约 0.6 厘米长、隐隐约约的连续刮痕。当麦克梅纳明把它拿回实验室研究时，他辨认出那是三叶虫被蚀刻在硬化泥浆上的运动痕迹。在动物界里，三叶虫几乎要算是所有动物的老祖宗了：鱼类、双翅目、鸟类、人类。三叶虫在海床上留下无数化石，让它们成为了这种天然的自然博物馆里的固定班底。很多化石有多节式外壳，看起来像是鲎和蜈蚣杂交的产物。这种化石的纹路图样很有名，甚至还有一个学名："多线皱饰迹"(Rusophycus multilineatus)。麦克梅纳明保留了这个化石，也在自己的博士论文里提到了它。一直到二十多年后他担任曼荷莲学院地质学教授、研究早期的生命演化过程之前，他都很少想到这件事。

后来，当麦克梅纳明意识到他以前忽略掉了一些东西时，他再一次检查了这个化石。"它具有这种额外的特征，不只是三叶虫而已，紧邻的另一个弯弯曲曲的痕迹化石也有这特征。"他说，"这些东西很罕见。"他推断，这个化石包含了两种生物相遇的证据。另外的那道痕迹，就是一只更小的蠕虫状生物想要钻进泥巴里的证明，从这些记号的排列来看，显然三叶虫就在它的正上方。麦克梅纳明用上了"奥卡姆剃刀"(Occam's Razor)原理：最简单的解释，就是三叶虫要挖洞找吃的东西。他写道：这就是"第一口饭"的证据，是目前已知最古老的掠食者吞吃猎物的化石。

这一餐的味道如何？有可能想象出来吗？

在那个时代，也就是寒武纪(Cambrian Period)之前，就任何有意义的方面来看，味道都是不存在的。地球上的生命大部分是由漂浮、过滤和光合作用组合而成。细菌、酵母和其他单细胞生物，藏身在花岗岩的沟纹里或是沙粒之间。有些单细胞生物会凑在一起形成黏糊糊的细胞团。管状或碟状的生物体会搭着洋流的顺风车漂流。那时的“吃”，是指吸收海水里的营养成分，有时候是指某个生物体包裹住另一个生物体。

接着，经过数千万年——以地质学的时间尺度来说只是一瞬之间——海洋里充满了各种新生物，包括三叶虫，它成了生命演化史上最成功的生物类别；它们称霸地球的时间超过 2.5 亿年。三叶虫大约是 5 亿年前出现的，也就是我们所知的自然界真正开始的时间：有史以来第一次，生命开始系统化地吞食其他生命。这些新生物和它们的前辈不一样，它们有嘴巴和消化系统。它们拥有较原始的大脑和感官，以侦测到明、暗、运动和泄露形迹的化学特征，并利用这种精巧的新工具来捕猎、杀掉猎物与填饱肚子。就像伍迪·艾伦（Woody Allen）在电影《爱与死》（*Love and Death*）里的角色鲍里斯（Boris）说的：“对我来说，大自然就是……嗯……我也不知道，就是蜘蛛与虫子，以及大鱼吃小鱼，还有植物吃掉植物，动物吃……它就像一座巨大无比的餐厅。”

三叶虫并没有存活到现在，那些化石也没有办法显示关于它们神经系统的信息，所以想要知道它们的感官能力，得依赖经过训练的推测。确实，它们可能完全没办法察觉像黑巧克力、葡萄酒这类复杂的气味。而人类的味觉，即使是讨厌的味道，都充满了微妙的东西，而且和其他气味、过去的事件、感情，以及我们所有的学习经验息息相关。三叶虫很可能不会有“愉快”这类的感觉，而且仅能保留一点点残存记忆。对它们来说，每一餐尝起来的味道都差不多，而每一餐显然大多来自化解饥饿感以及攻击的冲动。

然而，这些原始的味道元素是一个相当了不起的演化成就，而人类的味觉同样具有这种相同的基本生理学构造。当然，听起来像是将小泥屋与沙特尔大教堂[1]做对比。不过，味道的基础就此奠定了。

地球生存条件的某些重大改变，引发了这场掠食者与猎物间的重大变革，也就是“寒武纪生命大爆发”(Cambrian explosion)。科学家们对于当时是什么状况并没有达成共识。有些科学家认为那是一场史前时代的全球变暖造成的，气温升高使长期冰冻的两极冰帽融化，海面上升了数百米，海水淹进内陆，淹过长了地衣与真菌的低矮山丘和岩石（树、草和开花植物在当时都还没有出现），侵蚀出潟湖并塑造出沙洲与浅滩，创造出相当适合生命体生长繁殖的温暖浅洼地。其他一些科学家认为这次大爆发是地球磁场方向改变导致的，更有人指称是突变——这种突变会导致动作电位(action potential)出现，也就是让神经细胞能远距离沟通的能力——或是DNA编码上的其他偶然变化导致的。

不管事件的精确顺序是怎样，在敏锐的感官与演化的成功之间，已经建立起一个相当牢靠的连接。就在身体与神经系统

---

[1] 著名哥特式天主教堂，法国建筑史上的经典杰作。——编注

适应了日益增加的威胁与机会之后，一场生物学上的武器竞赛展开了。曾经一度只是“侦测与反应”机制的感官，为了引导出复杂的行为,必须发展得更有效才行。味道成了这个过程的关键。从三叶虫存在的时代到现在，觅食、捕猎和进食等行为，推动了生命不断地自我发展，最终在我们人类的大脑与文化成就上达到巅峰。味道胜于视觉、听觉甚至是性，是我们之所以为人的核心要素。它创造了我们。麦克梅纳明说，最为讽刺的，就是世界上开始出现杀戮，并伴随着难以言喻的痛苦，但这也发展出智能和知觉，最终产生了人类的意识。

法式杂碎

Sweetbreads

无颌的盲鳗被腐败的气味所吸引，一头钻进海洋生物的尸体里，然后从里到外狼吞虎咽地吃着这些尸体。事实已经证明，这是个极成功的演化策略。无颌鱼类是最早的脊椎动物，于 4.5 亿年前出现，大约是在“第一口饭”的 3000 万年之后，而化石记录显示，从出现在地球上到现在，它们的变化极小。如果要比一比谁是“在地球上存活最久”的冠军，它们比蟑螂这个对手还早出现 2 亿年。盲鳗是外观古怪的动物，身体像鳗鱼，有着吸盘状的嘴，常常被称为活化石，人类出自它的古代远亲。从盲鳗的骨骼构造和行为可以稍微看出远古时代的一些端倪，那时候大脑与感官之间的基本连接才刚开始建立。

对早期的掠食者三叶虫来说，味觉和嗅觉实际上是无法区分的。但是在无颌鱼类身上，这两种感官是有不同分工的，而且一直到人类出现之前，这两种感官都未曾再度合二为一。味觉成为体内区域的守门人，而嗅觉是向外探索世界的感官。盲鳗在水中穿过一个气味变幻不定的区域，嗅觉让它们在脑海里形成了一幅四周环境的画面：掠食者，潜在的同伴，它们的下一餐。对人类来说，腐败的气味通常会引起恶心，不过这种反应是很主观的。对于无颌鱼类来说，那种气味代表生存与满足。

这种额外的感觉能力是从哪儿来的？有时候，遗传密码的突变不只是改变身体而已——它们会添加功能进去。整个 DNA 链可以自己随机复制；当执行生物学上的指令时，该生物体就会另外得到一组东西。多余的组织可能会致命，破坏身体的正常功能，不过在适当的环境下，它们可能会引发重要的演化骤变。原本的基因继续做它既定的工作，而自然选择就作用在复制出来的基因上，这些基因负责新任务，或是制造出新的身体器官。德国作家、自然学家约翰·沃尔夫冈·冯·歌德（Johann Wolfgang von Goethe）在 18 世纪末就预料到了这种强大的演化力量，他猜测这些复制出来的部分可能会转化成其他不同的东西。叶子的构造可能是花瓣的基础，颅骨可能是从脊椎骨改良演化而来的。

在无颌鱼类身上，嗅觉受体复制之后，额外的受体会转而侦测新气味，它们的直系祖先很可能仅有为数不多的嗅觉受体；盲鳗有 20 多个受体。在生命演化时，这种过程会重复很多次：有些动物拥有 1300 种嗅觉受体，人类的嗅觉受体超过 300 种。

冲击着第一代无颌鱼类的那些新感觉，对于普通三叶虫的大脑来说必定像是杂音。所以当嗅觉发展得更敏锐，盲鳗的大脑会进行调整适应。嗅球是所有动物的鼻子与大脑之间的中途站，会把气味转换成神经冲动（nerve impulse）。在盲鳗身上，从嗅球往上长出一种新的组织，就像破土而出的花朵那样。这种组织是端脑（cerebrum）[1] 的前身：它处理感官、认知、运动和言语。在人类身上，相同的基因组仍会一起控制嗅觉器官与大脑基本构造的发展。几乎从动物有鼻孔以来，嗅觉就是感觉与行动的生物货币。是人类的嗅觉让气味有了广大的范围与细微差异。作家马塞尔·普鲁斯特（Marcel Proust）的小说《追忆似水年华》（*À la recherche du temps perdu*），就是被玛德林饼干泡在茶里所散发的气味与味道激发的沉思；要是普鲁斯特听说人类的嗅觉与记忆之间的深层连接，是从在腐肉中觅食开始的，也许会吓一大跳吧。

[1] 端脑是人类大脑最上面的部分，为我们做的每件事赋予意识形式。

蚂蚁舒芙蕾

Ant Soufflé

大约 2.5 亿年前，整个地球的“餐桌”突然间被完全清空并重置。跨越西伯利亚大草原的一波又一波火山爆发（可能是由流星撞击引起的）喷出的岩浆,覆盖了近 260 万平方千米的土地。火山灰遮住阳光长达数千年；酸雨淋过地球表面；海洋中与陆地上的植物都死光了；大气里的二氧化碳越来越浓，使得空气几乎不能呼吸。这次大灾难被称为“二叠纪大灭绝”（Permian extinction），它灭绝了百分之九十的水生物种和百分之七十的陆生物种（甚至连大多数通常能躲过这类灾难的昆虫也未能幸免）。这是生命历史上最大规模的生物灭绝，是 2.5 亿年前的寒武纪生命大爆发的终结。

在这片荒芜枯竭的地表上，漫步着两种十分不同的动物：恐龙，以及看起来像长毛小蜥蜴的生物。这个故事的梗概似曾相识：恐龙主宰着地球，直到它们的时代结束；与此同时，早期的哺乳动物躲得远远的，等待着它们的时代的来临。不过，在哺乳动物躲藏的阴暗处与洞穴里，另一个故事正要展开。

原始哺乳动物之一的摩尔根兽（Morganucodon oehleri），生活在二叠纪大灭绝之后、大约 5000 万年前。摩尔根兽长得并不讨喜。它有爬行动物的特征：卵生，有着长长的口鼻部，步态慢条斯理；也有一些哺乳动物的特征：有毛皮，温血，下颌有双关节。不过，让摩尔根兽更接近哺乳动物阵营的真正因素，是它具备更强大的知觉，这使得它为了食物无止境地捕猎，这也是复杂策略和强烈满足感的目标——这是激起人类崇高烹饪热情的最初动力。

摩尔根兽只有一丁点大，比人的手指还短，不过它的整个身体对外界的反应很迅速。在同一时刻，它可以记下30米外一只小蜥蜴的气味、下一个高地处的白蚁蚁丘，以及一只跨过沼泽的恐龙。它的眼睛可以在暗处监视掠食者；也能借由自己毛皮上气流的细微变化，来察觉附近其他动物的移动；胡须则有助于让它在灌木丛中寻找食物。它往往找得到要找的东西：通往蚁丘的路径，腐烂的树干底下的蠕虫和幼虫，经过它的路径的更小的哺乳动物。在早期时代，用餐时间要做的就是填饱肚子、封起饥饿的无底洞，如今的焦点则偏重嘴里精致的感觉、提供朴实的味道和快感的线索。

这是食腐动物的世界。摩尔根兽如果无法快速有效地获取、食用和消化食物，就会死亡——不是活活饿死，就是变成恐龙的点心。哺乳动物的进步标签——温血——反映了这种无路可退的处境，以及每一餐明确的紧迫性。属于冷血动物的恐龙，可以根据天气的冷热来改变进食与休息的节奏，以节省能量。哺乳动物用以维持体温的新陈代谢需要更多的热量（现代哺乳动物在休息时所消耗的热量，是同体积的爬行动物的七倍到十倍），因此必须持续地猎食，而且捕猎技能要精通熟练。随着时间流逝，恐龙的体型越来越大，哺乳动物不得不耗费更多能量来躲避它们。

为了想办法应对这些难题，哺乳动物演化出了新的大脑构造。在人类身上，新皮质（neocortex）是覆盖大脑其他部分的灰质外层（“皮质”一词在拉丁文中指“外皮”）。只有哺乳动物有新皮质，而且大多数都很平滑；只有人类和猿类的新皮质，具有能够大幅增加表面积的特殊沟槽与褶皱，也因此能大幅提高处理能力。我们大多数的意识感觉，都是由新皮质中的构造负责的，这些感觉里包含了味道。感情、冲动和印象，就是在这个地方化成意识并刺激我们行动的。但是早期哺乳动物的新皮质最重要的工作，是成为生活经验的地图，记录气味、同伴、威胁和食物——什么东西好吃而且能填饱肚子，能在哪里找到这种食物，以及取得这种食物要用什么策略。如今，由感觉、记忆与行为策略紧密交织的神经模式所组成的味道，会借由新的经历不断地更新与重新塑造。

美国得州大学古脊椎动物学实验室（vertebrate paleontology lab）主任蒂姆·罗（Tim Rowe）在研究早期哺乳动物大脑的出现时，碰到了一个严重的问题：几乎没有任何证据可供检查。大脑组织不会变成化石，很多由软骨组成的早期哺乳动物头盖骨也不会变成化石。摩尔根兽以及后来的一些近亲有坚硬的头骨，不过它们留下的化石太微小了，而且因为年代太久远，连稍稍轻碰都有可能会把它弄碎。不过罗发明了一种聪明的做法，避开了这个难题。

在 1997 年，他开始采用计算机断层扫描仪（CT scanner）来制作陨石的三维影像。一开始，这些三维影像很粗糙；不过 21 世纪初，随着计算机运算能力的几何级增加，罗可以仿真的物体越来越小，而他的关注重点就是早期哺乳动物的化石。他获准扫描一个摩尔根兽的头骨。就像麦克梅纳明发现的那独创性的一口，罗从堆放在架子上许久的旧化石里头，也发现了新东西。这个化石存放在哈佛大学的一个实验室箱子里，之前的 20 年，罗都在亲自处理这个化石。现在，他轻轻地把化石放在计算机断层扫描仪的小台子上。它转动着，经过五六个小时之后，扫描仪一个体素（voxel）[1] 一个体素地制作出该头骨的影像。一旦影像完成，罗就可以把不到 3 厘米长的头骨放大到农舍的大小，研究骨头里每个极微小的凸起和褶纹，并拿它和古代与现代头骨骨骼进行交叉对比。罗建造了一个符合头骨大小的大脑模型，和一幅生命处在变革转折点的景象。

就和身体的相对比例而言，该化石的大脑要比摩尔根兽直系祖先的大脑大了百分之五十；这样的成长可以用来解释它那越来越灵敏且更广泛的嗅觉。早期的哺乳动物可能拥有超过 1000 个独特的嗅觉受体基因，这使得它们对于气味的敏感度要远比恐龙强得多；恐龙的嗅觉受体基因可能只有 100 个。罗

[1] 体素又称体积像素，相当于三维的像素，是三维成像的最小单位。

的工作显示，这只是“嗅觉大脑”成长过程中的数次冲击里的第一次而已。他扫描了另一个头骨，这个头骨属于吴氏巨颅兽（Hadrocodium wui），它算是摩尔根兽的远亲，生存年代大约比摩尔根兽晚了1000万年（两者的化石都是在中国发现的）。吴氏巨颅兽的头骨只有大约1厘米长，碎成了几十块极细小的碎片。但经过扫描并几乎重新组合之后，呈现出的是一个几乎充满新神经与知觉的大脑。它整体比较大，而且新皮质更复杂，处理感觉并把它们组织起来的能力也更强；在大脑的底部，脊髓凸出，这意味着在身体和大脑之间有更复杂的连接，而且比它的前辈移动速度更快、更优雅。

这个划时代变化所产生的回响，一直存留在现今所有哺乳动物的胎儿发育中。哺乳动物胎儿的大脑新皮质发育最早的部分，是代表嘴和舌头的区域，因为那是让它存活下来的重要角色。胎儿最早处理的感觉是温暖度、气味、甜味，以及对母乳的满足感。最早的哺乳动物有长长的口鼻部与强有力的嘴唇，还有发达的胡须。嘴巴和鼻子变成不只是用来追踪食物的生理工具，它们还让食物变成所有生命体验的焦点。在食腐动物的大猎食行动中，要靠嘴巴和鼻子来带头。

水果沙拉

Fruit Salad

那只是一道橘色的闪烁光影，不过却能穿过层层绿叶的缝隙。大约2000万年前，生活在非洲丛林中的猴群，已经靠乏味的食物过活好一阵子了。这些食物主要是叶子、味苦的树根，还有虫子加上些许辛辣的浆果。突然间，好像出现了很不错的东西。随着它们爬过树枝，视线受到了限制，眼前出现了更多橘色的光影。它们跳跃着，一起摆荡到正确的地点，用五根手指抓住并捏碎红褐色的果实，让果汁流满双手。其中一只在树枝上蹲下，背靠着树干，大口吃着果子，芳香混合着苦味在口中四溢——短暂且强烈的快感冲击着它。直到森林的地面上布满了吃剩的果核，这场“宴会”才算结束。

猴群的世界也就只有几平方千米大，它们的活动范围可能和摩尔根兽的活动范围差不多。两者都在近似的环境里演化——在一颗巨大的流星撞击尤卡坦半岛（Yucatán Peninsula）[1] 海岸、导致使恐龙灭绝的生态灾难出现之前，靠食腐维生，躲避着掠食者。但是其中有两点重要的差异。我们的祖先以往先是在地面上猎食，然后才向上发展爬到树上。此时的猎食活动占据的是三维的空间，而不是二维的平面，而且还有着搭配深度知觉

[1] 位于今日中美洲北部、墨西哥东南部的半岛。——编注

与生动色彩的新型视觉。这个进步把视觉和味道的距离拉得更近。伊甸园里最先引起夏娃注意的，想必就是禁果的鲜明颜色，这一点对于现在我们用餐也一样关键。颜色、形状和食物的排列会吸引我们的注意力，并且激起食欲。

大多数哺乳动物具有双色视觉，它们的视网膜（位于眼球后方感知影像的区域）包含两种特殊的感应细胞，即视锥细胞，它含有能侦测到光线中蓝、红波长的受体。具有双色视觉的动物可以分辨约 1 万种不同的色调。不过在大约 2300 万年前，某种猴类身上发生了基因复制。受突变影响的那些猴子，获得了第三组视锥细胞，这些细胞能调适光谱黄光带。更早以前的哺乳动物所看到的单调灰色的色彩，现在变成了紫、粉红、天蓝、淡紫、青、珊瑚红这些颜色。红色系变得更深、更精细，绿色系变得更柔和、更多样化。具有这种强化视力的灵长目动物——目前包括某些猴类（不是全部）、所有猿类、人类——最多可以侦测到 100 万种颜色。（鸟类有四种视锥细胞，看到的色彩更炫目、更丰富。）

027

要在丛林背景下发现水果很困难，就像玩“威利在哪里”系列绘本一样：眼睛和大脑必须从具绝对多数的色彩当中，发现与众不同的颜色。在 20 世纪 90 年代，剑桥大学的神经科学家本尼迪克特 · 里根（Benedict Regan）与约翰 · 莫伦（John Mollon）着手测试水果视觉（fruit-vision）假说。他们聚焦于法属圭亚那丛林里的红吼猴（red howler monkey）。三色视觉仿佛要证明自身

028

的演化效力似的，继大约1300万年前的美洲吼猴之后再度单独出现。要解释三色视觉为什么在演化上这么成功，也只能靠猜测，不过还是有一个明显的可能解释：彩色视觉有助于灵长目动物辨认出成熟的水果。

吼猴偏好“Chrysophyllum lucentifolium”这种金叶树的果实，它的果实果皮坚硬，吼猴得用牙齿才能咬开，还有能够通过吼猴消化系统的巨型种子。果实熟成时呈现丰富的黄、橙混合色调，与周围的绿色背景形成了理想对比。一队研究人员在低湿雨林扎营数天，在他们头上大约30米处，是浓密的树冠。他们在猴群爬上树梢的时候跟着上去，收集它们摘下、吃过，然后丢弃的水果。

科学家利用光谱仪测量植物颜色的波长后发现，吼猴视网膜的色素，几乎像是为了让它们认出藏在叶子里的黄色成熟果实而量身打造的。这点很明显不是偶然，因为金叶树果实的颜色只占了光谱带里很窄的部分。自然选择似乎已经很巧妙地把两方调整得很和谐，制造了双赢局面：猴子有果子可以吃，而果树获得了把种子散播出去的途径。（或许其他食物也占了一席之地：在某些灵长目动物身上，三色视觉也许已经演化到可以在果实缺乏的时候，在绿叶丛里发现有营养的红色嫩叶的程度。）

总之，彩色果实并非只是一种稀少、美味的佳肴，甚至也不是史前饮食金字塔里的重要角色，它只是一个较广泛的生存策略的一部分。这些在夜间活动的猴子的祖先，此时已经变成在日间时段活动了。在白天的光线下，在树木的高处，色彩取代了气味。在智力与意识的发展上相当重要的嗅觉变弱了，现在，视觉才是重点。这种从某种感官偏向另一种感官的状况，都被写入基因里了：具有三色视觉的灵长目动物，比没有三色视觉的灵长目少了许多有用的嗅觉受体，也就是说，它们能探测到的气味比较少。

雨林与丛林充满可食用的叶子，不过果树就比较分散了，而且有些果树只在一年当中的特定时间结果。这种情况下，要生存就得靠一定程度的规划。为了能够一直有果实可吃，动物必须记住最好的果树在哪里、什么时候会结出可以吃的果实。水果是真正的奖赏，而且要靠聪明才智才能得到。吃水果的黑猩猩、蝙蝠与鹦鹉的大脑和身体的相对比例，分别比吃叶子的大猩猩、吃虫的蝙蝠与其他大多数鸟类要大。

不像独来独往的摩尔根兽，古代的猴子会整个猴群一起行动和作业，用声音、眼神和手势来沟通。这时，优越的视力也大有帮助。它们的眼睛位于头部的前面，这使得它们具有三维的视觉——奇怪的是，这样的眼睛分布是食肉动物的特色，食腐动物就不是这样。如此分布的眼睛能让潜在的猎物位于视野的中央，捕食者可以很快地认出猎物、评估胜算并发动攻击。不过对灵长目来说，纵深感能让它们更容易辨认出行踪隐匿、有保护色的掠食者的动作，并借低亮度的树枝网络来快速移动，此刻若踏错一步，就很有可能送命。由于每个个体只有一双眼睛，并且视线焦点对着前方，因此个体的生存机会就得依靠群体的集体行动，用多双眼睛盯着各个方向。[031]

对捕猎来说，表情比较丰富，也会比较占优势。猿类与人类的大脑视觉皮层与身体大小的相对比例，要比其他哺乳动物的相对比例大，而且负责做出表情的神经中枢也比较大。[032]所有哺乳动物表现出的恐惧、恶心、愉悦等生硬表情，不再只是出于无意识的反射，而是加上了个体细微之处的层次。一个目光交会就可以传达很多东西。就像海军陆战队的小组那样，猴群会像食物采集队一样运作，从它们的集体觅食，就可以预见现今的团体聚餐。

烤鱼佐橄榄，炖羚羊肉

Seared Fish with Olive Garnish; Fricasseed Gazelle

在某座湖边附近的一个玄武岩洞穴系统里，早期人类建造了一个用石头围成圈状的灶台。他们的群落周围资源丰富：湖里有鲶鱼、罗非鱼和鲤鱼鱼群；沙地上有螃蟹跑来跑去；乌龟慢条斯理地晃着；附近的山坡上，有野生橄榄和葡萄等着人来摘。女人和小孩负责采集食物，并把食物丢进火里。他们看着食物烤焦、裂开，然后用棍子把食物拨出来，急着把最好吃的部分放进嘴里，品尝着有碳烤痕迹的鱼肉和水果。有时候男人会追踪、猎杀其他动物以取得肉类，不过他们更常找到的是残骸，一些刚被其他掠食者杀死的鹿肉或象肉。他们从残骸上切下肉，用火烤熟，滴下的兽血和油脂被烤得滋滋作响。

大约从100万年前开始，智人的某些近亲族群就住在这个营地了，位于现今以色列胡拉谷（Hula Valley）的盖谢尔贝诺特雅各布（Gesher Benot Ya'aqov）洞穴。这是个很舒适的地点，被可以冷却沙漠气候的群山包围着。山泉冒出的新鲜水，流进洞穴正南边的一条河流。人类族群在这里定居了数万年，直到大约78万年前的一场泥石流或洞穴坍塌把这个营地掩埋。1935年，耶路撒冷希伯来大学的考古学家发现了这个洞穴，并展开长达数十年的细致挖掘工作。他们揭露了史前时代饮食的惊人故事，并提供了“味道是如何从动物起源里出现”的一些见解。

挖掘人员掀开焚烧过的燧石碎片堆，以及白蜡木、橡树与橄榄树枝烧焦后留下的炭块与灰烬。20世纪90年代，考古学家纳马·戈伦-因巴尔（Naama Goren-Inbar）在研究这些残余物后，推断这些焚烧不可能是随机的野火造成的。雷击造成的火灾会短暂地烧过宽阔的区域，而且温度比人为生的火要低，因为人类生火会小心翼翼地想办法把热量集中。遗迹中的食物曾经用高温烧烤过。盖谢尔贝诺特雅各布洞穴中的居民已经达成了普罗米修斯的理想：他们有能力用火。

他们用火来加工食物。在主灶台区也发现了焚烧过的谷物外壳与橡子壳。洞穴居民烤过多刺的睡莲的种子、荸荠、橄榄、野生葡萄和水飞蓟；还有烹煮过的鱼骨和蟹钳，也有鹿、象及其他动物的骨头碎片。准备食物时会用到的整套工具里，火是最有效的。这些早期人类是有厨房的。有一块地方专门用来去掉鱼的内脏；用来处理坚果的地方有石锤和有凹痕的石砧，在烤橡果之前，人们就是在这种石砧上把果壳敲破的。附近还有许多用来制作燧石工具的石砧。

在遗址中并没有发现人类的遗骸（可能是经过100万年分解掉了，或者是被埋在其他地方），所以正确地说，我们并不清楚这些早期人类是什么人种，他们或许属于直立人（Homo erectus）。直立人的大脑大小大约是现代人的百分之七十五，而且有制作工具的能力。在这个时期，直立人已经离开非洲，在大约30万年前从地球消失前，迁移范围远达高加索地区和东亚。或者，他们是现代人类的另一个未知前身。不管哪一种，这些人类和他们的直系祖先完全不一样。

“他们相当令人刮目相看，也可以说相当现代化。”戈伦-因巴尔说，“他们知道许多动物的生命周期，还有它们的喝水、进食和社会习惯；他们知道要吃什么植物；知道要去哪里找玄武岩、石灰岩和燧石，用这些原材料制造石器工具。这些材料差别相当大，他们得去不同的地方才能找到，甚至连断裂力学也非常不同，所以用不同材料制作工具需要不同的技巧。总而言之，它们很精细复杂。”

经过数百万年（在生命史上不过是一瞬间而已），住在树上的猿类演化成会制造工具、会说话、有自我意识的生命体。盖谢尔贝诺特雅各布洞穴遗址为这种转变提供了一个诱人的简短样貌，在这个转变过程中，味道、气味、视力、声音和触感合并到了我们自己的味觉里——这是一种新的感觉，有助于人类型态和人类文化的诞生。

人类的演化，和寒武纪生命大爆发以及期间的许多次生命大爆发时所发生的状况有些类似：不停地寻找下一餐，身体变得更灵活，认知越来越清晰，大脑变得更大，行为更复杂，以及感受到的味道更丰富。不过，每个物种际遇各有不同，都有各自的一套由特殊演化条件所产生的味觉。我们的猴子祖先大口啃着水果时，自然选择却把其他哺乳动物的味觉导向了完全不同的方向。在陆地上演化出来的鲸和海豚，在回到大海中的时候，失去了品尝出甜味、苦味、酸味和鲜味的能力，只对咸味比较敏感——或许是因为它们大多把鱼整条吞下，不需要品尝鱼的滋味；猫科动物由于是肉食动物，所以逐渐对甜味不再敏感；而当大熊猫的祖先放弃肉类改吃竹子之后，可能就再也尝不出鲜味了。人类的出现是一件不得了的大事，是一连串不可能的转折所造成的。如果地理位置、栖息地、自然选择以及纯粹的运气没有刚好以正确的方式聚集在一起，人类就不会在地球上出现。

这些到底是如何发生的，到现在还是一个谜，不过在考古学记录中还是有些线索的，在我们自己的身体构造与行为中也有迹可寻。其中一个重要因素，就是几乎不曾间断的混乱。早期人类生活在一个时常让他们屈服的生态险境里。大约在2300万年前，猴类开始演化出三色视觉的那个时期，非洲大陆发生震动并分裂开来。断层上的地面塌陷，两边隆起的高原阻挡了雨云的经过。这个因素以及其他气候变迁，造成了非洲丛林的干旱，丛林像一块块拼图一样变得支离破碎。森林里，猴类与猿类赖以维生的水果、坚果、树叶与昆虫这些食腐动物的综合大餐，也被打散得越来越远，被危险的开阔空间分隔开来。自然选择加速进行；在这种多变的环境下，古人类分离出了数十种人种。

* * *

大约200万年前，一名青少年男性和一名年长女性脚下的地面突然分开了（事实上我们不知道他们当时是在一起，还是这事件是分别发生在他们各自身上的）。他们都下坠了数十米，掉进了一个拱形的地下空间。他们重重地落在其他动物的骨头与腐烂的尸体上并且立即死亡，或者身受重伤，只能躺在那里等待着最后时刻的到来。随着时间推移，他们的遗骸被一层层沙粒状、水泥般的泥土包覆并保存下来。

2008年，南非约翰内斯堡城外，白云石丘陵的一处考古发掘现场附近，9岁的马修·伯杰（Matthew Berger）追逐着他的小狗，结果被一块木头绊倒。“爸爸，我发现一块化石！”他对着古人类学家父亲李·伯杰（Lee Berger）大喊。这是一块青少年男性的骨骸，身高大约 1.2 米。李·伯杰很快又发现了几块女性的骨骼。这是该人种第一次被发现，定年法显示其年代不到 200 万年，这个人种被命名为“南方古猿源泉种”（Australopithecus sediba，在当地的塞索托语中，sediba 意为“喷泉”或“泉源”）。之后，李·伯杰在一处名为玛拉帕（Malapa）的洞穴遗址中，又发掘出一个成年男性和三个婴儿的遗骸。

南方古猿（australopithecine）是最早的人类祖先的后代，在玛拉帕化石年代的数百万年以前，就从猿类谱系分支出来了。与它有关联的南方古猿阿法种（Australopithecus afarensis）的“露西”（Lucy），是这类化石当中最有名的；她的骨骸有 318 万年的历史，是 1974 年在埃塞俄比亚发现的。“露西”以直立姿势行走，不过她有能够抓住树枝的长手臂和有力的双手。

前面提到的那对南方古猿源泉种的古人类，生活在露西所处年代的 100 万年后，他们具备大脑比较大、身体更敏捷这些后来的人种所具有的特点。然而奇怪的是，对于食物，他们反而走了回头路，停留在变革的门槛之前，似乎没有办法跨越它。鉴于他们的久远年代，这些化石保存得异常完整而且极具启发性，在遗骸当中还有牙齿保存得近乎完美的下颌碎片。看侦探片的观众都知道，从牙医记录就能看出一些端倪，比如牙齿的主人吃的什么食物、怎么吃，以及他们的身份。

为了重现200万年前的那份菜单，由德国莱比锡马克斯·普朗克进化人类学研究所（Max Planck Institute for Evolutionary Anthropology）的古生物学家阿曼达·亨利（Amanda Henry）所带领的科学家们，分析了牙齿上的残渣。牙齿上的牙斑透露了各种食物留下的踪迹，那些是名叫植硅体（phytoliths）的植物性物质形成的极细微斑点。（植硅体在希腊语中是“植物石头”之意，是由植物从土壤里吸收、扩散到细胞里的二氧化硅组成的。植物腐烂的时候，植硅体会留下，为细胞提供了可供识别的残留影像。）

阿曼达·亨利原本推测这对男女以热带大草原的食物为主食，主要吃草和树根，和他们居住的环境一致。不过在分析他们牙齿上的一些牙垢之后，结果让她大感意外。南方古猿源泉种的饮食几乎完全来自越来越少的雨林，这些食物含有不同于热带大草原粗糙食物的碳同位素：有硬壳的坚果，从灌木采下的阔叶，以及在雨林遮蔽之下长得低矮的芦苇；他们还会从小树上扒下树皮咀嚼，就像史前时代的牛肉干。他们有时候会吃水果，不过找到这类果子的机会相当少，吃的最多的应该是苦的叶子和香草的味道。

这是个味觉谜团。他们本可以在任何觉得合适的时间，去大草原四处觅食。但为了吃到雨林的食物，他们势必得出远门，穿过大片草地，对草地上的食物视而不见。在某种程度上，这样的饮食是一种选择。也许他们讨厌草原食物的味道和口感。

其他群体有不同的行为吗？这个群体是后来改变了行为模式，还是在喜欢的食物耗尽时死亡了呢？一想到这个物种把它刚出现的智能，用来追寻熟悉但却越来越清苦的饮食，仿佛忘了它进食的关键是为了生存，就觉得悲哀。

* * *

“改变栖息地”迫使人类的演化走向了一条不太可能的路线。食物来源越来越不稳定，距离也越来越远，所以身体得变得更挺直、更纤瘦、更有机动性。大脑为了想出更复杂的策略来取得食物，变得更大了。但是这两种趋势是互相冲突的。

和人类最接近的近亲黑猩猩相比，人类的身体是难以置信的易碎品。黑猩猩有较大的内脏，较大较有力的下颌，嘴巴可以张开到人类嘴巴的两倍大。人类那较小的下颌和脸部，可以追溯到240万年前的一个突变的基因，这个基因产生了肌肉蛋白质，也产生了较弱的、较纤细的肌肉。[037]人类的内脏也比较小，但是大脑比较大，而且需求很高。成人的大脑要消耗掉全身能量的四分之一左右（其他灵长目动物只需要十分之一）。[038]理论上，这样的身体构造看起来是一个糟糕透顶的搭配。黑猩猩每天必须花好几个小时不停进食来维持身体机能，那么我们的祖先要怎么吃才足够存活下来呢？

智人的身体只依照一个主要原则来运作：较大的大脑来协

助人类制作出更好、更美味的食物。我们的祖先用高超的狩猎技巧与烹饪技术，来弥补生理上的弱势。

在20世纪30年代，传奇的人类学家路易斯与玛丽·利基夫妇（Louis and Mary Leakey）在肯尼亚的奥杜威峡谷（Olduvai Gorge）挖掘出一批化石，这批化石说明了两百余万年来的人类演化进展。

在南方古猿的时代以及更早之前，最早的工具是由奥莫河（Omo River）鹅卵石的光滑石英和玄武岩制成，通过敲击，使它们产生一个可以用来击打的平面。随着时间的推移，更复杂的人种出现了，工艺进一步发展：把岩石加以削切，制造出有凹槽与锋刃的、别具特色的铲子状石片。这样的工具可以用来切东西和刮东西。这些工具最明显的用途就是宰杀动物，而挖掘人员还发现，石制工具和兽骨上有切刻和敲击的记号。

对于我们这个属于“人属”的成员来说，肉类变成了主食。这点永远改变了饮食。不同于工业制造的肉类那样多汁多脂肪，野生猎物的肉质极为强韧，切割和使肉嫩化才有可能吃下更多的猎物。有了新工具，富含淀粉的块根食物——另外一类重要的主食——也可以切片或是捣碎。换句话说，在吃第一口之前，食物就已经被部分“消化”了。如今，吃东西未必要持续咀嚼，而进餐从头到尾变得更简短，并充满了各种强烈的味道：开胃菜、生肉的鲜味、血里面铁的苦味、油脂的厚重味、脑髓和腰子的奇怪复杂味道。

接下来，火出现了。一切可能是这样开始的：一场雷击引燃了大草原的灌木丛，微风送出一道扫过草原的火墙。动物们惊慌失措，向四面八方逃窜，眼中充满了带着恐惧的疯狂。不过一回生二回熟，人类的眼睛几乎能远距离分析这种场面，他们已经看过很多次了。他们会估算风和火焰前进的方向，并且一起移动前进，到达地面上稍微隆起的地方，以寻找较佳的视野。火焰扫过的时候，他们势必感觉到了脸上和胸口处的热气，并感到一阵激动。他们一边等着烧过的东西冷却，一边检查火灾之后的焦黑物，在地面和灌木丛中搜索食物。被烧得满目疮痍的无花果树枝和坚果散落一地，它们的外壳因高热而裂开了。或许族群里的某个人清扫了一些坚果，并且尝了一个。果肉变软了，焦炭底下烤过的浓郁的油脂味道美味极了。在附近，其他人也吃了烤过的无花果，温热的果汁顺着他们的双颊流下。

上面的描述，是根据灵长类动物学家吉尔·普吕茨（Jill Pruetz）对大草原黑猩猩的观察结果而写的，这些黑猩猩会在野火周围伺机而动，接着在火熄灭后进入火场寻找食物。南方古猿和他们的后代很可能都采取类似的策略，他们发展出了一种关于如何操纵火焰的感觉。事实上，黑猩猩在概念上距离控制火和烹饪只差一步之遥。艾奥瓦州得梅因（Des Moines）的灵长类学习收容所（Iowa Primate Learning Sanctuary）中的一只倭黑猩猩（bonobo，黑猩猩的其中一种）"坎兹"（Kanzi），在幼年时就对火很着迷。它反复看着《火之战》（*Quest for Fire*）这部讲述早期人类费尽千辛万苦要重新点燃灶台的电影，模仿演员，并用木棒搭起小型柴火堆。饲养员教会它点燃火柴的方法之后，它就开始生火。它会想尽办法控制火势，火焰要熄灭时，它就添加柴火。不久之后，坎兹就开始烹饪了：它会拿起一块棉花糖插在木棒尾端，后来还会用煎锅来煎汉堡。

和我们的祖先一样，倭黑猩猩知道煮过的食物味道更好。肉类烤过之后肉质会变嫩，最硬的块茎烤过之后会变成糊状，蛋烤过之后更可口。高温会引发一连串与众不同的化学反应，让香味散发出来。在150℃左右，肉类肌肉纤维中紧密缠绕的蛋白质会开始断裂、不再卷曲。数千种不同的排列取代了它们原本一致的形状，然后这些排列组合会在变性（denaturing）过程中结成团块，使肉质变嫩。然后氨基酸会和糖类结合，这是把数千种不同风味的微量化学物质引出来的一个连锁反应的开端。这个过程叫作“美拉德反应”（Maillard reaction），是以法国物理学家、化学家路易斯·卡米尔·美拉德（Louis Camille Maillard）的名字命名的，他在一个世纪前发现了这种反应。美拉德反应也会产生色素，把烘焙的面包、烹煮的肉类和烘烤过的咖啡豆转变成褐色。如今，善加运用美拉德反应是食品科学的基石。

* * *

盖谢尔贝诺特雅各布洞穴遗址中的有百万年历史的灶台，

是被普遍接受的关于用火加工食物的最早的证据，考古学家已经发现许多更疑似的古代灶台，定年后可追溯至40万年前，也就是现代智人直系祖先生活的年代。不过，有证据显示，用火加工食物改变了人体生物学，随之而来的人类的味觉（大概在200万年前到100万年前之间）提供了较大的大脑所需的关键的卡路里。

哈佛大学的灵长类动物学家理查德·兰厄姆（Richard Wrangham）考虑到进食和消化生食的力学，怀疑它是否真能供应足够让直立人生存的能量。把咀嚼与消化燃烧掉的卡路里也算进去之后发现，耗费时间与热量去吃生肉根本就划不来。巴西里约热内卢联邦大学的卡琳娜·丰塞卡-阿泽维多（Karina Fonseca-Azevedo）和苏珊娜·埃尔库拉诺-乌泽尔（Suzana Herculano-Houzel）精确计算了吃一块生肉需要的时间。她们利用灵长目动物的身体与大脑尺寸数据，再加上每个物种花在进食上的时间数据，推算出直立人食用生食得花上八个小时咀嚼——这会让他没什么时间找食物，也没有时间做其他事情。

凭借着把食物变得容易吃下与消化，用火加工食物解决了这个问题。这样一来，就有时间获取、准备、食用和品尝一餐饭了。而且一旦可以用小量、集中、快速解决的方式来消耗食物，原本不可能出现的小内脏配大个大脑的组合，就开始变得合理了。“在生物学上，人类是能够适应吃烹煮过的食物的。”兰厄姆说。他做了很多实验来验证这个想法：在其中一个实验中，他和阿拉巴马大学的生物学家斯蒂芬·塞科尔（Stephen Secor）喂蟒蛇吃煮过的肉和生肉，发现它们消化煮过的肉所耗费的能量要少很多。兰厄姆推断，用火加工食物，对于大约在200万年前发生的直立人的大脑大幅成长起到了重要作用。

由于“在超过100万年前人类就能用火加工食物”的考古学证据相当有限，所以这个理论仍有争议（兰厄姆指出，用火的证据很容易随着时间而消失）。这个理论也没办法解释，为何在100万年前以后，出现了导致智人出现的第二次大脑容量大幅成长，这次的脑容量大幅成长已经让很多人类学家相信，早期人类是比较晚才开始用火加工食物的。不过如果兰厄姆的理论成立，那么“吃熟食”就是人类演化成功与生理构造的一大助手。

大脑成长时，自然选择会重塑人类的整个头部，包括嘴巴和鼻腔的内部构造。嗅觉以新的外观回归。大多数哺乳动物身上，会有一块叫作“横向椎板”（transverse lamina）的骨头把鼻腔隔开。咀嚼食物会在口腔后面释放出香味，但是这块横向椎板会防止香味进入鼻腔，好让动物集中精神嗅闻周遭的气味。猿类演化时，横向椎板消失了。在后来的人类身上，从口腔通往鼻腔的通道缩小了。两者只差了几厘米，不过却大幅强化了我们祖先体验味道的能力。人们在咀嚼的时候，产生的香气会经由口腔后面的这条通道到达嗅觉受体。

气味把我们远古祖先正在扩张的意识，和他们周遭的世界牢牢地绑在一起。这个生理构造上的遗产，至今仍伴随着我们。

当它出现在最早的哺乳动物身上时，人类的嗅球还只是从新皮质分离出来的一个突触而已，而感觉就是在新皮质这里变成认知的。其他的感官就不见得是这样子：味觉的信号到达新皮质之前，会经过脑干和下丘脑。气味是未经过滤的，最直接的。在用餐期间，当它们和味觉与其他感官交织在一起时，味道就开始活跃了。

* * *

在盖谢尔贝诺特雅各布洞穴遗址，人们可能会聚在一起用餐，品尝烹煮好的鱼和滴着冒泡油脂的鹿肉，听着兽皮烧焦的酥脆声响。他们一起吃、喝、聊天和休息，过得心满意足。他们经过一长串的分工合作（做计划、采集、狩猎、宰杀、准备）后到达了最后的环节，获得了回报——一场盛宴和一群伙伴。

查尔斯·达尔文（Charles Darwin）在他的第二本关于演化的著作《人类的由来》（*The Descent of Man*）里，认为人类智力快速发展，与人类具备社会性质有很大关系：人类具备沟通天赋，以及以团体为单位共同生活、一起工作的能力。我们祖先所面临的艰困处境，很可能就是让他们结合成紧密团体的原因。吉尔·普吕茨研究的塞内加尔东南部的一群黑猩猩，就遵循着这个动机。大多数的黑猩猩生活在林地，不过这个地区主要是草原，而且有时候食物很稀少。生活条件迫使方果力黑猩猩（Fongoli chimp，以它们栖息地的溪流名取的绰号）得更加同心协力，它们形成了一个比典型的林地黑猩猩更庞大、更团结的团体，而且更愿意共享食物。有一次普吕茨偶然观察到，一只饥饿的雌猩猩想从雄猩猩采集的食物堆里拿水果，而占数量优势的雄猩猩没有向它发起挑战。它们也会使用基本的工具，像是用棍子从蚁丘里挖出白蚁，还有用尖锐的棍子刺穿丛猴这种睡在树枝隐蔽处的小动物。这些方法能让它们获取一点点肉类。

可能有人会期待找到族群更大的动物，它们会有更复杂的动机，更大的大脑。在 20 世纪 90 年代，加州理工学院的约翰·奥尔曼（John Allman）开始在灵长目动物里深入研究这个理论，结果发现，大脑与身体相对比例较大的灵长目动物，居然不会形成较大的社会族群。不过牛津大学的罗宾·邓巴（Robin Dunbar）把问题的范围缩小之后，发现了令人意想不到的事情——大脑的整体大小可能不会随族群大小而变，但是新皮质的大小会。人类的新皮质相对于身体的比例，是所有动物里头最大的，这就是让“味道大教堂”成为人体重要建筑的原因。它把围绕食物的基本欲望和感觉，与思想、回忆、感情和语言编织在一起，而且有助于把群体和社会绑在一起。

早期人类必须以合作求生存，研究出复杂的策略阻却厄运。制作工具和操控火焰需要的不只是专门的技术，还要具有必须保存并传授给其他人的知识；狩猎需要计划和团队合作；而且就像所有后院烧烤大师都清楚的，烤肉需要熟练的屠宰动物的技巧、火候控制，还要些许创意。随着时间的推移，烹饪已经不再只是填饱肚子而已，人类发展出和食物相关的规范和习惯。运用工具和知识创造风味，是最早的文化火花。

每个能成功存活下来的物种，都能够适应环境。指导史密森学会（Smithsonian Institution）“人类起源计划”（Human Origins Program）的古人类学家里克·波茨（Rick Potts）表示，人类的天赋还要更强大：我们的祖先适应的不只是不同的环境，还有“环境会一直变化”这个严峻的现实。

这是对为什么如今世界各地的口味和菜肴存在巨大差异的一种解释，而且这也能说明，为什么人类的味觉具有其他动物的味觉所缺少的可塑性：为什么我们能如此轻易地喜欢上本质上不那么愉悦的事物，像是味苦的咖啡或啤酒，或是辣椒、芥末的呛辣。古代非洲混乱的景观不是只有大草原和灌木丛，它还零星分布着火山、河流和湖泊、平原和高山，从海拔超过负 150 米的非洲最低点阿法尔洼地（Afar depression）的阿萨勒湖（Lake Assal），到最高点——海拔近 5900 米的乞力马扎罗山（Mount Kilimanjaro）。在这些变来变去的栖息地之间迁徙，让人类首次认识到在任何地方都能生存和繁荣。克服东非大裂谷的层层险阻存活下来，只不过是人类主宰地球这场盛大表演的热身运动而已。

Chapter 3

The Bitter Gene

第三章

苦味基因

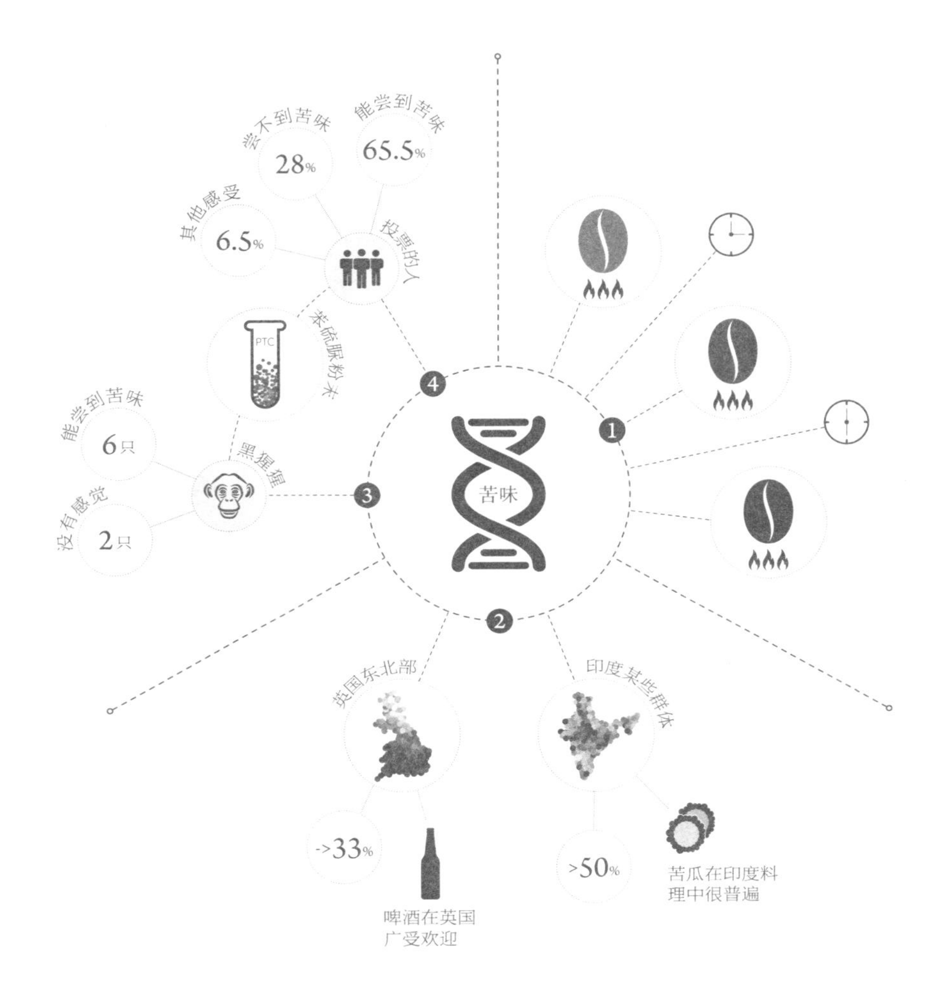

❶ 烘焙时间越长咖啡豆色泽越深，味道就越苦

❷ 无法尝到苦味的人的比例

❸ 20世纪30年代科学家对黑猩猩进行的测试

❹ 1932年美国科学促进会年会上的一次投票

1990 年 3 月的某一天，美国总统乔治·H·W·布什（George H. W. Bush）决定禁止西蓝花出现在“空军一号”(Air Force One）上。西蓝花属于芸薹属（Brassica）的植物，同属植物还包括芥菜、卷心菜、球芽甘蓝等。它们大多都有一个很相似的防御系统，那就是当细胞的细胞壁破裂时，会引发某种化学反应，释放出一波又一波的生物碱（alkaloid)。我们的身体对这类分子有各种回应，其中最明显的就是感觉到苦味。

布什总统的这个决定一公布，就遭到了营养学家的质疑——这个决定会不会对美国儿童形成不良示范。愤怒的加州菜农发动货车队，将十吨重的西蓝花千里迢迢运到华盛顿特区。“我想，总统先生一定是没吃过经过正确烹调的西蓝花，”名厨茱莉亚·蔡尔德（Julia Child）也发表了看法，“西蓝花在煮之前，是要先去皮的。”据说，布什总统还在国宴上向波兰总理开玩笑似的抱怨到他引起的这场骚动。“美国的西蓝花菜农发动起义了，”他说道，“就像你们过去要反抗极权主义一样，我也有西蓝花要反抗。”

在记者招待会上，有媒体要布什总统给个解释，于是他作了这个史上留名的声明："我不喜欢西蓝花，自从小时候我妈逼我吃开始我就不喜欢。现在我成为了美国总统，我依然不打算吃它！

"现在，华盛顿特区有成卡车的西蓝花。我们家对西蓝花的看法很不一样，我妈妈芭芭拉非常喜欢，她一天到晚吃西蓝花，还逼我跟着吃。"

"花椰菜呢？青豆呢？球芽甘蓝呢？"招待会上的记者大声提问。布什把球芽甘蓝也否决掉了。

乔治·W·布什（George W. Bush）在这方面和父亲老布什一样挑食。2001年，他第一次以总统身份出访，拜访对象是曾经做过西蓝花菜农的墨西哥总统比森特·福克斯（Vicente Fox）。车队浩浩荡荡来到福克斯位于瓜纳华托州（Guanajuato）丘陵中的农场，下了车后，布什惊觉自己置身一大片西蓝花菜田中，空气中充斥着十字花科蔬菜特有的味道。记者问他有何感想时，他迟疑了一会儿，然后比了个大拇指朝下的动作，说道："把它们换成花椰菜！"

芭芭拉·布什（Barbara Bush）喜欢西蓝花，但是她的先生和儿子都不好此味。类似这样的差异其实是味觉的一个基本特征，它受DNA控制，是可以遗传的。这种流传了几百万年的遗传特质，或许在人类演化的过程中扮演了提升生存概率的角色。我们对味道的喜恶除了受到环境和生活经验的影响，也受到DNA控制，大家的味觉感受就像片片雪花一样，没有哪两个

048

049

人是完全相同的。

味觉感受的差异范围之大，在人类感官中是很独特的。不管是视觉、听觉、触觉和嗅觉，都不存在这样的明显差异。毕竟，为了一起生存，我们祖先的感官世界不能相差太多。身为脆弱的温血动物，我们只能在一定的温度中生存，因此人类对温度的忍受力相差不大；每个人视网膜里的视杆细胞和视锥细胞能侦测到的光线波长和光影变化，大抵是相同的；耳蜗（内耳中蜗牛壳形状的器官）里能接收到的音量大小和音频高低，也是类似的。此外，鼻子里的嗅觉上皮侦测到的味道也都差不多。

但是味觉的角色就像哨兵，它得尝遍所有进入嘴里的东西，受到我们祖先亘古以来所吃、所喝所塑造。它不是单一的感官世界，而是多种感官世界的集合，对于我们称为“苦味”的味道更是如此。

最初，苦味是一种预警信号，目的是要避免我们吃入有毒的东西。水母、果蝇，甚至细菌都有辨别苦味的能力，表明这种基本的反感可以追溯到多细胞生物发展之初。例如5亿年前出现的海葵，不但可以察觉进入消化道的东西带有苦味，还会把它吐出来。植物的演化和动物的演化是同时并进的。世界上大多数的苦味物质都来自植物，它们可以借由制造有毒物质，杀死会造成感染的微生物，并且保护自己不被吃掉。带有苦味的植物有成千上万种，制造出来的苦味物质更是不计其数。我们对苦味的辨别，就是源自这些五花八门的植物，以及祖先的勇气——他们自10万年前离开非洲后，便前往世界各地，尝遍了各处的植物。

舌头碰到带有苦味的东西时，会启动大脑的某个电化学传导路径，产生不好吃的感受，这时我们的嘴角会朝下、鼻子皱起、舌头伸出，仿佛想把东西吐出来似的。而动物王国中，从旅鼠到狐猴，各有各的苦脸。

然而，纵观世界料理，都可以见到人们与苦味之间的爱恨纠缠。“苦味”（bitter）这个词源自印欧语系（Indo-European）里的词根“bheid”，意思是“割裂”，和“咬”（bite）是同一词根。《圣经》里的犹太人以苦味来比喻受苦。逾越节（Passover）[1]时，大家会将山葵、荷兰芹或菊苣泡在盐水里，做成苦菜（希伯来文为maror），希望借由吃这道苦菜，来纪念大家过去在埃及被奴役的痛苦。

苦味和其他味道加在一起时，其实很好吃（对于可以忍受苦味的人来说）。食物中如果缺了苦味，就会像少了什么一样。西蓝花等十字花科的蔬菜，花椰菜、球芽甘蓝、羽衣甘蓝和萝卜等，是地球上最常见的种植蔬菜。在美国南部地区，芥蓝菜（collard greens）常被拿来和猪肉一起炖煮，芥蓝菜的苦味可以使这道菜清爽些，猪肉的油脂和浓郁的味道则可以稍微去除甘

---

[1] 逾越节是纪念以色列人要离开埃及的前一夜，上帝派天使击杀埃及人的所有长子，却越过以色列人的房子，拯救以色列各家的日子。——译注

蓝的苦味。自西班牙殖民者埃尔南·科尔特斯（Hernán Cortés）征服了阿兹特克帝国，将可可豆从墨西哥带回西班牙后，巧克力制造商花了500多年的时间，想办法用糖和牛奶来调和它的天然苦味。对啤酒、腌菜和咖啡来说，苦味也都是不可或缺的元素。

为了让咖啡好喝，得先解决咖啡豆那令人不敢领教的原始苦味。为了了解制作过程，我去参观了“给我咖啡！”（Gimme! Coffee）——位于纽约伊萨卡（Ithaca）的小规模连锁店——的总部。他们的烘焙厂是用城边的一间农舍改建的。雅各布·兰德劳（Jacob Landrau）正在监控两部手铸钢打造的老式烘豆机，机器有个钢质的滚筒，模样有点像干衣机。烘焙过程是以瓦斯加热，将温度控制在93℃到205℃之间，整个烘焙过程历时约十分钟。烘焙室里没有空调，夏天时，屋里的温度有时高达38℃。相比起来，咖啡豆的待遇就优渥多了，它们的储存室在隔壁房间，温度或湿度都是恒定的。

干的生咖啡豆是浅绿色的，它们是咖啡树的红色果实里的果仁，取出后要经过浸泡和熟化。咖啡豆吃起来有一定的粉状稠度，味道像草一样，并不是特别苦。咖啡之所以会苦是由很多物质导致的，其中最广为人知的是咖啡因，不过，造成咖啡味苦的主要原因还是烘焙。经过烘焙的咖啡豆颜色会越来越深，这时其中所含的绿原酸内酯（chlorogenic acid lactones）会分解成具有苦味的苯基林丹（phenylindanes），也因此，色泽越深的咖啡豆就越苦。

除了利用笔记本电脑来追踪烘豆机内部的温度，兰德劳也会根据他本身的感官做判断。温度太高时，咖啡豆会脱水；不够高时，苦味会提早出现。他聆听咖啡豆在烘豆机里滚动的声音、观察咖啡豆的外表，并闻它们散发出来的气味，这些感觉随时在改变。根据咖啡豆的年份、种类，以及大气压力、烘豆机内的状况、时间等细微因素，每一批咖啡豆都有自己的特色。唯有掌握所有因素，才可以触发那个特别的化学反应，烘焙出味道最好的咖啡。苦味不足会让咖啡失去该有的活力，但是苦味太重，就会像便利商店里的隔夜咖啡一样，令人难以下咽。

去参观的那一天，兰德劳带我把整个烘焙过程从头到尾看了一次。在烘豆机里待了九分钟后，咖啡豆的外壳开始破裂，打在烘豆机的滚筒上，发出“啪啪”的响声，这就是“一爆”(first crack)，热度够的话，有时还会出现二爆、三爆，但是这样的咖啡也会更苦。兰德劳将火暂时关掉一会儿后，再次打开，开始新的烘焙阶段。在这个新阶段，糖类会开始分解成水、二氧化碳、脂肪酸和带有各种味道的混合物，这个阶段的最高温度是198.9℃。“继续烘烤时，糖类会焦掉，这是另一个苦味来源。”他说道。不过他必须留意是否有“烧焦”(tipping）的问题，也就是咖啡豆的两头出现黑点，这是咖啡过苦的征兆。

兰德劳把火关掉后打开滚筒。这时的咖啡豆呈现中度棕色，他把它们倒入一个圆形托盘，利用旋转叶片拨动咖啡豆，好让它们均匀的散热。

那天稍晚，负责在“给我咖啡！”训练咖啡师的莉兹·克拉克（Liz Clark）画了一幅图给我看，上面有三条随着时间起起落落的曲线，这三条线分别代表咖啡的酸味、甜味、苦味。当时我们在“给我咖啡！”的实验室，这是他们研发新配方和新技术的地方。这张图对咖啡师非常重要，图中的内容就是“三分法”（the rule of thirds）。不同物质的溶解速率不同，因此在冲泡意大利浓咖啡时，随着纯净水流过经过研磨、烘焙的咖啡豆，咖啡里含有的各种味道，会在不同的时间释放出来。咖啡师必须掌控研磨的细度、水的压力，以及咖啡通过滤纸、滴进杯子时的形态变化。

莉兹·克拉克请一位咖啡师将一些磨得很细的意大利浓咖啡粉倒进滤杯里。这种咖啡的名字叫“左派分子”（Leftist，它的广告语是：“充满巧克力味、焦糖苹果味，还带点烘焙香料的扑鼻香。”）。咖啡师把滤杯放进咖啡机，小心地拉动控制杆，将93℃的热水以九倍大气压的压力冲入咖啡粉。克拉克将滴出来的咖啡依序装入三个杯子。

第一杯咖啡的颜色最深、最浓稠，但味道是酸的；第二杯的颜色淡了些，带点红色，有点甜味；最后一杯的颜色最浅，有点像是沙子的颜色。当咖啡变成“金黄色”（blonding）时，就表示这一泡咖啡已经到了尾声。最后这杯咖啡的味道是苦的。分开时，每一杯咖啡都很难喝，其中苦的那一杯味道最可怕。但是将这三杯咖啡混在一起后，所有味道都巧妙的互相衬托起来了。这个过程出错的概率很高：意大利浓咖啡机非常敏感，泡出来的咖啡味道可用“变幻无常”来形容。“从一个人喝的咖啡，就可以看出这个人的个性，”克拉克说道，“虽说可以改变的因素非常有限，但论到怎么样算是一杯好咖啡，每个人都有自己的一套。”

* * *

找出“苦味”这个古老信息在我们身体与食物里的真正作用，是人体生物学中颇令人伤脑筋的问题。1930年的某一天，两位化学家在一家工厂里起了一场关键性的争执，让科学家们面临了一场前所未有的挑战。

那天，这两位化学家在杜邦化学公司位于美国新泽西州的杰克逊实验室（Jackson Laboratory）调配蓝色染剂。阿瑟·L·福克斯（Arthur L. Fox）正在将一种叫苯硫脲（phenylthiocarbamide，简称PTC）的白色粉末倒进瓶子中，结果一不小心手滑了，白色粉末飞得到处都是。这时，他的同事，斯坦福大学的客座教授卡尔·诺勒（Carl Noller）正好站在旁边，吸进了一些粉末。这些粉末从鼻孔进入口腔，沾到了舌头上，奇苦无比。福克斯看了觉得莫名其妙，他也吸到了一些粉末，却一点儿味道也感觉不到。

福克斯拿了一点苯硫脲放在舌头上，跟诺勒保证这一点儿

052

也不苦；诺勒也用手指蘸了一点放入嘴巴，结果苦到脸部抽搐。他们让实验室里的其他人也这么做，一场自发性的实验就这样展开了，实验室里的科学家和技术员纷纷当起小白鼠。实验的结果证实，这事确实就是这么怪：有些人可以尝到白色粉末的苦味，有些人不行。

1930 年时的科学家认为，所有人的味觉基本上都一样，如果出现不同，就是心情或脾气造成的。小孩子不喜欢球芽甘蓝，一定是大人没教好，和生物学没有关系。但是苯硫脲的实验结果推翻了这个传统的看法。“味觉的差异远比我们认为的要大，”福克斯在一次访问中说道，“玛丽可能不喜欢甜菜，但是约翰尼超喜欢；父亲无法忍受酸奶的味道，母亲则是对大蒜的味道反感。每个人对食物的反应就是这么不一样。”

053

福克斯的意外发现，让我们将基因运作方式的面纱再次稍微掀开了一点。当时的科学家已经知道，人体中有一张由基因组成的蓝图。但是大家对 DNA 的认识并不多，所以对这张蓝图没有很清楚的概念，他们知道所有人体的生物学特质都和基因有关，但是要将基因的影响和其他生物作用力，像是环境、教养、年龄等区隔开来，是不可能的。可是福克斯这个味觉实验发现了一个简单的遗传性状，说它是科学革命也不为过。这个发现或许可以揭示基因是怎么演化的，以及它们对气候变化或栖息地变迁有什么样的反应，甚至可以找出性别、文化和种族上的未知的遗传差异。

身兼奥古斯丁派修士和植物学家的格雷戈尔·孟德尔（Gregor Mendel）是第一位发现这种单基因遗传[1]的人，利用这类基因，我们对遗传有了基本的了解。19世纪中叶，孟德尔试着培育能开出淡紫色花的豌豆。他当时在布尔诺（Brno，现位于捷克共和国境内）的圣托马斯修道院（Abbey of Saint Thomas）工作。他将白色和深紫色的豌豆株杂交，但是没有得到淡紫色的花，所有后代的花都是深紫色的。于是他进行了更多的实验，结果发现，深紫色花和深紫色花或白色花的豌豆交配，会产生深紫色的花；白色花的豌豆和白色花的豌豆交配，只会生出白色的花，但是开淡紫色花的豌豆始终没有出现。

孟德尔猜测，花的颜色应该是由分别来自双亲的某种基本遗传单位决定的，他称它们为“因子”（factor）。深紫色因子是显性的，这么一来，他便可以利用统计来推测每一种颜色出现的概率：每四朵花里面会有三朵是深紫色的，一朵是白色的。

这就是“孟德尔性状”——特性是由单一基因的差异决定的，我们靠肉眼就可以看到基因的作用。这种遗传方式在人类中很罕见。在福克斯的年代，眼睛的颜色、血型也被认为是由“孟德尔性状”决定的，但是之后发现，人类的遗传要复杂多了。不过现在，福克斯发现了一个新的性状，他立刻发布了这个研究结果，在《科学》（*Science*）期刊发表文章称，有些人对特定物质

---

[1] 指性状的表现由一对基因决定。——译注

是“味盲”。他开始进行一连串的味觉实验。“可以确定的是，这种特性和年龄、种族或性别都没有关系，”他在给美国国家科学[055]院（National Academy of Sciences）的具有深远影响的科学论文中写道，“不管男女老少、黑人、中国人、德国人或意大利人，都有尝得到味道和尝不到味道的人。”

1932 年，福克斯在美国最顶尖的科学组织美国科学促进会（American Association for the Advancement of Science）举办的年会讲台上，放了一部投票机。他邀请与会的人都尝一尝苯硫脲粉末，然后选取他们的答案。结果有 65.5% 的人可以尝到它的苦味，[056]28% 的人尝不到，还有 6.5% 的人有其他的感受。这表明能尝到苯硫脲味道的基因（也就是对苦味比较敏感的基因）应该是显性的，就像孟德尔当时的深紫色花一样；至于尝不到或是敏感度差的基因，则是隐性的，就像那些白色花一样。

一波科学热潮就此展开，世界各地的科学家纷纷针对不同年龄、种族和社会地位的人进行味觉测试。一开始，他们将苯硫脲装在小罐子里随身带着，后来改将浸泡了苯硫脲溶液的纸张干燥做成试纸，受试者只要将试纸放在舌头上，就可以测试。

实验过程不能说一帆风顺，当时正值美国经济大萧条时期，有谣言称，这其实是一个优生计划，目的是要让那些贫穷的美国男人失去生育能力。有测试员发现，当来到农庄时，女士们[057]通常很愿意配合，但是男士们却躲得远远的。

[058]这项试验还在 1941 年与大众文化扯上了关系。两位加拿

大多伦多大学的研究人员前往加拿大安大略省科贝尔（Corbeil）的一处农庄，对当时六岁且正当红的迪翁五胞胎（Dionne quintuplets）进行测试。

出生在农家的迪翁五胞胎比预产期提早两个月出生，是首次活过婴儿期的同卵五胞胎，出生时每人都只有成人手掌大小，五个人的体重加起来不到 6 千克。他们的存活成为了这个世界可以从经济灾难中走出来的象征，在全球媒体中造成了极大的轰动。但成名是要付出代价的，当五胞胎的父亲奥利瓦（Oliva）在她们四个月大的时候，签署了一份答应让五个女儿在 1933 年于美国芝加哥举办的世界博览会中亮相的合约后（后来合约被取消），加拿大当局剥夺了他的抚养权。当局担心五胞胎会接触到病菌、被绑架，甚至发生更糟的事。后来政府方面想出了折中的营销方式：将五胞胎放在一个透明圆罩中。在她们还小的时候，由医生和护士组成的团队在一间特殊的育婴房里照顾她们，来参观的民众可以透过单向玻璃观看她们。来访的游客有数百万人，在五胞胎这一头的玻璃上留下了无数黑幽幽的影子。

加拿大政府也答应，在多伦多大学心理学系的监督下，让大家对五胞胎进行各种医学实验，她们的成长与发育都受到严密的监控与分析。因此对于多伦多大学的心理学家诺尔玛·福特（Norma Ford）和阿诺德·梅森（Arnold Mason）来说，对五胞胎进行味觉测试是天经地义的事。

实验进行的那天，塞西尔（Cécile）、伊冯（Yvonne）、埃米莉（Émilie）、玛丽（Marie）和安妮特（Annette）被逐个护送到房间里做测试。她们的老师盖坦·维齐纳（Gaetane Vezina）向她们解释了待会儿要做什么：她们会拿到一张两厘米长的纸条，然后把它放到舌头上嚼一嚼。有些作为控制组，就只是纸；有些有味道的，可能是咸味、柠檬的酸味、糖的甜味或奎宁的苦味。

由于迪翁五胞胎的基因组成完全相同，所以听到她们不一样的反应和细腻的描述时，大家都非常震惊。塞西尔觉得，带咸味的纸像是天主教弥撒时用的圣体面饼、酸味的纸像止咳药、甜味的纸像加了糖的药，而不知怎么的，奎宁的苦味竟然像枫糖浆。不过在换成苯硫脲试纸后，基因又统一了起来，五胞胎异口同声表示难吃：

> 塞西尔：“不好吃！”
>
> 伊冯：“我不喜欢这味道！”
>
> 埃米莉：“我不喜欢这味道，不好吃！”
>
> 玛丽：“我一点也不喜欢这味道！”
>
> 安妮特：“味道好重！”

一直到现在，苦味测试依旧是科学里的关键主题。近年来，丙硫氧嘧啶（6-n-propylthiouracil，简称 PROP）取代了苯硫脲，成为测试物质，它没有苯硫脲的硫黄味，也没有潜在的健康问题。我曾经在莫奈尔化学感官中心做过这个测试。遗传学家和味觉研究人员丹妮尔·里德（Danielle Reed）倒了一点澄清、无色、无味的丙硫氧嘧啶溶液到纸杯里，我喝了一小口，没什么感觉。就像阿瑟·福克斯，以及四分之一的美国民众一样，我也是“味盲”。想想还挺合理的，成年以后，我一直很喜欢啤酒、咖啡、西蓝花等带苦味的东西。对丙硫氧嘧啶的苦味没有知觉的人，通常对其他味道也比较不敏感，这或许可以解释我为什么喜欢吃辣，也分不太出红酒的好坏。

接着，我们把时间快进到21世纪。我和我的家人分别把口水吐进塑料试管里，封起来后，寄到了加州山景城（Mountain View）的“23与我”（23andMe）基因检测公司。公司名字里的“23”，指的是人体的23对染色体，他们可以利用基因分析设备，帮你找到你在人类大家族里的位置，包括你的祖先来自哪一个大陆、你罹患基因相关疾病的概率、你拥有多少尼安德特人的DNA（拜古老的近亲交配所赐）等。另外，测试的结果也会揭示，你携带的是阿瑟·福克斯苦味基因中的哪一种。几个星期后，我从该公司的网站获得了结果：我们全家都是味盲。这代表我和我太太从我们各自的父亲和母亲那里，得到了味盲的基因，然后又将这个基因传给了我们的孩子（测试也指出，我们基因组中有百分之三属于尼安德特人，这大约是平均值）。这和我儿子爱吃辣的习性不谋而合，但却无法解释我女儿为何恰恰相反，她喜欢清淡的食物。

从福克斯所处的年代到如今这段时间内，我们找到、解螺旋、记录了人类的所有基因组（所有的遗传物质），甚至完成了部分解码。我们发现，人与人之间基因密码的差异仅有千分之一，但是仅凭这点差异，就足以造成我们在体态、肤色、罹患疾病的概率，以及味觉等方面的差别。

20 世纪 30 年代，没有人知道味觉基因是什么样子、如何运作，也不懂我们的舌头或大脑是怎么区分苦味和甜味的。当时的科学家们确实找到了一些关于在这个陌生领域里发生了什么的线索，但是当时的科学仪器几乎帮不上什么忙：这些因子小到无法用显微镜观察，庞大的数量和复杂程度也不是化学家在试管里做做传统分子反应实验就可以解决的。有一位科学家直言它是“被忽略的维度”。

060

到了 20 世纪 60 年代，麻省理工学院的分子生物学家马丁·罗德贝尔（Martin Rodbell）使用当时数字时代之初的术语，描述了味觉与基因间的微妙关系。他说，细胞就像计算机，会对周遭环境做输出和输入的处理。细胞上有个叫受体的东西负责输入，它可以察觉到像是苦味分子或是激素之类的物质，就像打开开关一样，这会启动细胞内部的电反应，借此将信息通过神经细胞传到大脑，或是身体的其他部位。罗德贝尔称这个开关为“传感器”（transducer）。换句话说，味觉也可以被理解为一种简单的计算机运算。我们在用餐时吃了一块牛排、一颗带苦味的浆果、喝了一杯咖啡，它们当中含有数千种不同物质。来自不

061

同味觉基因的各种味觉受体[1]，要对这顿饭中的混乱化学物质进行筛选，挑出重要的信息，将它们变成大脑可以理解、可以进行反应的代码。

对味觉的分析，是原始味觉地图错得离谱的最好佐证。一个人的舌头上平均有一万个味蕾。进食时，经过咀嚼的食物或饮料会进入味蕾顶端的小孔。每一个味蕾都是 50~80 个特别细胞的集合，每个细胞都有它专司的基本味道。结构复杂的受体蛋白质有一部分露在细胞外，其余部分位于细胞内。露在细胞外头的部分，会抓住细胞外的分子，形成暂时的化学键。这会使得位于细胞内部的受体构造分离，就像把一束花勒得太紧，底部的花柄断了一样。这个信号会将神经细胞的“开关打开”，启动从舌头到大脑间的一连串反应，然后在不到十分之一秒的时间内，让我们产生“啊，好甜、好恶心、好苦”的感受。

恰当的说，创造苦味受体的基因不是在实验室发现的，而是在计算机数据库里找到的。1999 年，科学家分离出了第一个味觉基因和甜味受体，接着分离出了与甜味密切相关的鲜味受

[1] 受体是一种特殊的蛋白质，出现于至少 15 亿年前，远早于嘴和大脑等器官的出现。受体的出现巧妙解决了一个基本问题：微生物需要知道自己周围都发生了什么，例如侦测营养物质与阳光，以及避开有毒物质。接下来，在多细胞生物出现 10 亿年后，受体进一步进化。在外部，身体面对的是不停变化的世界；但在内部，消化系统、呼吸系统以及其他身体功能系统必须与大脑进行交流。每一个新任务都推动了受体的进一步发展，塑造出了能够完成成千上万种不同任务的化学结构。

体，然后科学家们将注意力转移到了苦味受体，开始进行实验以分离受体细胞。他们搜寻了刚发表不久的最近才被解码的人类基因组数据库，在这之中，有许多由A、T、C、G（DNA的氨基酸的缩写）排列而成的序列尚未破解。一天，哥伦比亚一处味觉实验室的研究生肯·穆勒（Ken Mueller）在凝视这堆字母时，发现一段密码和某些已知的受体基因序列非常相像，它有一点像感光的视紫红质（rhodopsin），又有点信息素受体的影子。后来证明，它正是苦味受体的编码，科学家将其称为T2R1。几个月后，他们又陆续发现了16个苦味受体，目前数量已经达到大约23个。

063

如此丰富的苦味受体可以解释很多事情。我们目前只发现三个甜味受体基因，它们的任务很单纯，就是找糖。但是自然界中充斥着各种有毒物质，让我们必须布下天罗地网来侦测它们。几亿年来，基因复制让苦味受体基因的数量一再增加，经过自然选择的焠炼后，每个受体都有要侦查的苦味。这就是为什么我们需要的甜味受体这么少，苦味受体却这么多。

064

T2R1（现在已改名为TAS2R38）其实就是阿瑟·福克斯发现的苦味基因，是位于人体第七对染色体上的一个DNA链。一旦这个基因序列有变异，受体的化学组成与结构就会发生改变，导致大家对苯硫脲和整个苦味的敏感度产生差异。

* * *

就某个层面来说，分离这些 DNA 其实是所有工作中最容易的部分。我们还是不太清楚这些基因变异对于味觉究竟有什么影响，或是在人体生物学上扮演什么样的角色，最终的目的又是什么。侦测有毒物质确实是其中一部分，但是这些苦味基因的背后，似乎还有更深层的意义。为了寻找答案，科学家们回到了这一切的起点——非洲。

20 世纪 30 年代，福克斯的味觉测试大行其道，三位英国科学家也在这时候，成为初次探索苦味基因起源的人。1939 年，E.B. 福特（E.B. Ford）、R.A. 费希尔（R. A. Fisher）和朱利安·赫胥黎（Julian Huxley）参加了在英国爱丁堡举行的国际遗传学大会（International Congress of Genetics），决定以人类的近亲黑猩猩为对象，进行苯硫脲的测试。于是他们从一位来自格拉斯哥（Glasgow）的科学家那儿，取得了一些苯硫脲粉末，将粉末做成浓度不同的溶液装瓶后，便出发前往爱丁堡动物园了。

他们用滴管吸取苯硫脲溶液来喂黑猩猩，结果有一只黑猩猩把溶液吐在了费希尔身上，另一只被惹恼了，气得想要抓他。这两只黑猩猩显然可以尝到苦味。八只黑猩猩中，有六只可以尝到苯硫脲的苦味，两只没有感觉。这比例和对欧洲人进行随机测试得到的结果差不多；与从红毛猩猩、大猩猩和长臂猿获得的结果，也相差无几。这个实验后来因为第二次世界大战爆发而匆匆结束，但是它的结果依旧耐人寻味：几百万年前，在人类和黑猩猩还没分家前，自然选择就已经将原始的类人猿分成了可以尝到苦味和无法尝到苦味的。这样的相对性状显然有一定程度的好处，否则不会一直流传到现在。

这个理论听起来很有说服力，但是在苦味基因解码后，我们才发现它错得离谱。

生物学家斯蒂芬·伍丁（Stephen Wooding）在21世纪初，利用现代遗传技术，重新探讨了这个问题。通过对动物基因组的研究，追溯基因演化过程已经逐渐变为可能。远古以来，DNA便照着一定的速率发生突变。我们可以利用近缘种间的DNA差异，来研究它们是在什么时间点从共同祖先分化的，或是某个特定的突变是什么时候发生的。不过，伍丁在比较了来自人类与黑猩猩的福克斯苦味基因的基因密码后，大吃一惊：这两个基因一点儿也不像。不知怎么的，这两个完全不同的基因密码，竟然会制造出一模一样的味觉体验，也就是说，人类和黑猩猩的这个性状，是完全独立演化而来的。这代表这些基因对于生存的重要性，远比我们想象的要高。

科学家们研究了这些遗传信息过去几百万年来在世界各地的发展，希望能找出塑造它们的因素。黑猩猩方面，尝得到苦味与尝不到苦味的区别，大约出现于500万年前；人类这边的出现时间比较晚，大约在50万年到150万年前，和早期智人出现的时间差不多。大约40万年前，与人类拥有共同祖先的尼安德特人，同样有“尝得到苦味”和“无法尝到苦味”之分。西班牙巴塞罗那演化生物学研究所（Evolutionary Biology Institute）的卡尔斯·拉卢埃萨 - 福克斯（Carles Lalueza-Fox），对一个在西班牙厄尔西筒（El Sidrón）洞穴发现的，年代约 4.8 万年前的男性尼安德特人化石做了 DNA 测试，测试结果发现，尼安德特人也可以尝到苦味。

067

* * *

068

现代人大约是在 10 万年前离开非洲，带着各种遗传变异向世界各地扩张版图的。我们可以通过大家对咖啡的喜爱、超市里卖的蔬果等，感受到味觉这个小配角在这趟旅程中带来的影响，它至今仍塑造着世界各地的食物风味。

他们当时离开非洲的地点，很可能是靠红海最南端的曼德海峡（Bab el-Mandeb Strait），也就是分隔北非与阿拉伯半岛（Arabian Peninsula）的狭窄水域。这个海峡现今的宽度大约是 32 千米，但是当时印度洋的深度比起现在要少几百米，可以说是个又窄又浅的海峡，只要用简单的木筏，甚至游泳就可以横渡了。人类及他们的直系祖先是旅行方面的专家，类似的跨海旅行已经发生过很多次了。早在 70 万年前，在以色列胡拉谷的盖谢尔贝诺特雅各布洞穴中，就出现了懂得用火的人类，他们可是往北边走了大约 2300 千米，才来到现今的以色列。直立人曾经徒步走到东亚。人类在海边定居的同时，尼安德特人正在欧洲的森林里狩猎。

这些人类的感知能力比他们的祖先更优秀。经过几十万年的演化，他们的脑容量更大，味觉也变得更强大、更精确了。世界就像是一座大实验室，他们可以在里头恣意尝试新工具、新[069]技术。十几万年前，在还未跨越曼德海峡以前，早期人类就开始制作土窑了。他们挖出深坑，在坑壁铺上可以让热气集中的扁平石头。这些土窑可以烤狩猎回来的动物、植物的根和蔬菜等。为了便于保存，早期人类可能把肉熏过，也在这个过程中添加了一些新味道。他们彼此分享这些古老的配方，将食谱代代相传，并在传承的过程中精益求精。所有这些尝试，可以在早期人类迁移时帮助他们避免挨饿。

没有人知道这些人当初为什么要离开非洲，或许是饥荒，或许是部落之间的争端。不管原因是什么，基因上的证据指出，[070]参与那次撤离行动的只有几百人，最多几千人，但是他们后代的足迹却遍及全世界，取代了原有的尼安德特人。所以基本上，如今地球上除了非洲人的所有人，都是当时跨越曼德海峡那群人的后代。

这群“创始人”的味觉很可能与众不同。基因上的研究指出，当时非洲的人类对于苦味的敏感度差异很大，事实上如今的非洲人也是如此。因此在不同地理环境、动植物环境下演化的人类，会发展出各不相同的味觉也就说得通了。但是跨越曼德海峡的这群人，却没有发展出这样的多样性。关于福克斯的苦味基因，大多数人都是可以尝到苦味的，有一部分的人尝不到，只有极少数人介于两者之间。

至于早期人类是经由哪一条路线离开非洲的，众说纷纭，有可能是经由北部海岸，也可能从内陆往北边走。当时的阿拉伯半岛有河流、湖泊，树木林立、草原辽阔，不像今天这样几乎被沙漠覆盖。接着，人类很可能是往东走，穿过现今的伊朗，然后有些人向北走，绕一圈来到欧洲，有些人则继续往东进入亚洲。他们在茂密的丛林、沙漠、高山、岛屿定居，从赤道到极地，无所不在。每到一个新的地方，大家就必须适应新的食物。最后，大约在 1.2 万年前，他们来到了南美洲的南端。

这趟播种之旅，在我们的味觉基因上留下了印记。对味道敏感的和对味道不敏感的人的祖先及其后代，慢慢分散在世界各地，将人类各自归类。不同的居住环境、气候、食物和生存竞争，都左右着人们对苦味的敏感度。有些地方的人对苦味变得更敏感，有些地方的人的苦味敏感度却降低了。我们可以在福克斯式的味觉测试上找到证据。过去 80 年来，这种测试共进行了 1000 多次，将这些实验结果汇总后可以发现，尝得到苦味的人和无法尝到苦味的人，比例会因地而异。

在英国的东北部，有将近三分之一的人无法尝到这种苦味；在印度的一些群体中，则有超过一半的人无法尝到苦味。或许正是由于这个原因，啤酒才会在英国广受欢迎，苦瓜也才会在印度料理中如此普遍。继续向东，对苦味敏感的人有越来越多的趋势，在中国的一些地区，有高达 95% 的人可以尝到苦味。美国印第安人也是如此，他们多半是亚洲移民的后代。往气候较寒冷的地方走，这个比例又不一样了。格陵兰（Greenland）的因纽特人（Inuit）是所有早期美洲人中，苦味味觉最不敏感的，这或许是因为他们传统饮食中的鱼类、海豹不带苦味，久而久之，他们便丧失了辨别苦味的能力。

071

另一个苦味基因的际遇则完全不同。英国伦敦大学学院的研究人员尼科尔·索兰佐（Nicole Soranzo）研究的，是发生于 TAS2R16 苦味基因中的一个突变。这个突变会让大家对某些苦味物质变得更加敏感，例如柳树皮中发现的水杨苷、熊果（bearberry）中的熊果苷（arbutin）和苦杏仁中的苦杏仁甙（amygdalin）。这个突变在非洲很罕见。索兰佐在世界各地做了基因取样后发现，这个基因突变对于新大陆的人具有自然选择上的优势，所以才会像野火般迅速传播开来。直至今天，有 90% 的非非洲人拥有这个特征。但是在非洲，这个特征的比例从来没有提升过。

072

这又是难以解释的一组对立发展。提高对苦味的敏感度可以增加存活的概率，但是“对苦味不敏感”这个特征，显然也有存在的价值，否则不会保留到今日。究竟是为什么呢？至少对人类和猿类来说，苦味的作用，似乎不单单只是警告他们可能吃到了有毒物质而已。

意大利的生物学家阿莱西亚·兰恰罗（Alessia Ranciaro）是勇于尝试的领导者，她领导着一个小型 21 世纪味觉测试团队，希望对苦味敏感度有更深的了解。他们开着越野车，从肯尼亚到喀麦隆，一个村落接着一个村落的进行测试。每到一个地方，兰恰罗就会和当地的老人聊天；向当地的管理人员介绍味觉测试，请他们鼓励村里的人参加。他们的测试站比起阿瑟·福克斯的要专业多了：每次都准备几种具有苦味的物质，而且每一种都有 13 个不同的浓度。接受测试的志愿者会从其中一种开始测试，试过一种后，先漱口，再试下一种。

他们让大家先从最低浓度的溶液试起，接着逐渐提升浓度。“我们会一直试到受试者说‘我尝到苦味了’或是‘味道像柠檬’，然后露出各种苦相，”蓝恰罗说道，“当被测试者连续两次尝到苦味，我们才确信他尝到了苦味。”这些接受测试的男性和女性分别来自 19 个不同民族，他们有各自的非洲传统生活方式（包括狩猎采集、牧民、农夫）；他们也另外接受抽血进行 DNA 测试，以便日后针对敏感度和基因进行配对。

这项实验由宾夕法尼亚州大学的科学家萨拉·蒂什科夫（Sarah Tishkoff）监督，它目标远大、过程艰辛，但科学家希望通过回到苦味起源的非洲大陆收集资料，最终确定“对苦味无感”和“对苦味有感”这两种完全相反的性状背后的演化动力。这个问题的答案，将有助我们进一步了解食物、味道和人体生物学。

蒂什科夫的团队认为，味觉的差异是由饮食造成的，于是他们调查了未受到现代社会影响的地区。“那里的人不吃麦当劳。”与兰恰罗和蒂什科夫共事的麦克·坎贝尔（Michael Campbell）说道。几千年来，甚至从他们的祖先当初离开非洲开始，这些人就维持着原有的饮食习惯。对饮食以肉类为主的人来说，苦味基因的用处，显然不及那些吃莓果和植物根茎的狩猎采集群体，所以研究团队推测，苦味基因应该会在吃肉较多的族群中逐渐销声匿迹。

没想到这个理论竟然是错误的，实验结果并非如此。他们发现饮食对这个基因并没有影响，至少过去5000年来是这样。似乎有某种更古老、更深层的力量影响着它们。这个发现挑起了一个更让人兴奋的问题：这个古老的演化动机牵扯到的，会不会不只是味觉？

更早之前，就有科学家发现，苦味敏感度有可能隶属于一个比味觉更复杂的身体系统。20世纪70年代，耶鲁大学的味觉科学家琳达·巴特舒克（Linda Bartoshuk）注意到，对苯硫脲苦味的敏感度，和酸味、甜味、咸味等味觉之间有关联。对苯硫脲苦味敏感度高的人，通常也会比较排斥辣椒、芥末、姜等味道强烈的东西。

巴特舒克将分子生物学暂放一旁，转而研究受试者的口腔。苦味敏感度高和苦味敏感度低的受试者，舌头构造大不相同。敏感度高的人，舌头上的菌状乳头突起明显较多，意味着他们的舌头与大脑间的连接也比较多，所以感受到的味道较强烈，得到的味道信息也较丰富。有些人的敏感度甚至比一般人高了1万倍。她称这种味觉特别敏感的人为“味觉超人”(supertaster)。他们吃东西的体验，与那些味觉迟钝者有着极大的差异。对他们来说，食物永远像霓虹灯般光彩夺目，而不是柔和的色彩。

巴特舒克的发现可能意味着，味觉基因或许是与其他基因合作，并受到舌头与神经系统构造的影响。数百个研究显示，这种区别不只是尝不尝得到苦味、喜不喜欢某种食物而已：女性尝得到苦味的概率比男性高、酗酒的人尝不到苦味的比例较高。味觉也和糖尿病、蛀牙、眼部疾病、精神分裂症、抑郁症、肠胃溃疡、癌症等有关。有些关联可能是随机的，但是大多数的研究都认为，苦味生物学可以影响全身。

自从味觉受体的DNA在过去10年中被破译后，我们发现它们分布在身体各处，包括消化道、胰脏、肝脏、大脑和睾丸。(嗅觉受体也被发现存在于肝脏、心脏、肾脏、精子与皮肤中。)“想象一下，有一个简单的生物体，例如某种原生动物，它有一个口状器官，那就是它表达味觉基因的地方，”意大利比萨大学的生物学家罗伯托·巴拉尔(Roberto Baral)说道，“随着演化，它的体积逐渐变大，控制味觉表现形式的基因也跟着演化。最后，整个身体，从嘴巴到胃部、肠道等，都有味觉基因的表现。”

受体间形成了一个复杂的感官网络，将生物体内的各种细胞串联起来，少了它们，生命将毫无生趣。有些酵母菌会利用受体，辨识作为能量来源的糖类，以及诱导交配的信息素。果蝇的身体外部也有许多受体，这些受体可以帮助它们感受光的变化、侦测水果成熟时飘来的香气。除此之外，植物也有受体。脊椎动物有1000~2000种受体，人类细胞更是没有一个例外，每个都有受体。通过这些受体，我们可以得知温度的变化、空气与水中化学组成的变化等。它们是身体内部沟通的开关，也因此，经常成为药物（不管是合法的医疗药品，或是非法的禁药）的目标。它们可以侦测神经活动、激素或神经传导物质的波动，让我们产生食欲、恐惧、爱意等等，我们的视觉、嗅觉、味觉都是靠它们完成的。

这种全身各处都具有“味觉”的说法让人难以置信。为了了解位于鼻子的苦味受体有什么用处，宾夕法尼亚大学莫奈尔化学感官中心的科学家，培养了具有TAS2R38受体的人类鼻窦细胞进行实验。首先，他们要确认培养的是否是正确的细胞，于是利用苯硫脲做了测试，并发现这些细胞会释放出微弱的电流，与舌头上的苦味受体受到苯硫脲刺激时产生的电流一样。细胞是对的！

接着，他们让这些细胞接受感染，把它们泡在黏稠的物质里。这时，苦味受体警报大作，神经细胞释放出电信息，并释放出一氧化氮（一种信号分子）。鼻窦细胞上细小的纤毛移动速度加快了，黏液的分泌也变多了。这正是鼻子驱逐害菌的方式，或者说是试着将它们驱逐的方式。对苦味敏感的人，似乎比较不容易感染鼻窦炎。对于居住在寒冷地区的早期人类，这项能力虽然与饮食无关，却有助于生存。

肠道里也有味觉受体。就像地中海沿岸的许多小规模群体一样，位于意大利靴子尖处的卡拉布里亚区（Calabria）的居民普遍很长寿。原因之一可能是他们的饮食中有大量的鱼肉、橄榄油和红酒。除此之外，也可能和他们的味觉有关。卡拉布里亚料理的一大特点就是用了许多带有苦味的食材，像是茄子、花椰菜、菠菜。当地人常吃的香柠檬（Bergamot orange），味道更是比西柚还要苦。

罗伯托·巴拉尔对卡拉布里亚人的苦味基因非常好奇。巧合的是，一些卡拉布里亚居民刚好参加了一项研究，该研究已经追踪他们的健康情况几十年了，于是巴拉尔顺势以他们为研究对象，并且有了重大发现。这群人中，老年人的TAS2R16苦味基因发生突变的比例较高。换句话说，年纪越大的人，这个基因发生突变的概率也越高。缺少这项基因突变的人寿命较短，因此这个突变很可能和长寿有关。巴拉尔推测，关键有可能是位于肠道的苦味受体，虽然我们还不知道它们的作用，但是它们可能对新陈代谢有某种帮助。

一直到不久之前，大部分的味觉研究都还是着重在舌头与知觉。现在，一个新的未知领域开启了。位于身体其他部位的苦味受体，属于一种尚不明确的味觉系统。它们和位于舌头上的受体不一样，与我们的意识无关，真正的功用还有待厘清。

说到底，现在我们所说的味道，或许只是某个更大系统里的冰山一角而已。它的作用从嘴巴开始，接着进入黑暗的肠道，再从那里传递到身体的各个部位。我们的身体仿佛沉浸在化学涌流的世界中，数不尽的感知细胞不停地在当中传送与接收信息。

* * *

身体“味觉”对苦味的偏好，或许是当今苦味食物之所以普及的原因。人们对带有苦味的物质有需求，而这些物质多是无害的，少量摄取时甚至有益处。古时的人们以嚼柳树皮来舒缓疼痛和解热，树皮中含有的水杨苷是一种类似阿司匹林的抗炎性化合物。苦瓜是一种生长在亚洲、非洲和加勒比海岸的蔬果，它所含的苦味物质可以降低血糖。在人类遍布全球的过程中，尝得到苦味的人或许能帮助同伴鉴定有苦味的食物，尝不到苦味的人则可以多方尝试新食物，一旦发现可疑的植物，就找尝得到苦味的人来帮忙。

人类的适应能力是很强的。玻利维亚阿尔蒂普拉诺高原（Altiplano）的农场中，有一种很苦的马铃薯，但当地的艾马拉人（Aymara）早已习惯了它的味道。20 世纪 80 年代做的味觉测试显示，这里的人对苦味的敏感度远比美国人低，但是每个人都尝得到苯硫脲的苦味。他们辨识苦味的能力是在的，只是因为饮食上的需求，敏感度降低了。即使在这种低敏感度下，他们

的味觉依然具有辨识能力：如果马铃薯的味道苦到连他们也无法承受时，就是有毒了。 075

就像身体的其他部位一样，味觉是遗传和生活经验交互影响下的产物。随着年龄增长、尝过的食物种类不断增加，我们大脑中负责厌恶反应的神经网络也会改变。有人之前完全不敢吃苦瓜，现在却非常爱吃。味觉的反差、对苦味莫名的欲望，都为吃东西这件事增添了乐趣。

整个故事的发展可能是这样的：渡过曼德海峡后，人类繁衍了许多世代，这时，有一群人迁移到地中海北边，在山谷间住了下来。他们在矮树丛中寻找食物时，发现蜿蜒的树根上长着小枝丫，那是某种芸薹属的植物，西蓝花和芥菜的野生祖先。它们的味道或许不怎么样，却富含营养，其中的异硫氰酸盐（isothiocyanates）可以刺激免疫系统，预防癌症。这对布什总统和所有不喜欢西蓝花的人，真是莫大的遗憾，因为芸薹属植物的地位就此奠定。 076

Chapter 4

Flavor Cultures

第四章

——

味道文化

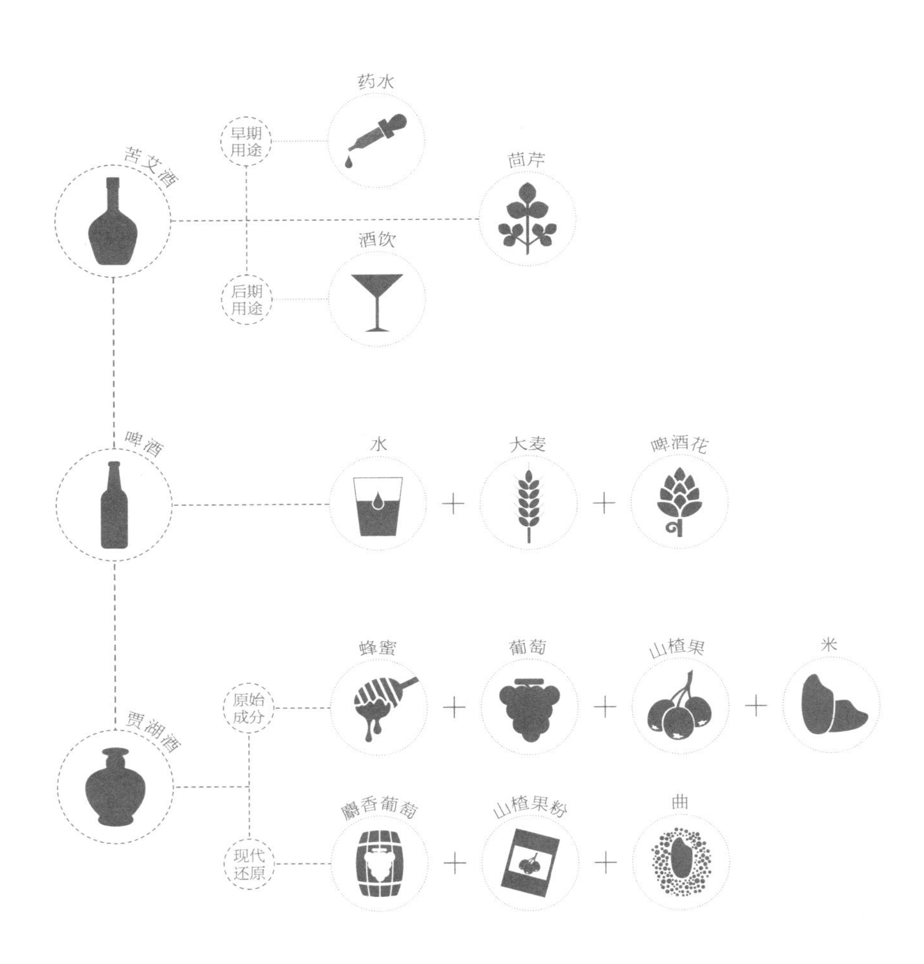

苦艾酒
早期用途
药水
茴芹
后期用途
酒饮
啤酒
水
大麦
啤酒花
贾湖酒
原始成分
蜂蜜
葡萄
山楂果
米
现代还原
麝香葡萄
山楂果粉
曲

苦艾酒，一种用茴芹加上多种草药与萃取物制作成的绿色酒精饮料，以神秘与危险著称。18 世纪，苦艾酒在瑞士发明出来时是拿来作为万用药水的，后来才变成艺术家、作家和波西米亚人偏爱的酒饮，这些人特别喜欢它的那种草药味，以及传说中它所产生的那种鲜明强烈的兴奋感。在 19 世纪末（fin de siècle）的巴黎，它成了一种魔咒。奥斯卡·王尔德（Oscar Wilde）曾写道："夕阳和一杯苦艾酒，两者之间有什么差别呢？"欧内斯特·海明威（Ernest Hemingway）在《丧钟为谁而鸣》（*For Whom the Bell Tolls*）中形容苦艾酒像"混浊、苦涩、使舌头麻木、让人头脑发热、暖胃、改变思想的神奇液体"。

苦艾酒的其中一种成分是"侧柏酮"(thujone)，这是从苦艾（wormwood）这种小型灌木的花中提取出的，一种带有薄荷香味和强烈苦味的化学物质（在传统民间疗法中，仍然会用苦艾萃取物来治疗肠道寄生虫，还用来灭虫）。一个世纪前，普遍认为高剂量的侧柏酮会引发幻觉和让人发疯。文森特·梵高（Vincent van Gogh）就是苦艾酒的重度爱好者；1887 年，他创作了《苦艾酒与水瓶》(*Still Life with Absinthe*)，画作描绘了巴黎一家咖啡厅桌上的一杯倒得很满、闪着微光、淡绿色的苦艾酒，旁边立着一个水瓶。梵高在 1890 年自杀之后，艺术界推测，他身上发生的每件事，从色彩认知能力的衰退（导致他在绘画上使用明亮的色彩和阴郁的笔法）到精神退化、自杀行为本身，都与苦艾酒脱不了关系。

曾被称为“绿色仙子”(green fairy) 的苦艾酒，后来成了大家口中的“绿巫婆”和“毒药女王”。1905 年，瑞士一名工人狂饮苦艾酒后，射杀了他怀孕的妻子和两个孩子，瑞士政府就此禁止了苦艾酒。法国政府在 1915 年也禁止了苦艾酒，“苦艾酒中毒”(absinthism) 被归咎为侵蚀法国文化的因素。对苦艾酒的这种恐惧持续了几十年。1933 年，美国废除了禁酒令，但 2007 年以前，苦艾酒在美国依然还是违禁品。

077

现代科学已经证实苦艾酒背了黑锅。尽管侧柏酮会阻断伽马氨基丁酸(GABA)受体（神经系统主要信号工具之一）的活动，然而要想达到这个效果，要摄取相当大量的侧柏酮才行。2008 年，一项针对 13 种有百年历史的苦艾酒所做的研究发现，每一种苦艾酒都只含有极微量的侧柏酮。就算嗜苦艾酒成瘾，在侧柏酮造成任何伤害之前，人早就酒精中毒了。学者们现在相信，梵高的颓靡是某种精神疾病加上酒瘾造成的。

078

由于法律的限制放开了，带有商业目的的饮料制造商开始再度制造苦艾酒，让它重现江湖。其中一个制造商杰德 · 哈斯

(Jed Haas)，于 2011 年在新奥尔良一处工业区高架桥下方的一间不起眼的砖造房屋里，建造了一座酿酒厂。他和合伙人把酿酒厂取名为“生活工坊”(Atelier Vie)。

蒸馏，这种通过加热、蒸发、冷凝来纯化液体的过程，可以追溯到古代世界（“精馏酒精”[distilled spirit] 一词是阿拉伯炼金术师创造出来的，他们认为蒸气里含有一个物质的灵魂）。蒸馏酒是相对较新的发明。在 12 世纪，意大利萨勒诺(Salerno)的医生就开始制造蒸馏酒，用于医疗用途；一个世纪后的中国，蒸馏过的酒成了上流阶层间颇受欢迎的酒品。制作这种酒，需要几个步骤。第一步，必须要有酒精饮料，可以是葡萄酒（白兰地的主要成分)、大麦浆（威士忌）或是发酵的糖蜜（朗姆酒)。第二步，把酒放到蒸馏器里，加热到比酒精沸点(78.5℃）高、比水的沸点(100℃）低的温度。酒精蒸发的速度比较快，使得产生的蒸气比原本的酒浓度更高。用最简单的蒸馏器来蒸馏的话，产生的酒精蒸气会从加热的蒸馏壶流到单独的容器中，并在这个容器里冷却、凝结成液滴，然后收集在第三个容器里。蒸馏出来的酒可能会被用于窖藏或者加香(flavored)。

制作苦艾酒的蒸馏过程就稍微曲折一些。首先，在先前蒸馏出来的精馏酒里加入草药。“生活工坊”使用的是朗姆酒，它的少许甜味中和了药草的苦味。这种含有酒精的“茶”后面会被再次蒸馏，这种再蒸馏的方式让苦艾酒成了市场上最烈的酒之一。“生活工坊”的苦艾酒酒精度达到 68%（苏格兰威士忌的酒精度大概是 40%~50%)。

要想调一杯苦艾酒，也涉及一点化学技巧。首先，哈斯把一些他生产的苦艾酒倒进玻璃杯里。他的苦艾酒不是药草的绿色，而是深红色，是二次加入包括芙蓉花在内的天然色素所产生的。接着他在杯缘上放了一只华丽、有沟槽的银汤匙，汤匙里放一块方糖，然后用冷水淋过。糖水和苦艾酒混合后，与溶解的药草混合物结合在一起，把酒变得混浊，这种调酒方式叫作“乳化”(louche)，法文的“遮蔽”之意。

像“生活工坊”的“图卢兹红”(Toulouse Red) 这种酒，全凭数百年来一点一滴的改良、技术上的进步，加上文化的推动，才会出现。它的原始材料从自然界获得后，要经过层层步骤才能制成最后的成品，到最后已经无法辨认了。它在大脑里造成的感觉和影响，是在古代狩猎采集时期的任何食物里都找不到的。这种差异可以追溯到 1.2 万年前的文明诞生之际，当时，文化和人们使用的工具发生了深刻的变革，而味道就随着这些变革出现了。

当时，后非洲大迁徙 (post-Africa migration) 正要结束。冰河时期已经结束，冰川正在后退，欧亚地区开始形成干暖夏天与湿冷冬天的温暖气候。像小麦、大麦、黑麦这类的野草开始大量生长，在“新月沃土”(Fertile Crescent，横跨底格里斯河和幼发拉底河河谷的这片区域)散布开来。人类开始食用这些植物，然后是种植它们。在不远处的山区，有另外一群人，他们学会了放牧山羊和绵羊的诀窍。栽培农作物和畜养动物取代了在大自然里找到的较多样化的食物。

随着饮食简单化而来的，是大量的食物和味道的革新。其中一个变革，可以媲美用火加工食物：人类开始活用发酵作用。时至今日，世界上有很多味道都是来自发酵，它的特征基于消耗品的大荟萃，这些消耗品除了烈酒以外，包括了葡萄酒、啤酒、奶酪、酸奶、豆腐、酱油和腌菜。

发酵是一种基本的生物能力，是特定种类细菌与真菌的新陈代谢活动。这些单细胞生物属于微生物，大量的微生物遍布于人类皮肤表面、体内系统，并在地球的每寸土地上滋生。这些微生物最重要的工作之一，就是分解作用：微生物会尽情享用已经死亡的组织，让死亡组织的分子重新回到生命的循环里。发酵是一种特殊的分解作用，是在缺氧的环境下分解碳水化合物的过程。发酵作用的巧妙之处，是能让被分解的东西尝起来更美味，而不是更糟糕。

发酵作用的副产物有二氧化碳、酸、乙醇，和大量无用的分子，它们对微生物来说是无用的废弃物，但却准确地表达了史前的想象力。它们的味道既复杂又诱人。乙醇会改变大脑的化学机制，降低拘谨感、让社交互动更顺畅。这些新感受撼动了受到遏制的味觉，改变了味道本身的性质。味觉和嗅觉往往被认为是嘴里和鼻子里的一连串化学反应。不过味道只会在这个系统的另一端——大脑——苏醒过来，化学活动在这里转变成感觉和意识。随着烹调方法的出现，新的味道和新的营养成分被释放出来，影响了演化过程，发酵作用让它本身在人类生物学以及人类的心理上，占了一席之地。

* * *

实际上，没有所谓的“第一种”酒精饮料、奶酪或任何特别的发酵食物。就像烹饪，这些食物很可能在不止一个地方被发明过很多次。不过这些发酵制品和煮熟的食物完全不同。文明的工具让史前人类得以对大自然（尤其是微生物）有某种程度的掌握，这是以前未曾达到过的境界。

所有的这些成功要素，早已在大自然里就位，等着被凑到一块儿。其中一种地球上最丰富、最有用处的微生物，是酿酒酵母（saccharomyces cerevisiae）。可以说几乎所有酒饮都得靠它，另外还有面包以及其他烘焙商品也是，所以它也被称为“面包酵母”。酿酒酵母是一种超级微生物，它在储存能量方面很有效率，而且能产生足够杀光其他酵母的酒精量，消灭它的竞争对手。[080]在波兰和多米尼加共和国发现的琥珀里的蚂蚁类昆虫脚上，仍然保存有面包酵母的DNA，这显示它已经存在数千万年之久了。[081]

对于面包酵母无处不在的特点，有一个很耐人寻味的解释：[082]黄蜂。黄蜂的内脏里带有酵母，而且它们会被水果吸引。在产葡萄酒的国家里，每季葡萄成熟的时候，黄蜂往往就在附近筑巢。意大利佛罗伦萨大学的科学家，正致力于找出证据证明这两种现象有关联。他们从意大利的蜂群里捕捉黄蜂，分析它们的内脏。在393种不同种类的酵母当中，面包酵母的品种脱颖而出。其他酵母在一年中会产生变化且逐渐衰弱，但是面包酵母会一直都在。它会待在受精蜂后的内脏里，借此挨过寒冷的天气，存活下来。一旦春天来临，年轻的黄蜂离巢组成自己的蜂群，面包酵母也就跟着它们落脚。事实上，黄蜂是全球酵母传播网络的一员。DNA证据把意大利葡萄园和意大利及意大利以外的许多地方都连接起来了，例如酿酒厂、棕榈酒酒厂，还有远到非洲的面包烤炉。

这代表智人几乎不会是第一个接触发酵产物的物种。自然界有它自己的酒精饮料，由面包酵母和其他种类的酵母在成熟水果上的活动制造出来。在马来西亚西部雨林发现的厚壁椰（Eugeissona tristis）的花苞，流出的花蜜的酒精含量和手工酿制的淡麦酒差不多。成熟过程会让厚壁椰的绿色果实上产生明亮颜色的纹路，并且让果肉变甜；酵母使糖分发酵了。对植物来说，这样的策略是有好处的：酒精味相当于化学界的夏尔巴人，能把气味散播得又远又广，吸引昆虫来协助授粉，同时也吸引鼩鼱和懒猴来协助散播种子。

在巴拿马，吼猴会因为吃到含酒精的棕榈果实，醉醺醺地在树木之间摆荡，导致经常身陷险境。生物学家罗伯特·达德利（Robert Dudley）在巴拿马运河巴洛科罗拉多岛（Barro Colorado

083

Island）的保护区，追踪了这些吼猴酒鬼。其中一只猴子爬上一棵 9 米高的棕榈树，然后跳到另一棵树上，抓取长在接近树顶的亮橘色果实。每颗果实它都仔细地嗅了嗅。在 20 分钟内，它已经吃掉了相当于两瓶酒的酒精量的水果。它吃掉的水果越多，在树枝上的动作就变得越莽撞。不过它一直没有摔下来。

084

不过就达德利的看法，似乎这些猴子就是不会吃到烂醉如泥。它们是挑剔的品味家，在各种不同的果实里挑三拣四的，找出成熟的恰到好处的果实，在糖的甜度和酒精的辛辣之间找到最美味的平衡点，仿佛参加品酒会似的。达德利觉得，喝酒好像是灵长目动物常干的事，他把这个论点叫作“醉猴假说”（Drunken monkey hypothesis）：“食物里有一定数量的酒精是正常的，这塑造了人类大脑和新陈代谢。”（像摄入太多糖分造成的疾病那样，在人体演化得只能忍受有限量的某些东西时，酗酒似乎是文明制造出太多这类东西所造成的一个不幸影响。）

早期人类离开雨林，横越稀树草原，穿过隘口，最后停留在许多缺少成熟棕榈花苞的地方，不过这些地方还有其他机会找到酒精。美国宾夕法尼亚大学的人类学家帕特里克·麦戈文（Patrick McGovern）认为，早期饮料的发展，来自于一连串的意外。在暴风雨中，树上的蜂巢松脱掉落下来；酵母在水中游动，蜂蜜开始起作用，几天之内，水与蜂蜜的混合物就会发酵成蜂蜜酒。“蜂蜜+水+时间”是人类必定会注意、记住、分享的简单食谱。采集者或许采集过蜂窝，把蜂窝放在中空的岩石里头，用水浸泡，然后放在太阳底下。

到了某个时期，人类开始用中空的葫芦保存食物，这个发明让食物从新鲜到腐败的演变能够被观察和测试。人类对发酵的掌握，是从不断对抗腐烂，并且往往败下阵来的奋斗过程中得到成长的。野生葡萄贮存在葫芦里的时候，有些葡萄会受到挤压，葡萄皮被挤破后，含糖分的葡萄汁就流进饥饿的酵母菌怀抱了。发酵的葡萄汁会开始产生泡沫并冒出气泡，几天之后，它会变成稀稀烂烂、稍微带酒精的葡萄酒，只有在它变成葡萄醋之前的短暂时间里才好喝，所以人类唯一的选择就是喝掉并享受它的味道。到最后，这类意外就变成了食谱。

085

20 世纪 90 年代，在中国黄河支流沿岸挖掘出来的贾湖遗址中，发现了最早的系统化饮料制作的证据，人类在该地点定居的时间大约是 9000 年前。考古发掘显示，这个村落的复杂程度令人震惊。村落的年代可追溯到文明刚萌芽之后不久：在泥屋群旁边，有一片有数百座坟墓的墓地。社会阶层已经出现；有的遗体旁边，陪葬有用龟甲装饰的珠宝和仪式用的陶器。人们已经具有精良的工具制作技术，而且很显然具有音乐才能：在一些墓穴中，找到了由雕琢过的骨头制成的笛子，这是目前发现的最早的乐器。这些笛子还可以吹奏，产生清亮、优雅的音调。考古学家也发掘出一些中国目前已知最早的象形文字，是书写文字的开端。这些文字刻在骨头和龟壳上：一只眼睛、一扇窗子，还有用来代表数字一、二、八、十的符号。

086

贾湖的工匠也建造了土窑来烧制陶器，这里也挖掘出许多陶罐和陶器碎片。麦戈文第一次看到这些陶罐时，大吃一惊：这些罐子很明显是装饮料的容器，和古希腊装酒的双耳细颈罐很相似，但是历史更为久远。最重要的是，罐子里不是空的：有些罐子里面衬着一层干掉的、带淡红色光泽的东西，是某种液体的残留物。

古代酒是麦戈文的专长。这项工作很有挑战性，因为酒精不会留下痕迹：它会快速蒸发，而且零星分散的分子也可能会被微生物消耗掉。他的证据大部分是间接的，基于他能辨认出来的其他成分。对这些酒的残留物进行化学分析后，麦戈文发现里头含有酒石酸，而这种酸是从水果来的。残留物中也出现了蜂蜡的特征，表明蜂蜜是这种酒的另一种原料。最后，经过碳同位素测试，证实在当时米已经出现了。另外，也出现了草药和树脂（古代的葡萄酒制造者通常用它来当保存剂，它还会让酒有一股强烈的柠檬香味）的痕迹。这种饮料必定是介于蜂蜜酒和葡萄酒之间的混合产物，由发酵后的蜂蜜、葡萄、山楂果和米制成。这种酒很可能被用在宗教仪式上，不过它也很普遍：在墓穴和住家里，都发现了装过酒饮的陶罐碎片。这种酒就像是贾湖居民的罐装酒。

仅是知道制作贾湖这些酒的化学成分，麦戈文并不满足，他想尝尝这种酒的味道。他觉得，喝个一小口，有助于唤醒从前那些已消逝的和接触不到的生活瞬间。这有助于解释文明如何改变人类，从腐烂发霉的蛛丝马迹背后找到古人类的生活经历——不只是他们尝过什么东西，还有他们如何品尝、如何感觉。

1999 年，麦戈文和萨姆·卡拉卓尼（Sam Calagione）一起，用从有 2700 年历史的土耳其的迈达斯王（King Midas）古坟里发现的古代酒成分，重现了这种古代酒。萨姆·卡拉卓尼是美国特拉华州米尔顿市（Milton）角鲨头手工酿酒厂（Dogfish Head Craft Brewery）的创办人，他受到那些爱唱反调、贬低抨击他初期手工啤酒的人的刺激，加上发现了他们料想不到的酿酒成分，像是杜松子、菊苣和甘草根，因而起心动念。他说：“有许多所谓的纯粹主义者，我是说精英主义者，他们会说：‘你要专注于酿酒的历史啊。’”研究酿酒史时，卡拉卓尼发现，现代啤酒的制作方法可以追溯到 1516 年的一条巴伐利亚法律，叫作“啤酒纯净法”（Reinheitsgebot）。这条法律强制规定，啤酒的原料只能是水、大麦和啤酒花（加上酵母，在 16 世纪还不知道酵母这种东西）。这条法律现在在德国仍有效力，不过进口啤酒不在此限。

卡拉卓尼开始寻找一些在“啤酒纯净法”以前消失的酿酒传统。他遇到麦戈文的时候说：“可以看出，我们是同一类的人。”他们试图重现迈达斯王古代酒的成分。为了酿出一种有 3000 年历史、名为“塔恩科特”（Ta Henket）的古埃及淡麦酒，卡拉卓尼把铺上糖的培养皿放在埃及的一座海枣农场中，以取得当地空气中的酵母，然后标定酵母的 DNA 图谱，以确定它们的发源地，培养那些可能是古代法老使用的酵母菌后代的菌株。为了制作古秘鲁玉米啤酒，他花了四天咀嚼玉米粒，好让他的唾液把玉米粒淀粉分解成糖。

至于贾湖的酒，麦戈文和卡拉卓尼只有一份最初的化学分析得到的可能成分表，没有数量和说明。贾湖的住民从附近的森林和山腰，以及他们村里的稻米存粮里，采集酿酒材料。9000年后的麦戈文和卡拉卓尼势必得靠即兴发挥。原本最适合的中国葡萄品种，无法在美国轻易获得，个儿小味酸的山楂果也一样难以取得。他们最终决定使用罐装的麝香葡萄，这种葡萄在基因上，近似贾湖酿酒工匠使用的那种野生欧亚种葡萄。他们还可以从中国进口23千克的袋装山楂果粉。

贾湖村民种植稻米，并对其进行加工。这就意味着，不管是糙米（没有加工过的米）或白米（用现代技术加工过的），都不适合用来重现古酒。所以麦戈文和角鲨头手工酿酒厂的团队使用了一种还留着米糠和稻壳的预先煮过的米。最后，为了给发酵阶段奠定基础，米里面的淀粉必须分解成酵母能够代谢的糖。为此，他们转而使用亚洲菜常用的“曲”（koji，在稻米中加入米曲霉这种真菌制成的混合物）来承担这项任务。这也是一种取巧做法，因为贾湖村民采用的，势必是更原始的方法——口水，因为口水含有必要的酶。

在经过三个星期的酿制过程之后，他们制成了这种中国古酒，取名为“贾湖城”（Chateau Jiahu）。麦戈文觉得它相当好喝：充满泡泡、醇厚、余韵十足（他也断定，这种酒是用来搭配中国菜的理想酒饮）。我自己试喝过，在带有苦味的余韵出现之前，蜂蜜让这种酒具有柔顺的口感。由此不难想象出当年的贾湖村落：在夏日的夜晚，太阳落山，种植的稻子和畜养的猪，燃烧的小火堆，也许还有一点演奏的笛声。

* * *

纵观历史，饥饿的微生物不只是让成熟的水果和蜂蜜发酵，还造成了很多食物的发酵，带动了一连串的厨艺实验。其中一个，就是在发现贾湖遗址几千年以前开始的，发生在大约 6500 千米外、今日土耳其与伊朗一带的山区里。当时必定出现了这样的情景：一位牧人从小棚的阴影里出现，晨光照亮了山坡下散布着的一小群山羊。牧人走向附近用树枝编成、为他捕捉到的雌性野牛（auroch，古代欧洲野牛，现已灭绝）与牛犊所搭建的畜栏。野牛的脾气很暴躁，不过这头野牛已经算是他见过的最安静的了，因此他要想尽办法驯化它、让它繁殖。他拉扯着雌野牛的乳房，把牛乳装满陶罐。喝牛奶会让他的胃不舒服，不过一旦他把牛奶闲置个一两天，结成块的凝乳（最简单的一种奶酪）就会变成让人满意的餐点。

野牛有着大块大块的肌肉，是让人难以抗拒的食物来源，而这个时期的牧人已经具有掌控山羊群与绵羊群的长足经验了。不过这两者都是容易驯服的生物，野生山羊甚至会在山洞里找掩蔽，因此它们通常都能被圈养。野牛野性较强、具有敌意，而且行动无法预测。要捕捉野牛来繁殖，几乎是不可能的任务。

巴黎的法国国家科学研究中心（French National Centre for Scientific Research）的露丝·波隆季诺（Ruth Bollongino），带领科学家分析了现代奶牛的DNA，并将分析结果和从化石取得的古代母牛DNA进行比对。他们推断，现今存在的所有牛只，是大约八十种野生动物的后代，而且最初的驯化过程，很可能是在一个跨越了数代人的颇具野心（或者只是固执）的计划指导下，在欧亚大陆山区的单一地点（也可能是两个地方）进行的。科学家借由比对DNA证据和家畜饲养的考古学证据，估计驯化成功的过程大约耗时两千年。世界上最主要的奶酪类型——牛奶奶酪，就是在这个困难重重的驯化过程里出现的，这个驯化过程也改变了人类基因、人类生物学和人类的口味。

在牛被驯化之前，几乎所有成年人类都没有办法消化乳糖，这种糖富含于所有哺乳动物的乳汁里。儿童的身体会制造乳糖分解酵素，这是一种能分解乳糖的酶，但是长大成人之后，他们就会丧失这种能力。在哺乳动物里，断奶之后丧失这种消化能力是常见的事，这能消除母乳对幼儿的诱惑。有乳糖不耐症的人，喝牛奶会引起胀气和腹泻这类不舒服的副作用。史前时代的牧人如果知道，这种只有儿童才能喝的巨大营养来源根本就唾手可得，一定会气死。

不过，牛奶放得越久，杆状微生物就会开始分解里面的乳糖。乳杆菌属（Lactobacillales）和人体与人类吃的食物中的细菌密不可分。用来制作酸奶的嗜酸乳杆菌（Lactobacillus acidophilus）是在口腔和咽喉、小肠和阴道里发现的。在同一目的成员里，有几种链球菌属细菌会引发脓毒性咽喉炎和肺炎；另外有几种可以用来制作奶酪。变质的牛奶基本上有一部分是可以消化的，因为它的乳酸已经被分解了。这个发现对我们的祖先来说，是一份营养大礼：不能喝牛奶的成年人，可以接受经过细菌处理的结块奶酪。

牛产的乳量要远比山羊或绵羊多得多。大约在1万年前，孤独的野牛繁殖者的实验经过了数代人之后，驯养的努力终于有了回报，牧人开始把饲养山羊和绵羊换成饲养牛只。畜牧之风横扫欧洲西部和北部，而让人类能够消化乳酸的基因，也随着这股风气传播开了。一种正向回馈的循环也在进行着：能够消化牛奶和奶酪的人，会在以乳制品为主食的社会生活得更好；而人们食用的牛奶和奶酪越多,乳制品就扩展得越广。到了今天，北欧大概只有百分之五的人有乳糖不耐症。在西非和亚洲部分地区，因为乳制品从没广为流行过，所以大部分的人仍然有乳糖不耐症。

当乳品制造者开始制作贮存牛奶的容器以及处理牛奶的工具时，手工艺也随之得到了发展。科学家已经从土耳其安那托利亚（Anatolia）西北部出土的陶罐碎片上，发现了牛奶脂肪的碳记号，定年显示其年代大约是7000~8500年前，而用来分离凝乳块和乳清的过滤器，是在2400千米外的波兰库亚维（Kuyavia）发现的，定年后发现与陶罐碎片大约处于同时代。

091

古代的牧人为了调整他们那些发酸、结块的奶酪的味道，可能添加了柠檬汁或醋来加速发酵作用，或是加入盐水浸泡奶酪。他们也可能会把一整罐发酸的牛奶挂在火上面煮，靠加热来让凝乳凝结。在这些过程中改变时间、热度及湿度的平衡，会让某些奶酪变酸，有的变淡、呈乳状，有的变稠密、味道刺鼻，有的则闻起来像一股浓浓的汗臭味。

用动物的胃制作水壶的史前牧人很可能会发现，他们携带的牛奶会很快凝固。造成这种变化的原因是凝乳酵素，这是在山羊与绵羊的消化系统里发现的一种含丰富酵素的强力凝结剂，它能借由减缓乳汁进入小肠的速度，来帮助山羊与绵羊消化乳汁。凝乳酵素会攻击酪蛋白这种牛奶蛋白，这种蛋白是靠松散、拒水性的圆球把细长、扭曲的分子拉拢在一起，被分解的时候，这些圆球会开始聚集在一起。在奶酪里面，凝乳酵素会产生很大的浓度。只用乳酸菌制作的奶酪，会变成糊状或很容易碎掉；而用凝乳酵素制作的奶酪，包括最普遍常见的切达干酪（cheddar）、瑞士干酪和高德干酪（gouda），都很结实。凝乳酵素也提供了一定量的分解酪蛋白，让乳杆菌属的细菌通过新陈代谢转化成香味。在过去的两千多年里，还有更多种微生物被加到这种混合物里，而大多数最开始都是意外加进去的。奶酪会自然而然地发霉；人类发现有些尝起来很美味，也找到

092

了运用这些霉菌的方法。其中一种用来制作蓝奶酪的娄地青霉（Penicillium roqueforti）会产生脂酶，这是会在奶酪成熟过程中分解脂肪的一种酵素，会产生刺鼻气味以及蓝绿色的大理石纹。[093]

本质上来说，运用这些新的微生物，可以算是古代的生物工程学。这些微生物不像面包酵母，有的并不是天生适合这项工作，必须经过“（微生物）驯化”。“我们会选择羊毛多的绵羊，有很多肌肉的牛，还有果实比较大的植物。食物中，葡萄酒、奶酪和酸奶也都涉及利用人类驯化过的微生物。然而尽管我们对动植物了解很多，却不是那么清楚我们利用微生物做了什么。”美国范德堡大学的微生物学家安东尼斯·洛卡斯（Antonis Rokas）说道。

用来酿造“贾湖城”啤酒的米曲霉，会产生很纤细的黄绿色菌丝，这种菌丝用肉眼看不到，但有时候上面会生出一层孢子，呈现出茸毛般的外观。米曲霉会把淀粉分解成糖，然后再靠着面包酵母把糖转化成酒精。现今所有用谷物制作的酒饮，包括啤酒、日本清酒和威士忌，都是这个最佳搭档的变化型。加入了曲霉属真菌的米，可以用来发酵大豆，制造酱油、味噌和其他菜肴。日本的超市里就有密封袋装的米曲霉出售。洛卡斯和他的实验室团队把米曲霉的基因组（由日本科学家在 2005 年加以定序）和最接近它的野生近亲黄曲霉（Aspergillus flavus）进行比对，[094]就像人们为了了解犬科动物如何演变成狗，而比对狼和可卡犬（cocker spaniel）的基因、生理构造与行为一样。

黄曲霉对于农业是一大祸害，而且是黄曲霉毒素（aflatoxin）这种剧毒的来源，黄曲霉毒素会造成肝癌、急性肝炎和免疫系统受损。米曲霉和黄曲霉这两种真菌的基因有99.5%相同；DNA证据显示，米曲霉很可能是4000多年前，一些东亚人进行的一次黄曲霉培养驯化的结果。

就像犬科动物能育种出亲人、忠心的狗，曲霉也可以培育出能制造香味的菌。最早的迹象是曲霉的稳定性。不同批的黄曲霉之间，DNA变化很大，甚至有的黄曲霉是无毒的；古时候最早的酿酒人，很可能就是选用了这种黄曲霉（要是选了其他种类的黄曲霉，就会害人生病）。不过，曲霉在基因上都很相似，分解淀粉以及制造有香味的副产物的效率也很高。它们其中一个基因带有制造谷氨酰胺酶（glutaminase）的指令，这是能协助在鲜味里产生活性成分的一种酶。由九种基因组成的基因群会制造出倍半萜烯（sesquiterpenes），这是一种存在于姜、茉莉和柠檬草中的化合物，能够提升芳香感。如今，食品公司会生产这种分子并加以运用。

* * *

这种由发酵作用解放出来的新味道分子大军，大大刺激了古代人类的味觉和嗅觉。香味的强大威力，得自于它在感官之间创造的协同增效作用，身体的不同系统与大脑联合起来，形成了比各部分的总和更为强大的东西。尤其是发酵食品，更会放大这种效应。“我比较倾向认为，味觉和嗅觉事实上是一种感官，它们的实验室在口腔，而它们的烟囱就是鼻子。”法国革命家、美食家让·安泰尔姆·布里亚-萨瓦兰（Jean Anthelme Brillat-Savarin）在其1825年出版的著作《味觉的生理学》（*Meditations on Transcendental Gastronomy*）中写道。这本书通过探索烹饪与感官世界，建立了一个不朽的流派：美食随笔（萨瓦兰也写出了“人如其食”这句谚语）。萨瓦兰在书中主张，味道完全不应被视为静态的现象，而应被看作一种过程。随着香味舒展开来，在它最终消失之前，感官就会被激活——有时候是分别激活，有时候是一起被激活：

> 举例来说，吃桃子的人，最开始是很惊喜地感到桃子香气的冲击。他把一片桃子放进嘴里，享受那酸甜新鲜的感觉，这种感觉让他一片接一片地继续吃。不过，要一直到吞下去的瞬间，满嘴的水果通过鼻腔下方的时候，才会呈现出完整的香味，而且这样才能让桃子引起的感觉变完整。最后，直到桃子被吞下肚，这个人（再仔细想过刚刚体验到的滋味之后）才会告诉自己：“现在终于尝到真正美味的东西了！”

嘴巴和鼻子离得并不是很远，但是它们的构造和功能却完全不同，让人意外的是，味觉和嗅觉完全能够一起作用。科学家已经发现，基本味道只有五种，它们靠数十种基因编排组合而成。每一种味道都是独一无二、固定不变的，而且在食物与饮料的各种复杂混合味道中，都能够立刻被辨识出来。另一方面，气味几乎是无穷的：我们人类的 400 多种嗅觉受体，能侦测到 100 多万种完全不同的气味。和香味分子有关的嗅觉受体，在组合上要比和味觉有关的受体复杂得多。气味也是比较不容易察觉的感觉，它们会天衣无缝地混合到味道里面，在整个味道里隐藏自己。这种兼具优势范围与细腻度的组合，让气味成了味道里唯一最具影响力的元素。

人类的大脑能从容地召唤出明确的气味与香味流。1974 年的某一天，神经生物学家戈登·谢泼德（Gordon Shepherd）走进马里兰州的一家超市，买了一大块味道很浓的切达干酪。谢泼德打算弄清楚大脑是如何解读香气的，这在当时大体上还是个未解之谜。从古希腊时代开始一直到现在，要解开这个谜团的困难之处，就是必须分析个人主观的经验。大脑中神经网络的活动是无法得知的，普通的 X 光机无法捕捉到大脑里的血液流动和神经元放电。有时候科学家会在动物和人类身上植入电极，只不过这种做法有些粗糙，也不精确。

谢泼德使用的是一种新方法，即现今功能性核磁共振扫描技术的先驱。他和美国国立卫生研究院的同事，在大鼠和兔子体内注射了一种放射性同位素，这种同位素会自己附着在大脑神经元放电的区域。动物嗅到切达干酪的气味时，它们的嗅球会映射出复杂精细的活动模式。对动物来说不幸的是，要看到这个模式的唯一方法，是直接检查它的大脑。在嗅闻干酪 45 分钟之后，实验用的动物就会被安乐死，并用 X 光机拍下它们的嗅球剖面，然后再用显微镜仔细研究 X 光片。

每一种香气都会产生独一无二的模式，类似抽象的点彩画画作。谢泼德推断，嗅觉可能就像视觉，每种气味都会制造出独特的“形象”。在眼睛里，视网膜会把照射在它上面的光线，转换成大脑神经元放电模式，即我们看到的图像。嗅球会把气味、香味用另一种模式编码，而我们会把这种编码当成某种气味，或是某个味道的一部分。进一步的研究显示，大脑会把这种气味影像进一步改善，加入对比，产生能够让它以自己的方式辨认出来的鲜明图案，就像华盛顿纪念碑（Washington Monument）或《蒙娜丽莎》（*Mona Lisa*）那样。

香气（尤其是从发酵食品的复杂味道里散发出来的香气）很容易辨认出来，却很难描述。一般来说，我们反倒会用其他类似的东西来形容气味，像是“咖啡的香味”“烟熏味”。用这种方法，气味就会像面孔那样。“我们很擅长辨识人脸，但是要用言语来形容就会词穷了。”谢泼德说，“气味也是一样，它像是不规则的图案，一种我们没有意识到的图案，大脑必须用能够形容这些图案的潜在语言，来连接这种认知的过程。像是听过音乐片段之后，要用言语来形容，也是很困难。”

奶酪里一波波的微生物活动，留下了一堆由酒精、酸、醛、脂和含硫物质组成的化学物质大杂烩。许多附着在水蒸气或乙醇分子上的化学物质，随之飘散到空气里，形成令人回味的芳香。在卡门贝尔奶酪（Camembert）里发现的化学物质“乙醛”，会产生一种有刺激性、坚果味和酸奶味的味道；在高德干酪中发现的化合物异丁醛（2-methylpropanal），具有带麦芽香的香蕉味道，还有很微细的巧克力味；而高德与切达干酪里的丁酸，具有像汗臭味的那种典型的干酪、汗酸和腐臭味。切达干酪里的甲硫基丙醛（methional）则会散发出煮熟的马铃薯、肉类和硫黄的气味。

096

这些香味的影像变成了生活经验里的精致画像，在它们传到大脑主司记忆（海马体）与决策（眶额叶皮层［orbitofrontal cortex］）的区域时，会蚀刻在神经系统上。毫不夸张地说，嗅觉连接了过去和现在。由于嗅觉在古代扮演了描绘生活环境与推动大脑演化的角色，因此它的受体成了唯一和这些大脑构造有直接连接的感官，只有两个突触是和外部世界隔绝的。这让嗅觉既有直接性也有即时性，即使有一点点类似的气味出现，也可以唤起大量的记忆与感情。

在《追忆似水年华》一开头，马塞尔·普鲁斯特的叙述者在咬了一口泡过茶的玛德琳饼干后，就感觉好像回到了小时候居住过的贡布雷（Combray）的村庄：

> 但是气味和滋味却会在形销之后长期存在，即使人亡物毁，久远的往事了无陈迹，唯独气味和滋味虽说更脆弱却更有

生命力；虽说更虚幻却更经久不散，更忠贞不矢，它们仍然对依稀往事寄托着回忆、期待和希望，它们以几乎无从辨认的蛛丝马迹，坚强不屈地支撑起整座回忆的巨厦。[1]

谢泼德和他的女儿、牛津大学英文系教授柯尔斯顿·谢泼德-巴尔（Kirsten Shepherd-Barr）一起，探索了普鲁斯特的叙述者大脑里出现的情景。他们写道，玛德琳饼干是味道的理想载体；茶水里冒出来的蒸汽，会带着蛋糕里挥发性的香气化合物，通过鼻后通道到达嗅觉受体所在的嗅觉上皮中。每一种单一调味料，像是香草或柠檬调味料，都有它独特的分子形状，也许会让叙述者回忆起早年记忆里的片段；然后大脑可以利用片段的记忆，来回想起整个事件。这种神经结构有助于让味道更多变、更具适应性。食物会被写进回忆和情感里，反之亦然。当记忆一再累积，它们就会重现，盖过现时对于味道的感知。这是香味持续演变的一种方式。

* * *

味觉不像嗅觉那样，它的存在感的比重高于情感成分。味

[1] [法] 马塞尔·普鲁斯特. 追忆似水年华. 李恒基，徐继增译. 译林出版社，1989. 49

道所产生的最原始好恶，只是基本的生存反应。味觉受体通过大脑构造里最原始的部分（负责发出本能与冲动的信号）发出信号，一旦这些信号到达新皮质，就会由脑岛（insula）加以处理。脑岛有完全不同的区域，针对酸、甜、苦、咸、鲜味产生神经元放电。脑岛比较隐秘。在每个脑半球里，脑岛藏在一层叫作“岛盖”(operculum）的组织之下，在颞部位置（太阳穴）的大脑皮质外层里。不过在功能性核磁共振研究中，脑岛是大脑活动网络的关键节点，会一而再再而三地因为许多不同的事物而突然出现。它似乎塑造了经验本身的整体基调。

098

脑岛似乎是身体的内部状态和外部环境被分类、评估和传达到意识的地方。除了味道以外，它还会处理其他关于身体状态的信息，像是口渴、性唤起、体温、新陈代谢与心血管压力，以及想上厕所的需求等。对于和感知有关的工作，它也有帮助，包括辨别镜子里自己的面孔与其他人的面孔，或弄乱的影像；跟上音乐节奏；处理像是悲伤、快乐、信任、怜悯、美感和“天人合一状态”这类情绪。人们进行复杂工作的时候，例如遵守时间、在打乱的图像一点一点显露出来时辨认出完整图像，或是做抉择时，它就会开始活跃。换句话说，脑岛有助于创造现在特殊的、不断改变的性质。

099

味觉和嗅觉对于味道的统一性，就像天作之合。双方的差异巨大，但是每一方都有可与对方互补的长处和弱点。它们通往大脑的路线，都会经由位于大脑前方、眼眶上面的眶额叶皮层，其他感官的路线也是如此。与身体的大小相比起来，人类拥有比其他动物更大的眶额叶皮层——这是对于智人能够最终出现的最重要的进化升级之一。眶额叶皮层担负的认知职责很复杂，其中包括做决策，而味道只是其中一项而已。它是大脑的美食评论家，连接大脑主司情感和判断的区域，而且在生理结构上，它要处理喜悦与憎恶。从中心向外，对愉悦感敏锐的神经元，会让路给对不适感敏锐的神经元。这或许可以解释，我们为什么会有给喜欢的食物或讨厌的食物做排名的癖好：我们的大脑确实会照那样子组织。

但是，感受风味的核心，在于眶额叶皮层把感官组织起来，以及把风味的所有元素和感官组织在一起的方式。因此，我们能感知黑巧克力、烤鱼和苦艾酒，而不是组成这些食物的一长串完全不同的味道与气味的名字。个别的味道与香气会通力合作，互相强化，融合成新的东西。

在这个过程里，鲜味扮演着特殊的角色。烹调、加工、发酵让食物释放出极为大量的鲜味，这种鲜味在煎得焦香的肉类、奶酪、西红柿、腌菜，以及尤其是酱油、鱼酱、味噌这类亚洲食物里，占主导地位。鲜味受体会侦测谷氨酸这种特殊的咸味氨基酸（氨基酸是蛋白质的基础成分之一）。就像糖的味道叫作“甜味”，鲜味往往又被叫作“蛋白味”，然而鲜味的确实用途到现在还不是很清楚。在自然界，蛋白质大多是可以牛奶和动物生肉中找到，然而这些生肉并不怎么可口。文明的新食物中激增的鲜味，不只是人类营养学上，也是人类味觉上的一大宝藏。谷氨酸加速了消化作用，而且有可能引起大脑神经元放电。在孕妇体内，胎盘会将谷氨酸作为能量来源。不只舌头上找得到鲜味受体，在小肠内层也有鲜味受体：多出来的谷氨酸能更好的促进消化和营养的吸收。

源于日文的“鲜味”一词，结合了“美味”和“味道”两个词的特性，它的意义传达了从食物获得的美妙与满足感。然而鲜味不是很容易搞懂的东西。一小口溶解的、纯的谷氨酸，实际上是没有味道的。不过一旦和其他味道搭配，鲜味的芳香就会变得鲜活起来，而大脑扫描显示，它所激发的大脑活动大概类似于糖所造成的效果。其他四种基本味道会大胆表现出来，不过鲜味却是反其道而行，协助其他味道表现得更显著。就像《绿野仙踪》里奥兹国的魔法师，在帘幕后上演精彩的表演。

牛津大学的两名神经科学家，埃德蒙·罗尔斯（Edmund Rolls）和西娅拉·麦凯布（Ciara McCabe），在 2007 年的一项实验里探索了这种现象。他们请 12 名志愿者品尝“鲜味鸡尾酒”（食品公司和亚洲餐厅爱用的化学版鲜味谷氨酸钠，与可以增强谷氨酸钠效果的附加物质肌苷酸）与蔬菜香气。两者分开的话，鸡尾酒和香气都让人觉得不快；而一起使用的话，它们的味道就变得相当美味。为了透彻了解这种奇怪的效应，罗尔斯和麦凯布使用功能性核磁共振成像来测试志愿者。鲜味与香气结合所刺激的眶额叶皮层神经元数量与刺激持续时间，远比仅把两者的单独效应加起来所期望的数量更多、持续时间也更长。鲜味和香气携手合作，会产生效果更强大的感觉。

101

这个结果，说明了鸡汤或比萨之所以美味的背后原因：鲜味联合并加强了味觉与嗅觉，增添了一阵愉悦感。请想象一下，撒在意大利面上的帕尔玛干酪，是如何为意大利面增添更丰富的风味的：它会产生显著且强烈的爆发。对于从奶酪或发酵大豆里取样的古代人来说，这种效应必定是一种天启。

* * *

酒饮也提供了味觉与嗅觉的有效融合。乙醇，所有酒精饮料里都存在的酒精，是一种“花心”的分子。它会同时影响大脑的味觉、嗅觉和触觉系统。这些感觉系统会合并成乙醇对情绪的强大影响。喝一小口红酒、啤酒或波本威士忌，酒精会和甜味与苦味受体结合，并且还会和激发辣椒那种灼热感的感热受器结合。依照这些酒饮的烈度，任何一种感觉都可能来到最突出的位置。酒精浓度在10%以下,会产生一种让人眩晕的甜味感，而大脑会响应出针对糖所做的反应。这并不意外，因为酵母会吃掉糖，制造出乙醇分子。这种反应也会受遗传影响：许多研究显示，偏爱甜食的家族中的人，酒量会比较好。

102

不过在烈酒里头，苦味和热辣感会远远压过甜味，这就是酒精浓度在40%以上的蒸馏酒（如伏特加或龙舌兰酒）刺激性强的原因，这种厌恶与愉悦的极端混合物，会让你在一口气[103]干杯之后反倒精神大振。乙醇分子蒸发时，会飘进鼻子里，附着在嗅觉受体上，这就是只是闻一下苦艾酒就会觉得晕乎乎的原因。

乙醇单独尝起来是相对无味的。对于发酵作用的其他副产物来说，它相当于支架。这些副产物里有一些会刺激味蕾，有些则是借由嗅觉来运作。贾湖酒里包含了酸和苦味的混合物，抵消了它的甜度。鞣酸（tannin）这种在葡萄皮中发现的化学物质会产生独特的涩感，而且会和舌头上的蛋白质结合，改变唾液的组成成分。至于这些香味成分是如何运作的，科学界依旧只有很粗略的认识；要追查这些高速移动分子和味道之间的关联，是件令人却步的工作。一种在赤霞珠葡萄中发现的香气分子“甲氧基吡嗪”(methoxypyrazines)，会散发出类似甜椒的新鲜[104]蔬菜香味。

* * *

在不同的感觉合并在一起、变成无法辨别的那些味道里，味觉和嗅觉会完美地混合在一起。大脑甚至也会把它们混合：在头脑中，气味变成了口味。香草是一种芳香的味道，通常被大脑认为是甜味。在一项研究中，大多数的测试志愿者用“甜味”[105]来形容草莓和乙酸戊酯（amyl acetate，一种香蕉味的食品添加剂）

的气味。食品配方设计师通常会在饮料里加这类香精，如此一来不用加糖就能增添甜味。不过这是感觉的一个诡计：气味不可能会是甜的。甜味是一种味觉，只有舌头上的味觉受体侦测得到。不知什么原因，大脑会产生鼻子正在尝味道，或是舌头正在嗅东西的感觉——或者两种状况都出现。

这是怎么回事呢？这种感官的混淆类似“共感觉”（synesthesia），这是一种曾经被视为是天才或疯子象征的神经系统疾病。“味道”甚至可能就是一种共感觉形式。在“共感觉者”（synesthete）的大脑里，一种感官会触发另一种看似毫不相关的感官。有 1%~2% 的人类具有最常见的一种共感觉，即会看见和字词或符号有关联的颜色。涉及味觉或嗅觉的共感觉现象相对罕见。一个百年前的案例是，一位男性在吃东西时，感觉到颜色出现在舌头上和嘴里面。比较近期的一个案例，是一位男性在吃东西时，食物味道会产生三维的几何图形；他不但能看到这些图形，还能用双手感觉到这些图形的轮廓。当他的味觉经历随着时间累积出现变化，那些几何图形的形状也跟着发生了改变。

2003 年，英国伦敦大学学院的杰米·沃德（Jamie Ward）和爱丁堡大学的朱莉娅·西姆纳（Julia Simner）两位科学家，对一名有罕见共感觉现象的中年英国商人进行了一连串测试。他的姓名首字母缩写为 JIW，从大约六岁开始，特定的文字和声音，就能在他的嘴里触发产生味道。在他听、说、读，甚至只是想这些字的时候，就会出现这种现象。这现象成了他挥之不去的烦恼，因为这让他很难读完一本书，或是在会议中保持专注。有时候那些味道会一直留在舌头上，直到有新的字词味道出现。他的梦境也充满了味道。

JIW的大脑把声音和味道搞混的方式，大致上类似更常见的味觉与嗅觉的混淆。科学家想追踪他的感觉，找到它们在大脑里的起点，希望能分离两种感官之间的连接，以及这些混淆现象本身的性质。

关于共感觉现象的运作方式，有两个主要的理论。第一个理论认为，那是幼儿期遗留下来的现象。婴儿刚生下来的时候，大脑里有数量惊人的交叉连接，所以我们最早的感官经历是感觉、视像、声音、触觉、味道、气味混合的朦胧状态。随着时间推移，通过学习与经历，很多多余的连接就被“删除”了，最后留下一组成熟的独立感官。不过，有时候会有古怪的连接维持不变，算是幼儿时期经历挥之不去的回响。这是不应该出现的固定频道。这条线路通到大脑，把两个完全不同的系统连在一起，来回传送着不需要的信息。

当然，感官已经都聚合在同一点上——眶额叶皮层，更高等的认知功能在此处组合、评估这些感官，通常不会搞混。而第二种理论就认为，感官的混淆紊乱就是在这里发生的。

为了测试这两个理论，沃德和西姆纳把JIW的食物关联词做成了一个列表，这个清单对小说家来说简直价值连城。词语“这个”(this)，味道像“蘸了西红柿汤的面包”；“安全”(Safety) 则是“抹了一点点奶油的烤面包”，而“菲利普”(Phillip) 这个名字则让他想起“还没完全成熟的橘子”的味道。起初这些关联词看似随机，但是当两位科学家把单个的词语拆成更小的发音单元，有些被触发产生的味道，就很明显地和词义连接上了：“蓝色”(blue) 一词会产生“墨水”(inky) 的味道；“弗吉尼亚”(Virginia) 这名字则会联想到“醋”(vinegar) 味；“人类”(Human) 则是“烘豆”(baked beans) 的味道，这或许是“人类”(Humanbeing) 一词省略掉的“being”(和“豆子”[bean] 同音) 造成的。总共有 44 个词会让人想到它们所形容的食物的味道，其中包括“卷心菜”(cabbage)、“洋葱”(onion) 和“大黄”(rhubarb)。

这些结果显示第二种理论是正确的，至少在 JIW 的案例中是如此。文字是一种抽象的知识，不只是它们的发音，还有它们的含义，在 JIW 的大脑中触发产生了味道。这是认知功能、语言、味觉和嗅觉具备交叉连接的证据。这种连接不可能在幼儿期就已经形成，只可能在 JIW 学会说话之后发生(虽然还不清楚为什么会发生这种情况)。在某种程度上，JIW 的共感觉是学习来的，由他本身的经历形塑而成。这为大脑如何融合与混淆不同的味道和气味提供了一些方向：大脑学会了这样做。当各式各样的感觉以令人愉悦的组合方式一再突然出现，它们之间的连接形式，就会被眶额叶皮层的个别神经元记住。在大脑里，甜的味道和“香甜的”气味汇合，造成感觉模糊难辨。

* * *

发酵作用强大且令人回味的感觉，将它从单纯的烹调技术转变为文化力量。关于这种转变的线索，可以回溯到数千年前的神话中。荷马（Homer）把这些内容写进了他的叙事诗里，那是西方文字著述里最早的文学杰作。这些史诗大约是在公元前8世纪末写成，地点很可能位于现今土耳其的部分地区，离放牧与奶酪的诞生地不远。在这些史诗的其中一个故事中，奥德修斯（Odysseus）和他的船员试图找到回希腊的路时，来到了独眼巨人的岛屿。他们趁独眼巨人波吕斐摩斯（Cyclops Polyphemus）和同伴离开时，偷偷溜进了他的洞穴，自发行动，在里面找到了仔细排列在架子上的又大又平的奶酪充饥。波吕斐摩斯回到洞穴时，他把奶凝结成酸乳，以便制作更多的奶酪。不过波吕斐摩斯很快发现自己的库存被洗劫过，他找到了偷溜进来的希腊人，把他们一个接一个吃掉，狼吞虎咽地啃食他们的“内脏、血肉、骨头、骨髓以及他们的一切”。奥德修斯想出了一个计划：用一瓶高级红酒把独眼巨人灌醉，然后趁他的防备降低，用削尖的木棍戳瞎他的眼睛。他和剩余的船员趁受伤的独眼巨人（依旧是个尽忠职守的牧羊人）把羊放出去吃草时，躲在羊的肚子下面趁机脱困。

这些独眼巨人正处在野蛮与文明之间的关口上。他们住在洞穴里，还生吃人肉。奥德修斯注意到，他们的岛是个理想的农场，只不过太蛮荒、野生植物太过茂盛。但是他们也的确有一些复杂的技术亮点：他们用野生葡萄酿酒，蓄养山羊和绵羊，而且会制作奶酪。这些并不能让希腊人对独眼巨人完全改观，不过也阻挡不了他们品尝奶酪的美味。

Chapter 5

The Seduction

第五章

——

甜蜜诱惑

公元前6000年

现在的澳大利亚、塔斯马尼亚和新几内亚等地区的人类开始种植甘蔗

约2500年前

佛陀的故事

1047年

葡萄酒爱好者教宗克雷芒二世去世，死因不明

1493年

哥伦布第二次航向新世界，把甘蔗从加那利群岛带到了伊斯帕尼奥拉岛上的工厂中

17世纪

单词“甜点”出现，源自法文的desservir，意为“不再上菜”或用餐结束时清理桌面

1878年

约翰霍普金斯大学于无意中发现糖精

20世纪初

新行为主义心理学创始人之一的斯金纳为研究操作性条件反射设计“斯金纳箱”

20世纪50年代到70年代

一名患有严重抑郁症的年轻人（代号为B-19）脑部被植入了九个电极

1965年

一位科学家无意中舔了正好沾着一种溃疡药物成分的食指，就此发现阿斯巴甜

1974年

美国食品和药物管理局把神秘果蛋白归类为食品添加剂

21世纪初

贝里奇发现“享乐热点”

名厨荷玛洛·坎图（Homaro Cantu）有时会在他位于芝加哥的餐厅，为客人示范“迷幻风味”。把四片酸橙、六片柠檬，以及两只日式塑料汤匙排列在桌上，一只装着一团酸奶油，另一只装着希腊酸奶。旁边有一个塑料盆，盆里装着松软的橙红色糊状物。他请参与者把一勺糊状物放进嘴里，让它停留在舌头上。糊状物是凉的，带有轻微的甜味，令人愉悦但很温和，几分钟后，糊状物融化消失。接着，品尝开始了。

这种糊状物以非洲西部一种神奇的神秘果（Synsepalum dulcificum）萃取物制成。这种红色浆果含有神秘果蛋白（miraculin），可对味觉产生奇特的影响。这种蛋白分子单独存在时，可阻止甜味受体正常工作，使我们尝不出糖的甜味。但如果有酸同时存在，神秘果蛋白就会激发甜味受体。食物越酸，尝起来反而越甜。由于水果、蔬菜、奶酪等许多食物以及黑胡椒等香料都含有酸，所以这种效应会暂时改变味道。柠檬的风味变得轻盈细致，类似柠檬水但没那么甜腻；酸橙尝起来像橘子，酸奶变得像鲜奶油，而酸奶油则变得像奶酪蛋糕。

110

坎图有个朋友因接受癌症治疗而损伤了味觉，他是在研究如何让这个朋友觉得食物更美味的方法时，初次发现的神秘果。化疗药物会随着血液流动，渗入唾液，造成挥之不去的金属味。由于味蕾细胞和癌细胞生长得一样快，所以药物也会杀死大量味蕾细胞；此外放射线也会损伤味蕾。坎图测试过多种方法后，制作出了神秘果蛋白糊，用来消除这种金属味，他的朋友从此又能好好享用美食了。

2005 年，坎图在芝加哥的肉类加工区开设了第一家餐厅“莫托”(Moto)，这家餐厅以创新主厨而闻名。他以客人对餐点的期望为乐，例如制作可食用的纸张，再以浸渍方式添加风味。有一张食用纸上面印着牛的照片，尝起来也像刚刚烧烤好的牛排。不过，坎图的野心不只是前卫烹饪，他想运用自己的烹饪才能来解决社会问题。他相信神秘果拥有不为人知的力量，因此才会着手探究。

坎图与进口商合作生产神秘果蛋白的丸剂，它可以在舌头上溶解，造福千万癌症患者。他试验各种风味效应，创造出一种甜点，食用方式是先试吃一口，再含一勺神秘果蛋白糊，接着再试吃一口。他还用一星期的时间只吃野草、树叶和院子里采来的草，用神秘果蛋白糊来把它们变得好吃。渐渐地，坎图把注意力转向人类面临的一个相当严重的饮食问题。甜味是一种古老的强烈需求，以往对生存非常重要，但现在正以惊人的方式造成完全相反的结果。全世界都陷入了危险的糖狂热。

* * *

甜味是身体发出的信号，表示你眼前有某种生物学上不可或缺的物质，大声说着："吞下我吧！"糖是地球食物链的基础。糖分子是植物进行光合作用的产物，含有来自太阳的能量，而且它的化学键很容易被破坏，因此可以成为所有生物的能量来源。因为糖的用处极大，因此比较集中的糖来源在自然界中很少见（主要是水果、浆果、无花果和蜂蜜），由于容易获得能量但数量不多，因此糖成为饥饿生物的主要目标，甜味也成为可口和强大的激发因素。

不过人类发现了许多克服自然界限制的方法，生产了大量的糖。满足全世界对糖的渴求显然大大有利可图。三十多年来，由甘蔗和甜菜精制而成的结晶糖和高果糖玉米糖浆充斥饮食的程度，超越人类历史上所有时期。随处可见的汽水、糖果和甜点都以糖调味，许多加工食品添加玉米糖浆来加强风味，包括面包、早餐麦片、番茄酱、烤豆子、沙拉酱，以及苹果酱。糖似乎违反了供需法则：食品添加的糖越多，人反而越想吃糖。1983~2013年间，添加糖（食物中的非天然成分）的全球每日摄取量，从48克攀升到70克，增长了46%。美国人每天摄取165克糖（约40茶匙），冠绝全球。

人类演化之后，摄取的糖减少了许多，我们的身体已经难以耐受大量糖分了。高糖饮食可能会扰乱基本新陈代谢功能，包括身体消耗的热量、储存脂肪，以及处理养分的方式等。长久下来可能导致糖尿病、肥胖、心血管疾病等慢性健康问题，以及减少寿命。食物中含大量糖分，与糖尿病和肥胖发生率提高的关联相当明显：1980年时，美国有560万名糖尿病患者，成年人中有将近一半的人在临床上可称为肥胖。到2011年，糖尿病患者增加到2000万人，远高于人口增长率，肥胖成年人的数量更是多达四分之三。

基本味道中最令人愉悦的甜味，在21世纪已被视为威胁公共健康的杀手。越来越多的反糖运动抨击食品及软饮料添加过多的糖和高果糖玉米糖浆，以及餐厅、电影院和便利商店提供高糖分零食。2011年，当时的纽约市市长迈克尔·布隆伯格（Michael Bloomberg）认为缩小分量可减少摄取量，因此试图规定汽水杯的容量不得超过480毫升。但许多人认为这项措施是立法扩权，因此相当愤慨，法院后来也废除了这条法律。阿肯色州和西弗吉尼亚州等肥胖率最高的几个州，都开始对汽水征税，希望以价制量，遏止民众饮用汽水。汽水公司也在积极寻求糖的替代方案。

坎图认为这些措施都没有用，不过神秘果应该有用。神秘果和阿斯巴甜（aspartame）或甜叶菊等零卡路里甜味剂不同，不是高度加工或精制产品，它的效果既使人愉悦又令人惊奇。坎图于2011年开设iNG餐厅，作为神秘果的展示场所。这家餐厅的菜单口味多元，以迷幻风味餐点为核心，其效果贯穿于进餐的整个过程。他于2014年转变方向，关闭iNG餐厅，计划以神秘果风味甜甜圈和糕点作为新咖啡馆“浆果大师”(Berrista)的主角。所有这些，都是为进入大众市场做准备。

坎图的想法虽然有些奇特，而且他的竞争对手是拥有充足研发预算的大型食品和软饮料公司。但这些障碍其实不算什么，根本的问题是，如何破坏糖对人体和大脑的魔力。味道的意识知觉对我们而言似乎是关键，但其实它只是广阔的风味天地中微不足道的一小部分。味觉的底层是维持机能运作的基础结构：把味道与内脏和身体其他部分连接起来的生物系统。这些连接使味道充满愉悦，它们创造渴望和冲动，对某些人而言更是近似药物成瘾的依赖性。

* * *

糖能诱惑如此多的人的原因和过程，是个值得警觉的故事。甘蔗是一种草，数千年来一直是全世界最主要的精制糖原料。野生甘蔗一定让史前人类感到相当挫败。甘蔗像守财奴把钱塞在床垫下一样，把糖储存在茎内难以消化的木质纤维素纤维中，利用它来协助生长。我们可以剥下甘蔗的外皮，再咀嚼或像吃冰棍一样吸吮它所含的糖，但用这些方式很难做到大量摄取。如果有适当的工具，就能把甘蔗切断、碾压，然后煮沸，制成少量结晶糖。不过人类觉得花这么多工夫是值得的。除了香蕉、面包果和山药，现在的澳大利亚、塔斯马尼亚和新几内亚等地区的人类，从公元前6000年就开始种植甘蔗了。

工匠可以单独酿造啤酒或制作奶酪，但要大量生产糖则需要复杂得多的组织。系统性的书面知识、专业工作人员、磨坊、锅炉、贸易路线、商队和船只等，都因为糖而在古代世界中一一出现。糖是理想的食品，美味又容易运输，不用担心变质。结合了美味与经济价值的糖类，也成为了文化与精神改变的催化剂。味道成为了历史中的一股力量。

一个大约2500年前的故事，描述了这种影响：两兄弟带领一组牛车商队离开印度东北部的菩提伽耶（Bodh Gaya），看到一个人坐在路边，身上的衣服破破烂烂。这个人的某些地方吸引了两兄弟的注意，他们立刻转身向牛车夫大喊："停车！"并派一个小男孩跑回去，看看存粮里有什么可以给他。

小男孩找出一罐牛奶和一些现成食物，至于究竟是什么食物则有许多版本。有的版本中是一段去皮的甘蔗，另一些版本中是蜂蜜，还有些版本中则是比较美味又有饱足感的混合物、米糕或以牛奶、蜂蜜和糖蜜制作的甜饭团。

小男孩把食物塞给那个人，两兄弟则大喊："快点吃吧！"他们还有行程要赶，不能花一整天做好事。那个人犹豫了一下，咬了一口食物，接着开始微笑。

这个人是乔达摩·悉达多（Siddhartha Gautama），也就是佛陀。这件事发生在他觉悟后数星期。佛经说他经过长年努力，累积了许多智慧，使以前身为王子的自己得以从欲望中解脱。这些对食物、性爱、金钱以及成功的渴望，使世界陷入了永无休止的麻烦之中。佛教认为，一切经历都会被渴望玷污。悉达多曾绝食了一段时间，试图使这些渴望消失，但反而使他更渴望食物。现在他已经觉悟，所以在吃这些甜食时没有一丝渴望，只有单纯的愉快。

这段古代的记述，记录了一个与这种强烈的新感觉进行搏斗的世界，糖的纯粹滋味和颗粒形状，使它比蜂蜜更受人喜爱。佛陀生活在甘蔗种植区，在他的时代，印度开始将糖的精制过程发展成一门工艺，创造出史上最初的甜点。诗歌、用药建议和官方文书也在同一时期开始提到糖，这其中包括公元前300年由官员考底利耶（Kautilya）撰写的政府手册。他按照质量高低列出了糖的各种形式，包括guta、sarkara和khanda（后两者是糖[sugar]和糖果[candy]的词根，sarkara是梵文“碎石”之意）。耆那教信徒不准杀死任何微小生物，而蜂蜜中可能含有蜜蜂胚胎，所以也不能食用蜂蜜，因此他们改吃糖果了。他们认为，糖可使环绕身体四周的力量保持平衡。印度医师认为糖拥有特殊的治疗能力，有助于消化，还能强化精子的效力。公元前二世纪的一本印度医书上记载：“在这类人的体内，连毒药都产生不了作用，他的四肢像石头一样结实坚硬，他变得刀枪不入。”有一种由姜、欧亚甘草、树胶、印度酥油、蜂蜜和糖配制而成的万能药，如果连续三年每天服用，据说可维持青春100年。

115

116

上面那个故事里的两位商人兄弟帝波须(Tapassu)和跋利伽(Bhallika)，后来成为佛陀最初的俗家弟子，他们在旅行中继续传播佛教教义。这件事反映了后来的历史事实：为了创收，佛教僧侣种植甘蔗并加以精制。数百年后，商人和佛教僧侣通过丝绸之路，把甘蔗和精制方法传播出去。

117

但糖向西方传播时，却成了战争夺取的目标。早在公元七世纪，先知穆罕默德受到启示后创立伊斯兰教。他统一了互相征战的阿拉伯部落，建立了包括整个阿拉伯半岛及半岛以外的持续扩张的帝国。中世纪的阿拉伯人和他们之前的罗马人一样，不沿用其他民族的风俗习惯和科技，而是加以吸收。在当时的波斯，萨珊王朝(Sassanid)的磨坊主已经研究出如何制造纯砂糖。现代伊朗的胡齐斯坦省(Khūzestān)目前仍是甘蔗的主要种植区，其名称显然和甘蔗(kuz)与蔗农(khuzis)有关。12 世纪的诗人涅札米·冈加维(Niẓāmī Ganjavī)有两句诗是这样的："她的双唇和甜蜜的糖一同放着红光 / 甜蜜的糖在胡齐斯坦放着红光。"但波斯的地理位置偏北，对甘蔗种植造成了限制，因为甘蔗在 15.5℃以上的环境中生长得最好。

阿拉伯人拥有种植甘蔗的气候和灌溉技术，以及随同战利品而来的贸易通路。642 年，穆罕默德去世后仅十年，他们征服了波斯，获得了甘蔗及精制知识和技术。

搜罗了三百多个九世纪(《阿拉丁与神灯》以及《一千零一夜》中许多故事发生的时代)巴格达地区食谱的《烹饪之书》(*Kitab al-Tabikh*）中，有三分之一是甜点。当时巴格达地区的精英人士已经在享用许多现代美食的前身了，包括冰激凌、甜甜圈、油煎饼和薄煎饼，并以糖调味或浸泡在糖浆中吃。

现代高糖世界萌芽于中世纪的东西方文化冲突。12 世纪末（佛陀之后 1700 年左右），甘蔗从中国传到地中海南部地区，再传到摩洛哥，但西欧的大多数地区仍然没听说过糖。不过法国和英国的贵族和士兵，在旅程中一定接触过糖。狮心王理查一世曾于 1190 年和 1191 年在西西里岛（Sicily）停留过几个月。在岛上，大片带有尖尖的茎的甘蔗种植在山腰，距离墨西拿（Messina）和巴勒莫（Palermo）的外国军队驻防地不远，很接近制糖厂冒着蒸汽的精炼厂。这座工厂是 200 年前修建的。西西里岛上的制糖工人知道如何处理大量甘蔗，他们的产品被大量用在了西西里贵族阶级的厨房里，并且被运送到世界各处。理查一世的军队保卫耶路撒冷失败后，回国时带了糖的样本。

英文中的糖（sugar）源自同时期的古法语 çucre，最早的记录出现在 1299 年英格兰东北部达勒姆（Durham）的本笃会修道院（Benedictine Abbey）中，在修士用于记录各种食物库存的列表上，上面记载有“冰糖”（Zuker Roch）和“摩洛哥糖”（Zuker Marrokes）。他们不是把糖当成食品，而是药物、香料和防腐剂。12 世纪的神学家托马斯·阿奎奈（Thomas Aquinas）曾在作品中提到吃糖不会破坏斋戒，因为这种药物可以帮助消化。13 世纪末的某一年，英国国王爱德华一世的王室家庭，用掉了将近一

118

吨带有玫瑰花瓣风味的糖，这种糖是常见的药方，适用于多种疾病；而用于食物的仅有307千克。[119]晚至18世纪，瑞典科学家及杰出的分类学学家卡尔·林奈把最常见的甘蔗品种命名为Saccharum officinarum，意为“来自药剂师的糖”。中世纪欧洲医师采用的是被阿拉伯人和拜占庭的希腊人大力宣传的糖药方。有个被称为al fanad或al panad的广为流传的阿拉伯感冒药方，是以凝结糖浆制成的小糖卷，在英国称为alphenic或penide。1390年，德比伯爵支付了“两先令购买1千克penyde”，《牛津英语辞典》的叙述是：“史上第一种咳嗽糖浆。”[120]

糖用于烹饪的数量与地理环境有关。西欧大多地区气候寒冷，不适合种植甘蔗，贸易的供应量也有限。欧洲人以传统方式解决了这个问题，那就是征服。不过一段时间之后，他们又加入了新要素：资本主义和工业革命。

克里斯托弗·哥伦布（Christopher Columbus）于1493年第二次航向新世界时，把甘蔗从加那利群岛（Canary Islands，当时发现的最西方的群岛）带到了伊斯帕尼奥拉岛（Hispaniola）上的工厂中。这个决定很有先见之明。岛上有大批黄金宝藏的传说被证实是不切实际的夸张之词，制糖成了唯一可靠的财富来源。伊斯帕尼奥拉岛气候温暖，近似于甘蔗在新几内亚附近的原始诞生地，因此种植条件相当理想，而且空间完全不受限制。后来连原住民泰诺人（Taino）也开始感兴趣，开始自己种植。[121]

西班牙殖民地的情况是不生产就无法生存。居住在殖民地的外科医生贡柴罗·德·韦洛萨（Gonzalo de Velosa）意识到，业余人士无法从事制糖业。糖当时已经进入全球市场，在欧洲的价格水涨船高，直接投资或许有利可图。因此他在1515年投下一小笔钱，把加那利群岛糖厂的专家请来伊斯帕尼奥拉岛。他们建造了能以马匹、牛或水车带动的磨粉机，生产的糖远比由人类操作的磨粉机多出许多。1520年，已在运作的糖厂有六座，还有40座正在建设中。但后来这些正要起步的糖企业家发现劳工不断死亡，许多泰诺人死于欧洲人带来的传染病，更多人死于强迫劳动。为了填补空缺，西班牙人开始从非洲进口黑奴。

1660年，一位叫作托马斯·泰伦（Thomas Tryon）的年轻人从伦敦航行到英国殖民地巴巴多斯（Barbados），当时巴巴多斯正在成为新世界繁盛制糖业的中心。托马斯·泰伦跟当时的数千名英国人一样，抛开一切，跨越海洋追求财富。泰伦不是企业家，而是17世纪的佩花嬉皮士[1]。他痛恨现代世界的放纵，幻想自己的食物哲学可激起一场安宁革命，消除渴望和贪婪，使他的追随者与上帝同在。他年轻时曾在伦敦当过帽匠，涉足草药医学、魔法和炼金术，也尝试静默和禁欲主义，通过绝食观察身体反应等。

新世界激起了泰伦的想象力。对大多数人而言，新世界是天堂、是伊甸园，既原始又纯粹。泰伦的想法不大一样，他觉得这里是原住民与大自然和谐共存的地方，但实际状况使他大

[1] 指鼓吹世界和平和博爱的嬉皮士。——编注

为震惊。巴巴多斯的山坡上没有树木、灌木和杂树丛，而是一片片甘蔗。2.5万名非洲奴隶在这个庞大的甜味机器中工作，收获时节，他们带着大砍刀在田地里漫步，砍下甘蔗、堆垛及拖运重达数百千克的甘蔗堆。在简陋的棚子里，有三个巨大滚筒的水力磨粉机碾压着甘蔗，汗流浃背的工人把甘蔗送进机器。这个工作很不容易，只要一个疏忽，手指、四肢，甚至整个身体就可能被卷入滚筒压碎，因此旁边放着发生紧急情况时用来砍断手脚的斧头。 123

工人把一桶桶甘蔗汁搬到煮沸房。在这里，铜壶底下24小时燃烧着干枯甘蔗茎和其他碎屑。熟练的制糖工人时刻注意着锅中熬煮的浓稠棕色糖浆，并把它们过滤到较小的壶中。为了防止棚子着火，棚顶会定时浇水。最后，他们把结晶状的糖烘干，放进680千克装的桶中，用驴子拖到布里奇顿港（Bridgetown harbor）。糖业大亨、商人和仆人，在这里与流浪汉、刑满释放的囚犯和酗饮朗姆酒的下层阶级杂处。黄热病每隔一段时间就会爆发，夺去数百人的生命，尸体就被丢弃在城镇边缘的沼泽中，导致沼泽散发着可怕的气味，飘荡在空中。

泰伦在巴巴多斯当了五年制糖工人后，回到伦敦。他的经历仍然在脑海中挥之不去，在将近二十年后，他开始撰写小册子，拥护热情的原始素食哲学。他指责甘蔗种植园是贪婪和暴食的象征，甜食则是阻塞消化道的诱惑。他和古希腊人一样，相信咸、甜、酸、苦等基本味道决定了一个人的性格。他后来在作品中 124

写道，味道“很快就能打开大自然陈列柜上所有的门和暗门”，味觉是“王子、国王或全权决定生死的法官”。过度沉迷于口腹之欲，最后将会下地狱。泰伦的作品和观点影响了废奴主义者（但他是不折不扣的传统主义者，因此没有发声支持废除奴隶制度），他的观点形塑了整个素食运动。本杰明·富兰克林（Benjamin Franklin）年轻时读过泰伦的著作，从此不再吃肉。[125]

不过泰伦螳臂难以挡车，全球糖业巨兽的基础已经相当稳固。从 17 世纪开始，一条条砂糖之河，从欧洲位于加勒比海和南美洲的殖民地，流向各国国王的食品库房，同时首度进入中低阶层的家庭。食物越来越甜。法国厨师开始发明馅饼、慕斯、糕点和布丁等甜点。这些甜点现在已和主菜分开，成为一餐的终曲。“甜点”（dessert）这个词出现于 17 世纪，源自法文的 desservir，意为“不再上菜”或用餐结束时清理桌面。在泰伦所处时代的英国，甜点仍被视为令人厌恶的法国货，但数十年后，甜点却成为了标准食物。人们开始在以往直接饮用的进口饮料中加糖，包括来自新世界的热巧克力、来自非洲的咖啡，以及来自中国的茶。在英国，1700 年的年人均糖摄取量是 1.8 千克，1800 年增加到 8 千克，1900 年增加到 41 千克。[126]

在面包店和朗姆酒厂之间，大糖厂成为了主要雇主，并且很快就成为了英国文化基础的一部分。泰伦在人生即将结束时终于接受诱惑，开始支持糖和他曾经谴责的甘蔗种植。他写道：“它把丰富又甜蜜的影响力传播到全国各地，世界上少有食物和饮料不能跟它搭配、结合。在各种商品中，没有一种能像糖这样激励航海、扩大国王的领土和增加关税，同时具有如此强大和广泛的用途、美德和优点，它可说是甜食之王。”[127]

佛陀享用的平凡点心，在诱惑越来越多的世界中展现了温和与平衡。随着泰伦的转变，摄取过量获得了胜利。其后三个世纪，糖体制不可阻挡的继续扩张。法国于1806年对英国实行了封锁令，停止了糖的进口，拿破仑转而寻求一种在中欧一小部分地区种植及精制的白色根菜：甜菜。甜菜和甘蔗一样含有蔗糖，但和甘蔗不同的是，它生长在寒冷气候下。拿破仑投入100万法郎教导农民和训练精制工人，另一个全球性的甜味产业就此诞生。一百多年后的1957年，任职于美国阿尔戈（Argo）玉米农产品精制公司（Corn Products Refining Copmany）的两位科学家发现一个方法，能将构成玉米淀粉的葡萄糖转化成甜得多的果糖，创造出了高果糖玉米糖浆。美国是全世界最大的玉米生产国，玉米糖浆可直接注入食品工厂的大桶中。到20世纪70年代，玉米糖浆成为了标准食品添加剂。[128]

* * *

全世界正在进行一场大规模甜味实验。这项实验运用庞大的资源，年复一年地供应大量的糖给数十亿人，而科学家才刚开始评估它对人类和公共健康的影响。吸引力如此巨大的甜味究竟是什么？更广泛地说，使食物美味的因素是什么，为什么它会使食物美味？这类愉悦具有何种生物学上的目的，以及它们怎么如此容易流于过度放纵？

甜味是最基本的美味形式，而且本身就能使人愉悦，它是一种古老现象。就演化而言，这种力量存在的时间似乎甚至早于性爱。远古时代，单细胞生物或许曾成群地挤在一起，以便更快速地消耗更多糖，这可能是复杂生物演化过程中的第一个[129]事件。果蝇的祖先早在 5 亿多年前的寒武纪生命大爆发时，就与人类的祖先分化开来，但果蝇和人类同样喜欢吃糖，行为模式也同样趋向喜爱糖。智人从甜味和各种美味食物中获得的愉悦，仍然反映了这类原始渴望。没有这种渴望，进餐将成为平淡知觉构成的乏味组合。

现代科学家和古希腊人一样，经常忽视食物带来的愉悦，以及一般的愉悦。20 世纪初，大多数人相信，真正重要的是不适感。不适感是促使人采取行动的因素，例如饥饿导致进食、口渴导致喝水，性欲导致性爱；摸到滚烫的开水时，手会立刻缩回来。心理学家及哲学家威廉·詹姆斯（William James）在 1901 年给朋友的一封信中，总结了这个想法："我最近发现，快乐不是正向感觉，而是解脱我们身体经常具有的一些限制感的负面状况。把它们彻底清除之后，相反状况的明亮澄清就是快乐。因此麻木能使我们那么快乐。不过不要因为这样而开始喝酒。"[130]换句话说，脱离不舒适才是真正的愉悦。

20 世纪 20 年代，弗洛伊德提出了类似的想法，认为原始驱动力促使人类寻求性释放。20 年后，美国的行为心理学家克拉克·赫尔（Clark Hull）提出“内驱力降低理论”（drive-reduction theory），即人类或动物在承受压力或感到挫败时，会采取行动遏止这种不好的感觉，也会在未来试图避免这种感觉。

这些假设都对人类状况抱持比较负面的看法，它们很快就面临了挑战。1950 年，31 岁的加拿大蒙特利尔麦吉尔大学的心理学博士后研究员詹姆斯·奥尔兹（James Olds）断定，这些假设都不符合日常经验。如果长期不适或疼痛是各种行为的关键，那就表示，生命中最好的事物没有任何意义。他认为愉悦和快乐应该拥有独立地位。

奥尔兹写道：“对一个追寻新奇、创意、兴奋和美味食物的生物而言，内驱力降低理论不啻为普洛克路斯忒斯（Procrustes）之床。从我们对人和大鼠的印象中去除一切不适合的事物。药物、美食和性爱都被认为是需求，也就是剥夺造成的痛苦。”普洛克路斯忒斯是希腊神祇波塞冬（Poseidon）的儿子，是个恶劣的铁匠，会强迫访客躺上他的铁床，如果人的长度不合，他就把人的双腿砍断。

当时没有人知道大脑如何产生美味或满足等感觉，以及这些感觉为何产生。奥尔兹开始着手创立愉悦科学。他是在用白化大鼠进行实验时产生的这些想法。大鼠被放在边长 90 厘米、高 30 厘米的特制箱子里，这个箱子被称为操作性条件反射室或

“斯金纳箱”(Skinner box)，名称源自20世纪初创立行为主义学派以及发明这个箱子的B. F. 斯金纳(B. F. Skinner)。行为主义是弗洛伊德心理学的替代方案，着重于行为的隐藏动机。斯金纳认为，把意识排除在行为以外更科学严谨，他发明的箱子把行为简化到了极致：把一只动物放在箱子里，施予刺激，再观察其反应。典型刺激不是轻微电击等惩罚，就是糖水等奖赏。不过奥尔兹发现了一种方法可以跳过这些，直接到达大脑中形成愉悦或痛苦的地方。

奥尔兹和同事彼得·米尔纳(Peter Milner)合作，通过外科手术把电极植入大鼠大脑下视脑附近。将电线拉到箱子的顶板上，连接刺激器的激活按钮。按下这个按钮，立刻就会在大脑中触发某种反应，可能是一阵愉悦、一股痛楚，或是其他感觉或情绪，具体会是哪一种，奥尔兹也不知道。

他决定在大鼠每次走到角落时就给予刺激，看看它会有什么反应。第一次，大鼠绕回了相同的角落，似乎很喜欢这种刺激；奥尔兹再次按下按钮，大鼠转回角落的动作快了很多；第三次，大鼠干脆停在角落不动，等着获得更多刺激。

起初奥尔兹以为，他可能发现了好奇心的来源，老鼠回到角落是因为它觉得这很有趣。但他修改箱子，让大鼠可以自己按压杠杆获得刺激后，大鼠却完全没有表现出冒险性，只是坐着重复按压杠杆。电极似乎让大鼠感到舒适，这个效果显然非常强烈。奥尔兹实验中的大鼠为了按压杠杆而忽略了糖水、食物、水以及交配机会。在一次实验中，大鼠一直按压杠杆，最后几乎饥渴而死。而另一次实验中，是在箱子的底板接了电线，对脚底施加电击，但大鼠仍然跑过箱子底板按压开关。奥尔兹后来把电极植入了另一个略微不同的部位，想绘出大脑中可能与愉悦有关的区域。刺激某个区域会使大鼠大吃特吃，刺激另一个区域则会使大鼠对食物完全失去兴趣。

饮食是最容易操控的行为。奥尔兹写道："大脑中的'奖励'区域与嗅觉机制和化学反应有关。"就某种程度而言，香味和愉悦是等同的。奥尔兹的发现被称为"快乐中枢"(pleasure center)。这个进展相当令人震惊，科学家想知道，从糖中获取愉悦的脑部结构，是否也是性满足、愉快的谈话或是看完一本好书后的满足感的来源。媒体开始争论这个见解可能带来的益处。我们只要拨动开关，或许就能解决不快乐和抑郁症给个人和社会带来的痛苦，定义人类身心状态的苦恼当然也可借此消除。[133]

不过其实没有那么简单。1987 年，30 岁的美国密歇根大学的初级教员肯特·贝里奇（Kent Berridge）用大鼠进行一项实验时，发现了一个令他感到困惑的问题。啮齿类动物尝到甜的东西时，脸部和嘴会出现某种特殊反应——嘴巴微张，舌头从来回摆动，好像在舔嘴唇。这是啮齿类动物的微笑，是美味内心体验的明确外在征兆。[134]后来他给予大鼠一种药物，这种药物可以阻断快乐中枢，一如预期，大鼠变得迟缓和冷漠。不过在尝到糖时，大鼠仍然舔了嘴唇，显然它们是自己感到愉快，但这应该是不可能的。起初贝里奇只是耸了耸肩，不以为意。

贝里奇给予微笑大鼠的药物，可阻断多巴胺（dopamine）这种强效脑激素。在奥尔兹进行实验的年代，这种药物被视为促进快乐中枢的化学物质。多巴胺是一种神经递质，大脑借由这种激素传递信息及触发神经元，而神经递质是动作和情绪等一切人类活动的关键。在奥尔兹的时代，人们还不了解多巴胺这种脑内化学物质，以为它是肾上腺素和去甲肾上腺素等更重要激素的基本成分，本身没有明显的功能。当科学家于20 世纪 60 年代发现它是随意运动（voluntary movement）的关键时，才首次理解了它的重要性。事实上，帕金森病（Parkinson's disease）的颤抖及无力现象，就是多巴胺减少导致的。生物学家罗伊·怀斯（Roy Wise）后来发现，接受多巴胺阻断药品的大鼠的表现，与愉悦电极正好相反。老鼠陷入了彻底的冷漠，不吃不喝，甜味和其他愉悦也完全失去了诱惑力。

怀斯宣布多巴胺是愉悦化学物质，科学界也随之响应。他在 1980 年写道："多巴胺连接代表突触的中继站……感觉输入在这里转变成使我们觉得愉悦、兴奋或好吃的快乐信息。"

贝里奇重新进行了一次大鼠实验，结果仍然相同，所以他开始寻求答案，来解释体内没有多巴胺的动物，为何仍能感受到糖的味道。他怀疑怀斯的说法错了（当时他们两人还在合作，所以这还是有点尴尬的）。但他面临一个障碍，就是除了面部表情和行为，大鼠无法说明自己的感觉。他在研究古老的愉悦电极实验时，发现有个有趣的方法能解决这个问题。20 世纪 50 年代到 70 年代之间，美国新奥尔良杜兰大学的医生在测试志愿者脑中植入电极。这些志愿者大多患有严重的精神疾病，研究人员希望脑部刺激可以缓解他们的症状（目前有一种更精确的深层脑部刺激技术，可用于治疗严重的抑郁症）。[136]

这项实验颇具启发性，帮助心理学家描绘出了大脑结构中行为和情绪的来源。不过这些结果有时错得相当离谱。在某个研究结果中，精神病学专家罗伯特·希思（Robert Heath）在一名年轻人（代号为 B-19）脑部植入了九个电极。[137]这名年轻人患有严重的抑郁症，药物或谈话治疗都没有作用，此外他也是同性恋者，治疗的目的之一是“治愈”他，疗法包括观看色情影片以及两小时的妓女服务。

B-19 头上连着好多条卷曲的电线，看起来像个半机械人，在某方面确实是如此：他变成了某种电子傀儡，牵拉着自己的丝线。希思给了他一个启动电极的按钮，而其中一个电极就安装在快乐中枢。的确，当对快乐中枢施加一小股电流时，B-19 的反应就跟大鼠一样——他一直按按钮，三小时内按了 850 次。他表示自己有一种很奇怪的感觉，感到自信、放松，而且精神为之一振。当实验室技术员想要断开电极连接时，他哀求他们不要这么做。这个电极也让 B-19 产生了想与男性和女性发生关系的欲望，因此希思认为自己发现了同性恋的可能疗法。[138]实验进行几个星期后，电极被移除，B-19 离开了。希思持续追踪了他

11个月，他记录道："虽然他看起来并且显然真的变好了，但他仍然有怨天尤人的倾向，因此他不会轻易承认状况好转。"B-19离开后做了几个兼职工作，和一个有夫之妇维持了十个月的性关系，还告诉希思，他曾为了钱跟男性发生过两次关系。

看过这些描述，贝里奇注意到了一些事。他们原本认为电极会刺激B-19的大脑大量分泌多巴胺，但他似乎完全没有自己感到愉悦。他的性欲变强，但从来没有达到高潮。他从来没说过："啊，这样很舒服！"按压按钮只会带来更多期待。贝里奇想，多巴胺其实可能根本不会产生愉悦，只会产生对愉悦的渴望。曾经，科学家忽视了愉悦的重要性；现在，他们或许弄混了它的成因。[1]

139

为了寻找其他引发愉悦的化学物质，贝里奇开始研究成瘾

[1] 为了测试多巴胺是否能导致愉悦，贝里奇将关注点转回了啮齿类动物的微笑，开始研究大鼠的体内生命。罗伊·怀特坚信大鼠不可能在没有多巴胺的情况下感到愉悦，以及它们的微笑只是一个反射，是由大脑和肌肉执行的响应刺激的程序，并没有感受到喜悦的意识。这个看法有其道理。像苦味一样，甜味唤起了一种自动反应：当把糖放在新生儿嘴边时，他们会微笑；因此动物被移除的大部分大脑也是如此。但是在贝里奇的假设中，大鼠的微笑是一种明确的表达，一个对满意的真实表达，只是这种表达是由多巴胺以外的东西造成的。

贝里奇准备了一个聪明的实验。任何人如果在生病时吃到觉得恶心的东西，那么这东西在其眼中会一直恶心下去。这是一种学习行为。如果贝里奇可以在大鼠身上重复这个行为，让它们从微笑变成皱眉，就能证明这不是额叶切除的反射，而是真正的表达。他给大鼠用了多巴胺阻滞剂和一种能引起恶心的药物，接着再给它们吃一些糖水。后来，所有大鼠都对糖水产生了恶心感。

性药物。吗啡和海洛因等鸦片类物质可引起欣快感。答案或许在于大脑本身的天然鸦片类物质“内啡肽”(endorphin)。21世纪初，在提出初步发现近二十年后，贝里奇发现大鼠大脑内有两个区域对内啡肽有强烈的愉悦反应，分别是伏隔核(nucleus accumbens)和腹侧苍白球(ventral pallidum)，他把这两个区域称为“享乐热点”(hedonic hotspots)。这两小团神经元的大小和针尖相仿，是目前所知的唯一可直接带来愉悦的大脑结构。

享乐热点中的神经元可对数种不同的内啡肽产生反应，这表明愉悦相当复杂，是许多大脑系统同时发生交互作用的结果。这些内啡肽中有一种食欲肽(orexin)是比较少见的物质，也与食欲、兴奋和清醒有关。另一种内啡肽称为大麻素(anandamine)，名称源于梵文中的ananda，意为“极乐”(bliss)。它不仅在愉悦中占有一席之地，在痛楚、记忆和更高的思维过程中也有作用。食欲肽和大麻素可以分别激发鸦片类物质受体和大麻素受体，而这两者则对海洛因和大麻产生反应。

愉悦的解剖结构连接着内脏和大脑更高等的功能，把享乐热点置于中心位置。它们的功用类似电路板。热点共有两个，另外还有一个触发恶心的“冷点”(coldspot)。冷点所在区域有许多可引发强烈欲求的多巴胺神经元，两者一起受到刺激时，贝里奇可使大鼠对难吃的东西产生渴望。去除一个热点可减少愉悦，但不会使愉悦消失，但再去除另一个热点，则会使甜的东西尝起来很难吃。这可能代表这个热点的任务是抑制恶心，同时强化愉悦。

糖在舌头上产生的单纯愉悦，显然是大脑内部深处的某些神经元产生了多种最令人兴奋的激素的结果。但无论愉悦来源的解剖构造图多么详细，都不能解释它的目的。多巴胺造成的渴望所扮演的角色，也还不确定。贝里奇更深入研究后提出了一个理论，希望以它填补这个空缺。这个理论和许多行为模型一样，相当简洁，把各种人类决定和行动简化成一个三角形。

这个三角形的三边分别是“欲求”“喜好”和“学习”。它可以描述所有行为，但特别适用于味觉和味道。欲求，是进食前充满欲望以及注意力提高的状态；喜好，是对美味的愉悦感，是完成取得食物的工作所获得的奖赏。欲求和喜好共同促成学习。人类的大脑很快就会学会如何满足自己，学习最美味的食物位于何处，以及如何取得。

20世纪90年代，英国剑桥大学神经科学家沃尔弗拉姆·舒尔茨（Wolfram Schultz）进行了一连串开创性的实验，生动地说明了这个动力。舒尔茨还证明多巴胺是渴望背后的推手，也是欲求的动力。在一项测试中，猴子坐在计算机屏幕前方，计算机屏幕播放着几何图形，其中一个图形出现两秒钟后，会有糖浆从瓶中流出，其他图形则随机出现。实验会通过电极测量猴子大脑中某个多巴胺神经元的活动。一开始，猴子啜饮糖浆时，这个神经元才会活化，但循环重复数次，猴子学会信号后，神经元也随之适应，开始在奖赏来到之前就先活化，因为它预料到美味即将出现，同时提高了预期和对美味的渴望。厨房飘来的菜香使我们流口水时，就说明多巴胺已经在脑中摆好餐桌了。如果可以从单一神经元中追踪到学习的痕迹，请想象一下人的大脑一生中有几十亿个神经元做这件事的状况。[141]

贝里奇找出愉悦的基本成分之后，开始思考甜味中短暂的“舒服”是什么。它显然跟听见喜爱的歌曲或见到老朋友时的感受不同，但以更深入的观点来看，这些状态或许是一样的。它们在大脑中的形成部位、享乐热点的激发模式和激素的变化都相同。功能性核磁共振成像扫描结果显示，这个构想是有根据的。不同形式的愉悦具有不同的大脑活动模式，而且这些大脑活动紧密重叠在一起。随着人类演化以及文化在人类脑中留下的印记，把甜味视为更高级的愉悦甚至快乐本身，关键或许是[142]古老的神经电路。贝里奇说：“终极快乐或许是喜欢但没有欲求的状态，这或许就是佛陀的快乐感。”

* * *

过度摄取糖将会扰乱正常的欲求、喜好和学习节奏。人类经过演化后，已经习惯只吃足以维持庞大脑部和柔软灵活的身体运作的食物。胃的容纳量有限，内脏和大脑不断“对话”以确保平衡。强效激素激发大脑中对多巴胺敏感的部位，促使人类在饥饿时寻找食物。进食开始时最饥饿，愉悦在此时达到最高峰，此后逐渐降低，这也是没有人会吃掉一整罐糖的原因。不过如果持续过量摄取，信号就会开始出错。举例来说，果糖会提高胃饥饿素（ghrelin）浓度，这种激素会刺激饥饿感。因此吃糖不仅不会感到满足，还会让我们想吃更多糖。

科学才刚开始探讨人体和大脑之间这些极易堕落的途径。由于我们对味觉基因的了解越来越多，因此可借由基因工程让实验用小鼠和大鼠具有特定基因特质，用于进行实验。耶鲁大学神经科学家伊凡·德·阿劳霍（Ivan de Araujo）将清水和糖水喂给一种没有甜味味觉的基因改造小鼠，这些小鼠按说应该感觉不出两种水的差别，但却明显偏爱糖水。

一般说来，舌头的甜味受体会通知大脑，美味的奖赏即将到来。但德·阿劳霍怀疑，没有这个信号时，糖仍能通过某个未知途径告知其存在，因此小鼠即使没有意识到糖的存在，仍然会渴望糖。为了测试这个假设，他在小鼠的大脑植入探针，测量多巴胺浓度，结果显示糖水确实会使多巴胺浓度大幅上升。德·阿劳霍认为，身体会以某种方式（或许是内脏中的甜味受体）感觉到糖，并通知大脑有糖存在，使身体渴望更多的糖。当在人类身上重复这个实验时，他们以药物阻断了受试者的甜味味觉，受试者表示，啜饮糖水后有一股模糊的满足感。

这类冲动能抵抗意志力和药物。食欲抑制剂可降低饥饿感，但渴望和愉悦是更加复杂的现象。多巴胺阻断药物可消除对糖的渴望，但同时也会消灭所有动机。可抑制食物引发的愉悦的药物，也将消除生活中的所有乐趣。

* * *

随着我们发现越来越多糖的潜在影响，民众也逐渐意识到了它的危害。软饮料是美国最大的膳食糖来源，在21世纪的最初几年，它的销售量先是趋于平稳，接着则是问世至今一个世纪以来首度下降。高果糖玉米糖浆的总消费量同样降低。肥胖率停止上升，但营养学家认为仍然高得令人担忧。然而糖尿病发生率则持续上升，可能还需要许多年才能评估出它对公共健康的影响。

理想的解决方法是味道和糖完全相同，又不危害健康的替代品，但这可说是味觉方面的千古难题。罗马人用铅制容器熬煮压碎的葡萄，做成一种称为“浓葡萄汁”(sapa)的糖浆，用来为甜酒、炖菜和其他菜色添加甜味。这种糖浆中的有效成分是醋酸铅(lead acetate)，又称为“铅糖”(sugar of lead)，是葡萄汁和铅制容器产生化学作用形成的。这种成分有毒性。有人宣称，罗马帝国之所以衰亡，是整个统治阶级都因为这种浓葡萄汁而铅中毒所致(历史学家对这种说法存疑)。其后醋酸铅仍继续被当成葡萄酒甜味剂使用了数百年，可能因此中毒的受害者包括1047年死于不明原因的葡萄酒爱好者教宗克雷芒二世(Pope Clement II)，以及800年后的贝多芬(Beethoven)。

现代的糖替代品，包括粉红色包装的低脂糖（Sweet'N Low）中的糖精，以及无糖汽水使用的阿斯巴甜等，但都各有问题。这些糖替代品尝起来不像糖。以甘蔗或甜菜制作的食糖成分是蔗糖，其分子由果糖和葡萄糖两种糖构成。高果糖玉米糖浆是这两种糖的物理混合物，但果糖含量略多。果糖是各种糖中最甜的。甜味受体和果糖分子间能以某种不明方式完全结合，因此其他物质难以模仿果糖的味道。

糖替代品的分子也能与甜味受体产生键结，但无法完全结合，就像一把能插入锁孔中的钥匙，但无法转到底开锁一样。这类糖能与辛辣和苦味等其他受体结合，但味道还是不对，例如阿斯巴甜有少许金属余味，所以无法完全触发大脑的愉悦线路。糖替代品大多无法完全溶于水中，而且会黏在舌头上，不会随水而去，因此它们拥有很强的感觉冲击力（阿斯巴甜的甜度是食糖的两百倍），但味道往往也会残留过久。由于化学结构不同，所以糖替代品也不适合用于烘焙。糖不只是甜，而且用途广泛，加热后可产生复杂的风味，带有少许酸和苦。糖可做成从砂糖到焦糖等多种形式和黏稠度，其他物质望尘莫及。

目前各种主要人工甜味剂都是实验室制作的工业化学物质。糖精是约翰霍普金斯大学于1878年无意中发现的煤焦油衍生物；阿斯巴甜发现于1965年，当时瑟尔（Seale）药厂的一位实验室科学家无意中舔了示指，而示指上正好沾着一种溃疡药物的成分；蔗糖素（Splenda）的有效成分三氯蔗糖（Sucralose）[1]，则是糖业大厂泰莱公司（Tate & Lyle）的研究人员在研究把蔗糖衍生物变成杀虫剂的方法时发现的。人工甜味剂造成的健康问题比糖模糊得多，阿斯巴甜会在肠内产生微量的甲醇，而人体会在甲醇再次分解之前将其转化成甲醛。甲醛可用于制造防腐剂，本身也是致癌物质。1976 年，美国食品和药物管理局（Food and Drug Administration，FDA）因为糖精会导致实验动物罹患癌症而禁用糖精，但后来又因为证据不足而解禁。三氯蔗糖则不会在人体内分解。近年来的研究显示，人工甜味剂可能导致糖尿病。

144

145

已成惊弓之鸟的消费者，现在一视同仁地拒绝所有人工成分。单单 2013 年，健怡可口可乐和健怡百事可乐的销售量就减少了百分之七。从 21 世纪初开始，食品和软饮料制造厂商已经投入数千万美元，竞相寻找天然糖替代品。许多植物会制造有甜味的物质，但这些物质的味道仍然跟糖不完全相同。生长在非洲西部雨林中的西非竹芋（Thaumatococcus daniellii）中的蛋白质奇异果甜蛋白（Thaumatin），甜度高达蔗糖的 3000 倍，是目前已知甜度最高的物质。它会在舌头上残留数分钟，留下如同甘草的余味。由南美洲的甜叶菊制造的甜菊糖甙则有苦味。

146

荷玛洛·坎图相信，大型食品公司的挫败为神秘果开辟了

[1]Splenda 是美国甜味剂蔗糖素的知名品牌。——编注

蹊径，但他也面临着自己的障碍。1974 年，美国食品和药物管理局把神秘果蛋白归类为食品添加剂，因此必须通过重重测试才能获得许可，成为食品中的成分。神秘果蛋白的支持者表示，美国糖业在华盛顿拥有强大影响力，是美国政府做出如此决定的背后黑手。神秘果蛋白目前被归类为膳食补充品。坎图发现它时，市场上已经出现好几家创业公司开始销售神秘果萃取物。它的价格仍然相当高昂，高达每颗 1.5 美元，但研究人员已经发现了把神秘果基因转植到西红柿和莴苣上的方法，这些植物可产生的神秘果蛋白，比浆果多出许多。就化学上而言，神秘果蛋白不是甜味剂，它味道温和，但会改变其他味道，而且有时无法预测会有什么改变。这或许不足以引发膳食革命，但确实显示出，甜味还有许多新领域有待探索。

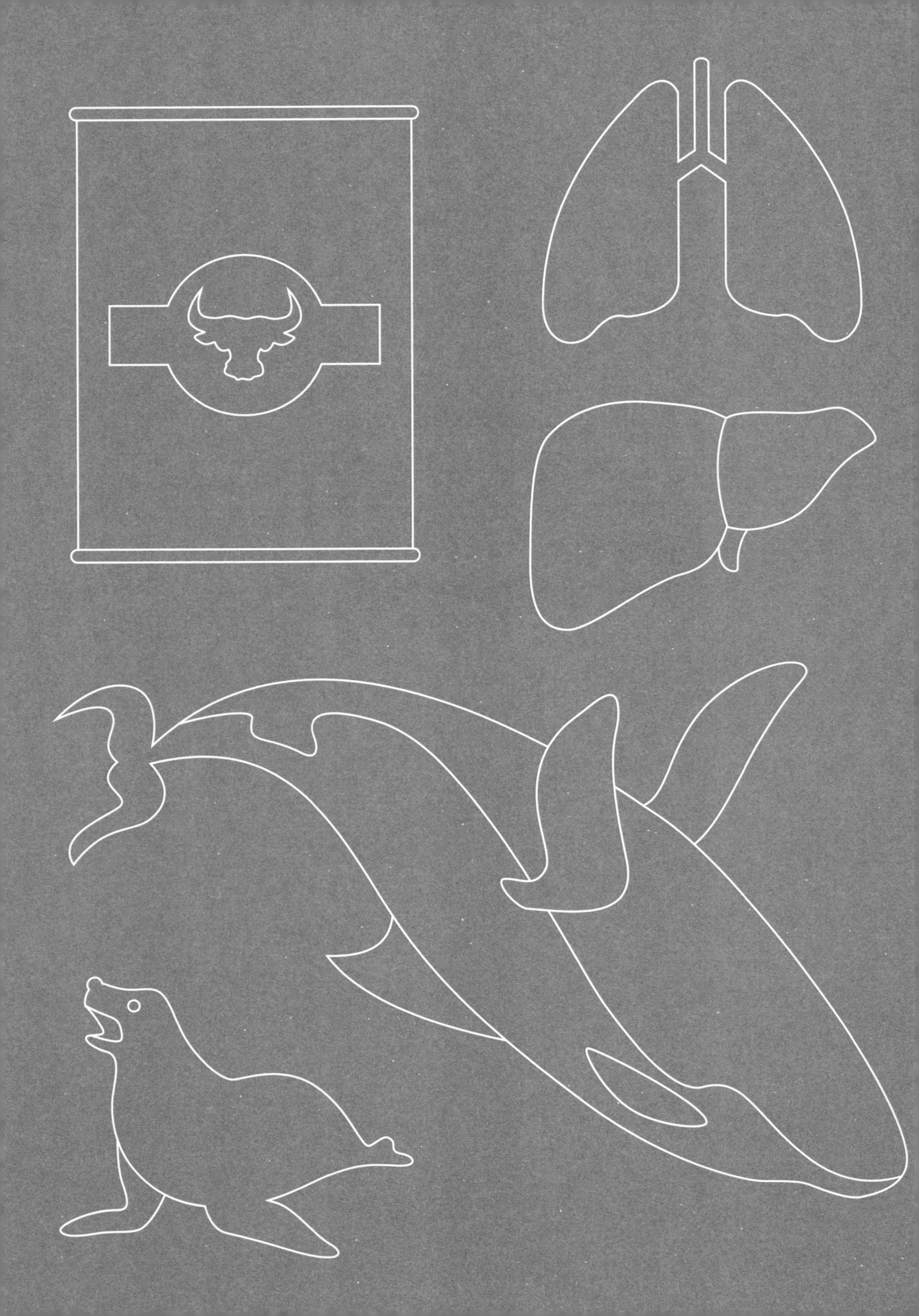

Chapter 6

Gusto and Disgust

第六章

喜好和恶心

蒸煮
烧烤
达尔文
罐头
饼干
海豹肉
熬煮
鲸鱼尸体
埋进沙里
雅甘人
浆果
菌类
喜好
恶心

1833年，英国海军“小猎犬号”(HMS *Beagle*)沿着南美洲海岸航向火地岛(Tierra del Fuego)，查尔斯·达尔文进行了一系列的科学探险。“小猎犬号”的船长罗伯特·菲茨罗伊(Robert FitzRoy)聘请他担任地质专家，协助进行这艘军舰的主要任务：绘制南美洲海岸线和海床的地图。几个月内，他们将到达秘鲁外海的加拉帕戈斯群岛(Galápagos Islands)，达尔文会在那里发现奇特的植物和动物，建立进化论的理论基础。

“小猎犬号”向南航行时，达尔文大多数时间在陆地上，观察及搜集地质样本。在阿根廷的布兰卡港(Bahía Blanca)时，他和高乔人(gauchos)一起骑马深入潘帕斯草原，跟他们一起享用烤犰狳。他在乌拉圭用18便士向农民买下了已灭绝的啮齿类动物头骨，这种动物头骨的大小和河马相仿。此外，他还在蓬塔阿尔塔(Punta Alta)的巴塔哥尼亚(Patagonia)沿岸发现了大懒兽的骨骼。大懒兽是一种身披“甲胄”的大型树懒，现在已经灭绝。

达尔文对居住在南美洲大陆最南端的原住民，既好奇又反感。当时他 23 岁，第一次航行就进入了充满奇怪感觉的外邦。他看到的人是世界上最奇怪的民族。雅甘人（Yahgan）是靠狩猎采集维生的边缘部族，乘坐独木舟在合恩角（Cape Horn）附近的群岛活动。他们大多留长发，身上的衣物很少，即使在寒冷的冬天也是如此。“小猎犬号”绕过合恩角时，达尔文看到有些雅甘人划着独木舟，他十分惊讶，认为他们是奇怪的退化人类。“这些可怜的人生长受到阻碍，他们丑陋的脸上涂着白漆，皮肤肮脏又油腻，头发缠结在一起；他们的声音刺耳，手势激烈。看见这样的人，很难让人相信他们也是人类，而且跟我们居住在同一个世界上。”

他们的食物也很可怕。他在日记中写道：“如果杀死海豹或是发现腐败的鲸鱼浮尸，就是一场盛宴，他们用没有味道的浆果和菌类，搭配这些悲惨的食物食用。”雅甘人会熬煮搁浅鲸鱼的尸体，把鲸鱼的肉和油埋进沙里。没有氧气，这些东西就不会腐坏，而是会发酵。几个月后，他们再把它挖出来享用。一位在这个地区待了很久的船员还告诉了达尔文更可怕的事：食人。饥荒来袭时，雅甘人会先吃年老的女性，然后才吃狗。一个原住民男孩对此的解释是：“狗会抓水獭，但老女人不会。”不幸的老祖母有时会逃到山里，然后被抓回来带到灶台边，先用烟闷死，再割下质量最好的部位（但这其实是谣传，人类学家从未发现雅甘人吃人的证据）。[147] [148]

1834 年 1 月 19 日，“小猎犬号”在合恩角北边长约 160 千米的比格尔海峡（Beagle Channel，因六年前“小猎犬号”曾经造访此地而得名）下锚，共有28人上岸，包括菲茨罗伊、达尔文和先前航行中抓来的三名雅甘人（他们在英国待了3年后回到家乡）。他们分乘四艘小船，沿着东岸划行。第二天，他们误入禁区，受到惊吓的印第安人点起烽火，走向岸边，有些则跟着小船前进。“小猎犬号”的一行人在一处雅甘人营地附近上岸，展开一场尝试性的会面。这些印第安人起初有点敌意，但在船员送给他们手钻和他们绑在头上的红色丝带之后，他们就变得比较热情了。达尔文写道，其中一名返乡的印第安人杰米·巴顿（Jemmy Button）对这些同族人感到“非常羞愧，并宣称他自己的部落绝对不会如此，但其实他大错特错”。

他们都坐在营火边时，达尔文开了一罐牛肉，吃了起来。当时罐头制造技术才问世20年，罐装肉类也才刚刚成为大英帝国的标准船上伙食。它的味道顶多只能算是尚可，有点像现在的罐头玉米牛肉，但已经比之前十年的烟熏咸肉改善许多。不论旅途长短，咸肉往往都会在途中腐坏。

达尔文写道：“他们很喜欢我们的饼干，但有一个野蛮人用手摸了一下我吃的罐头里的肉，觉得它又软又冷，露出了感到恶心的表情，就跟我对腐坏鲸鱼油脂的感觉一样。”

第二天，他们划船到了乌拉雅湾（Wulaia Cove），并在这里跟“开化的”雅甘人分开，继续探索这个区域，一星期后才回到船上。

但这次牛肉罐头事件一直在达尔文的脑海里挥之不去。他对雅甘人的观察结果，使他不得不面对自己的偏见。和当时许多受过教育的欧洲人不同，达尔文认为这些原住民的奇怪品味和糟糕的环境，源自缺乏文明，而非野蛮天性。如果真是如此，他观察到的极端状况，就意味着人的行为和情感比他想象的更具可塑性。

将近40年后，在《物种起源》(*On the Origin of Species*)奠定了它的历史地位后，达尔文在他的新作《人类和动物的表情》(*The Expression of the Emotions in Man and Animals*)中提到了这次相遇。这本书主要论述的是自然选择理论的延伸，具有争议性，但符合逻辑：人类有无限多种细微的情绪表达，我们原本以为这些表达反映了灵魂，但其实是由动物的表达演化而来。雅甘人和他对牛肉罐头的反应都传达了厌恶，这种情绪源自对有毒食物的反应，但后来演化得更加复杂：

> 就最简单的意义而言，"恶心"这个词代表味道令人作呕。食物不寻常的外观、异味或特质如何立即唤起这种感觉，确实相当令人奇怪。我们在火地岛上露营时，一位原住民用手触摸我正在吃的冷罐头肉，立刻显露出对软软的肉感到恶心的表情，但我则对衣不蔽体的野蛮人触摸我的食物感到恶心，尽管他的手看起来不脏。

每个人排斥的不是肉的味道或气味，而是触摸和想象的感觉混合后，产生的某种短暂特质。对那名雅甘人而言，让他感到恶心的是这种奇怪的新食物在指尖上的感觉，以及他想到将这玩意儿放在舌头上这事。对达尔文而言，恶心的是吃下被这种退化人类触摸过的东西，而且这种人类说不定还吃过人肉。

“恶心”(disgust)这个词源自拉丁文动词 gustare，意为“味道”(taste)和“享用”(to enjoy)，前缀 dis 意为“分离”(apart)或“不”(not)，因此它的字面意思是对美味的否定。恶心是人类特有的反应，源于自古以来对苦味、酸味以及盐分过多的反感，后来扩展到有害的气味。不过恶心是有弹性的。达尔文说它是“令人厌恶的某种东西，主要与味觉有关，包含实际感知或生动的想象；其次是透过气味、触摸甚至观看，而造成类似感觉的东西”。如此看来，几乎任何东西都可能引起这种感觉，包括触摸、看见患病的人、污血、暴力、个人背叛、性变态以及人的阶级等等。味觉和嗅觉与这些看似无关的反应有什么关系？

基本的味道可引起欲求和满足感，香气则可唤起记忆和感觉，大脑轻松地把这些组合成感觉。味道其实全在脑中，是完全内在的经验。不过智人天生是群居性动物，一群群地住在一起、吃在一起，同时合作抵御危险。人类的感官与世界接轨，也和其他人类接轨。换句话说，恶心是一种沟通媒介，表达它的与众不同的奇怪表情从出生就已存在。达尔文在作品中写道：“我有个小孩五个月大时表达恶心的表情，是我见过最直接坦率的。

我第一次是把一些冷水放进他嘴里，一个月后则是一粒熟透的樱桃。这个表情让嘴唇和整张嘴呈现出可以让口中物体快速流出或落下的形状，同时舌头伸出。这些动作伴随着少许颤抖。”恶心不只是特定的脸部肌肉配置，也是人类自身的感觉世界和群体生命之间的调解。群体的存活或死亡，取决于这个团体沟通感觉和信息的技巧。

达尔文怀着热忱研究面部表情，其中也运用了一些发明。他请世界各地的科学家和传教士搜集原住民族情绪反应的证据；他询问他认识的年轻母亲，关于小孩面部表情的趣事；他搜集朋友们对自己养的狗的观察结果。他还委托制作或搜集了数百张图片或照片，不过这项工作遇到了一些障碍。面部表情跟它所表达的感觉同样转瞬即逝，而且当时的摄影技术需要长时间曝光。受试者必须让表情凝固在脸上，保持完全静止不动长达一分钟以上。达尔文没有这么做，而是从一位法国医生进行的实验中取得照片。这位医生在一位脸部失去所有感觉的患者脸上通电，产生固定的表情，而且时间可以随意控制，只不过照片看来有点令人不安。

《人类和动物的表情》一书中的某些论点是错误的。书中认为动物可能会继承双亲习得的新面部表情，但后来此点已被否定。不过近 40 年来，科学已经证明这本书中有个基本见解是正确的，就是面部表情有生物和演化上的根源。

20 世纪 60 年代末，心理学家保罗·埃克曼（Paul Ekman）造访了新几内亚东南部高地偏远地区的福雷（Fore）部落。他要检验达尔文书中的重要概念：人的面部表情既然是由动物的面部表情演化而来，那么它应该超越文化和条件作用，在地球上任何地点都可辨识。颇具影响力的人类学家玛格丽特·米德（Margaret Mead）则主张，文化是塑造人类情绪和行动的力量。在第二次世界大战后的一代人中，主张"人类行为受生物或遗传驱使"有时会被看作优生学，甚至被视为纳粹。达尔文这本书已经绝版数十年，几乎被人遗忘，书中的观点也被认为是不光彩的。

达尔文认为世界上有六种具有普遍性的表情，分别是快乐、悲伤、愤怒、恐惧、惊讶和恶心，他认为恶心（可能还包括快乐）与食物和味道有关。埃克曼从美国国防部获得了100万美元的拨款，用来研究面部表情。他先由与世隔绝的石器时代部落着手，如果他们的面部表情和现代社会人类的表情相同，就可以证明文化影响被过度高估了，有其他更基本的因素在发挥作用。

福雷部落由于在宗教仪式中食用死者的大脑，而引起了科学界的注意。20世纪60年代初，这种行为曾经导致了传染病库鲁病（kuru）的流行，这种疾病会破坏脑部组织，导致肿瘤、癫痫、痴呆，最后死亡。库鲁病和疯牛病都是由脑部组织中被称为朊病毒（prion）的错误折叠的蛋白质导致的。美国国立卫生研究院的研究人员在研究库鲁病流行时，制作了福雷部落的影片，埃克曼偶然间发现了这片子。

埃克曼花费了几个月的时间，研究影片中的面部表情。他观察了福雷部落对腐坏食物、痛楚以及同族人的反应。他表示：“我发现达尔文的看法是对的，因为我们可以在这个文化中看到每一种表情。但问题是，如何取得科学的证据来证明？”

他前往世界各地，测试美国、日本、巴西、阿根廷和智利等地大学生的反应，发现他们都能辨认相同的基本表情。但当他测试福雷部落和加里曼丹岛的三东（Sadong）部落时，发现他们对某些表情的诠释和大学生不同。他猜想，是不是他对影片的观察存在偏差。但其他因素也可能影响观察结果。与石器时代部落合作时往往存在特殊障碍。测试要求志愿者阅读基本说明和情绪表后，对面部表情的照片做出反应，但福雷部落的人不认识字，所以测试员必须把说明念给他们听。此外，某些情绪也很难翻译成他们的语言。埃克曼也无法确认，福雷部落是否完全未从外界获取可能影响他们答案的知识。最后他稍作调整，重新进行测试。他找来与传教士和其他外来者接触极少的儿童，并以一组针对福雷部落文化撰写的极短篇“故事”取代情绪表，用每个故事描述一种情绪。描述恶心的故事是“他（她）看着他（她）不喜欢的东西”或“他（她）看着发出怪味的东西”。

这些测试显示，福雷部落的面部表情和美国或日本等发达国家的人，几乎完全相同。其中有细微的差异，这表明文化在形塑这些反应的过程中占有一席之地：福雷部落对恐惧和惊讶的区分，和其他文化不同。虽然福雷部落可在其他表情中辨认出恶心，但他们觉得恶心的东西则各不相同。此外，达尔文还有一点显然也是正确的：基本上，大英帝国人民和火地岛居民间的差异，其实不大。

* * *

基本的“恶心”表情向其他人传达了一个非常清楚有用的警示：把它吐掉！看见这个表情时，会因为移情作用而脸部扭曲，这类传递信息的方式确实是人类演化的遗绪。人类有许多强大的脑力用于产生及理解面部表情。人类、类人猿和某些猴子的主要视觉皮层（大脑中初步处理视觉的区域），以及控制脸部表情的神经元结节，都比其他哺乳类动物大上许多，它们生活的群体比其他灵长类动物大，社会阶层也比较复杂。对早期智人族群而言，狩猎、采集和准备食物，以及后来的共享和品尝食物等节律，应该助长了更细微精确的沟通形式。在某一时刻，许多哺乳类动物因为恶心而呈现的扭曲表情，开始产生新的用途，其中最重要的，就是警示疾病。

群居人类不断面临着疾病的威胁。与食物中的毒素不同，疾病的攻击途径很多。细菌和病毒可通过食物、身体接触和昆虫蜇咬，在不知不觉中散播。早期人类已能辨识可能遭到感染的警示，例如变质的食物、化脓的伤口、发烧、起疹子、呕吐等。这些状况都会引起最初的形势较新、更加广泛的恶心感。

150

151

伦敦卫生与热带医学院（London School of Hygiene & Tropical Medicine）的生物学家瓦莱丽·柯蒂斯（Valerie Curtis）设计出一种巧妙的方法，用以观察这类古老转变在纷乱现代生活中的样貌。2003 年，她在 BBC 网站上上传了 20 张随机选取的人和物体的照片。网站访客为每张照片的恶心程度评分，分数是 0~5 分。

这些照片中有几组是两张类似的照片，其中一张经过修改，让人联想到疾病。其中有一张照片是一盘蓝色液体，另一张照片则是看起来像脓和血的东西。还有一张照片是健康的男性脸部，但在修改过的照片中，他的皮肤上有许多疹子，看起来好像在发烧。为了让人联想到传染病，柯蒂斯加入了一张空无一人以及一张挤满人的地铁车厢照片。全世界有将近四万人参与了这次评分，不出所料，大多数人认为与疾病有关的影像比较恶心，而且女性的反应比男性更明显。柯蒂斯认为这样的高敏感度，或许可以帮助早期人类女性防止婴儿和小孩生病。加州大学洛杉矶分校的人类学家丹尼尔·费斯勒（Daniel Fessler）发现，女性在怀孕前三个月时更容易感到恶心，因为此时女性的免疫系统功能减弱，以避免攻击胎儿。当患病风险升高时，大脑和身体会以提高警觉性来回应。

152

随着人的年龄渐长，警觉性也随之降低。在柯蒂斯的研究中，参与者年龄越大，对疾病照片的反感程度越低。柯蒂斯认为这是因为年长者生育能力较低，所以从自然选择和族群生存的观点看来，老年人较不需要留意疾病的警示。另外，柯蒂斯还请大家从清单中选出最不愿意与其共享牙刷的人，清单内容包括邮递员、老板、电视天气预报员、兄弟姊妹、最好的朋友以及配偶。关系越疏远，共享牙刷给人的感觉越恶心。陌生人使未接触过的免疫系统生病的风险，高于朋友或亲戚。

柯蒂斯把这类反应称为“行为免疫系统”(behavioral immune system)，它是一组结合感觉与群体动力学的暗示。这些习惯建立在观察、自制，以及最终的成功之上。许久以来，行为免疫系统一直在调整及扩大其范围，以应对永无止境、不断改变的威胁。当“恶心”表情被用在新的事物和状况上时，人类会再加上语言和手势，创造出不断增加的表达技巧。

厌恶和恶心的表情是一个古老回路的产物，此回路可触发神经元、血流，以及范围涵盖脑岛和眶额叶皮层的大脑神经递质的活动。恶心也使用同一个回路，但把这个线路用在了新的地方。有一位亲切、随和的男性受试者，协助科学家探索了这个“黑盒子”的内部，科学家称他为“B 患者”。

1975 年，B 患者当时 48 岁，罹患了严重脑炎，病因是单纯疱疹病毒感染导致的脑部发炎。B 患者昏迷了三天，清醒后逐渐好转，一个月后出院，但他的大脑和心智受到严重损害。感染破坏了杏仁核和两个半球的海马体，这些都是与记忆和情绪有关的结构。B 患者记得小时候发生的事件和发生日期，但后来的记忆几乎完全消失。他一直生活在现在，对新事件的记忆只能维持 40 秒。他的知识大多是概括性的，例如他记不得自己的婚礼，但知道婚礼是什么。尽管如此，刚刚认识他的人或许不会立刻发现问题。他看起来很快乐，经常大笑，是西洋跳棋的狂热爱好者，而且非常欢迎神经科学家在他身上进行测试。他很喜欢科学家提供的脑力挑战。

B患者的怪异转变也涉及味道。他的部分脑岛和眶额叶皮层受损，分辨不出盐水和糖水的差别。他喝这两种水时都带着微笑，如果有人要求他指出比较喜欢哪一杯，他会随便乱选。B确实还有一些味觉，但大多是失效的。2005年，神经科学家拉尔夫·阿道夫斯（Ralph Adolphs）和安东尼奥·达马西奥（Antonio Damasio）进行了一项实验。这项实验同样给B盐水和糖水，但这次把水染成红色或绿色，如此一来，状况完全改观。

测试员要B试喝两种水并选出比较喜欢的一种时，他在19次中有18次选择了糖水。测试员要B啜饮一口盐水时，他激动地拒绝了。色彩创造（或呈现）了他对糖水的偏好，但他完全没有察觉或意识到甜味本身。阿道夫斯和达马西奥推测，B的大脑中有些能分辨咸甜的部分没有受损，但已经和有意识的受损大脑分离。就像流落孤岛的人发射信号弹，试图引起经过船只的注意一样，色彩促使大脑这个部分向外界发送它的真实感觉。

B的厌恶感实际上已经受损，他的恶心感应该也是如此。他已经忘记恶心是什么，连曾经感觉过的恶心都不记得了。他曾经推回一杯纯柠檬汁，宣称它“很好喝”。当B读到讲一个人正在呕吐的故事，他说他想到的是这个人肚子饿或是很高兴。实验人员表演各种面部表情给 B 看，B 认得出某些表情，但认为恶心的表情是“又饿又渴”。有一位研究人员将嚼过的食物吐出来，[155] 发出干呕的声音，又做出恶心的表情，B 患者再次认为那些食物“很好吃”。

B 患者的大脑损伤十分严重，无法精确指出感觉、想象及辨识恶心等各项功能在何处及以何种方式结合，因此神经科学家开始寻找。寻找过程引导科学家来到了一个熟悉的地点。一项在法国国家科学研究中心进行的实验中，有 14 名志愿者一面观看影片，一面接受大脑扫描，影片内容是其他人嗅闻装有恶心、愉悦或中性液体的玻璃杯后的反应。接着，这 14 名志愿者自己嗅闻这些玻璃杯并接受扫描，再比对两次扫描的结果。扫描结果显示，观察和体验只有一个地方互相重叠：脑岛前部，也就 [156] 是处理味觉的区域。这个地方似乎也是内在感觉和外部移情反应结合的位置。

感受和观察恶心表情，会产生类似的大脑活动模式，以及类似的主观感觉。这是移情作用的基本形式。大脑扫描显示，[157] 一个人的同理心越强，对恶心越敏感，脑岛活化程度也越高。别忘了，脑岛也是许多体内状态和感觉的集中点。它的神经元把味觉系统和牵动脸部肌肉、辨识表情、唤起记忆，以及让我们说话、想象和讲故事的各种大脑结构连接起来。此外，它还含有另一种仅存于人类、类人猿、大象、鲸鱼和海豚大脑中的神经元。这种长纺锤形的 von Economo 神经元大多位于脑岛，传递信息的距离远比一般神经元要长，可能是为了连接脑容量较大的动物不断扩大的脑部皮质。纺锤体神经元似乎有助于解译和回应情感暗示、塑造我们的关系和社会人格。

158

这表示本能的味觉反应潜藏在我们最复杂的行为之下，操纵我们从政治到金钱等各方面的想法与判断。加拿大多伦多大学的心理学家汉纳·查普曼（Hanah Chapman）想验证这个想法，她于2009年针对位于嘴部及上唇两侧的对生肌肉，进行了一项实验。这些肌肉称为提上唇肌（levator labii），当我们做出恶心的表情时，这些肌肉会收缩并皱起鼻子。实验第一阶段，用电极测量肌肉对苦味饮料和排泄物、外伤、昆虫照片产生的紧绷反应。接下来查普曼重新进行实验，这次是和志愿者一起玩“最后通牒游戏”（Ultimatum game）。游戏中的两名参与者共有十块钱，其中一人提议分钱方式，另一人决定接受或拒绝提议。如果接受提议，则两人依此方式分钱，如果拒绝，则双方都得不到钱。测试者以仪器监控游戏参与者的脸部肌肉，同时让参与者评价对分钱方式和结果的情绪反应。提议越不公平，参与者越感到厌恶，提上唇肌抽动，而且越可能拒绝提议。当提议者只给对方十块钱中的一块钱时，对方提上唇肌的收缩会大幅增加。

这个信号相当清楚，不公平造成的肌肉抽动，和尝到难吃的味道相同。违反公平的日常道德规范没有引发愤怒，而是会造成强烈的反感并使人拒绝不公平的提议，同时拒绝提出此建议的人。此时味觉转变成了原始的道德形式。

159

20 世纪 80 年代，美国宾夕法尼亚大学的心理学教授保罗·罗津（Paul Rozin）对这些不同程度的恶心感到非常好奇。当时没有其他人对这个领域有兴趣，这个主题也被视为不重要的死胡同，但他决定探究到底。罗津在 1985 年的一项实验中，探究了儿童如何产生玷污感（雅甘人触摸达尔文罐头里的肉时，达尔文心中出现的就是玷污感）。

罗津在苹果汁旁放了一把梳子，又在饼干旁放了一只死蚱蜢，这是一个为引起特定程度的恶心感而设计的情境。接着他让一群年龄介于 3~12 岁半的儿童，观看这两组物品。

首先，一位研究人员告诉这些儿童，她用梳子搅拌过果汁后，他们就可以喝这杯果汁。在一个测试中，梳子是全新的；另一个测试中，志愿者被告知梳子是用过的，但已经洗干净；第三个测试中，则是梳子被测验员自己拿来梳过头发。接下来，测验员把一只死蚱蜢放在一盘奶油酥饼旁。研究人员把绿色的糖撒在饼干上，说这些粉末是把蚱蜢磨碎做成的，但味道跟糖一样。最后，实验人员倒出一些果汁，拿出另一只死蚱蜢，把它放在杯子里，蚱蜢漂浮在果汁表面。她递给一名儿童一支吸管后说：“你想喝点什么吗？”

儿童年龄越大，拒绝受污染物品的比例越高。年龄介于 3~6 岁之间的幼童，有 80% 喝了以可能用过的梳子搅拌过的果汁，但年龄较大的分组则只有 10% 喝了（但这个组有整整 20% 的人，决定尝试表面浮着蚱蜢的苹果汁，这可能是受青春期胆量的影响）。但针对成人进行相同的测试时，受试者更加敏感。67 名儿童中，只有五人拒绝饮用以全新梳子搅拌过的果汁，成人则有将近一半拒绝。

恶心感随年龄而改变。儿童长大成人后，社会互动变得更加复杂，与此同时，他们也在学习社会规范。这两者都会被印记在大脑中。人类成年后，恶心感的范围呈指数级扩大。罗津和同事乔纳森·海特（Jonathan Haidt）把它分成四大类，分别是不当的性举止、卫生不良、死亡，以及创伤、肥胖或畸形等违反身体基准的状况。

罗津发现了隐含在其中的想法。我们不喜欢想起人类是身体脆弱的动物，会流血、排泄、性交和生病，这些都会让我们想到死亡。我们是唯一知道自己终将一死的动物，恶心是我们逃避令人联想到死亡的事物的手段。

人类要吃到东西，必须牺牲动物或植物的生命。屠宰和熬炼动物的过程我们是眼不见为净，侧腹牛排、分切过的鸡和猪肋排都脱离了实体，放在超市的玻璃罩和保鲜膜内，就像魔术变出来的。在美国，只有某些类型的动物被认为可供食用，包括牛、猪和鱼，但不包括马、狗或大鼠。某些器官相当美味，例如肝脏和牛胰脏；膀胱、心脏和脑部等器官则令人排斥。这些规范随地域和文化而各不相同，看来似乎毫无规则可言。猪蹄在美国南部是常见的食物；墨西哥有牛杂汤；而在中国，鸡的每个部分都可以食用。

在某些极端的例子中，可能出现整个国家非常喜爱某些令外国人退避三舍的事物的情况，这使恶心与美味之间的界限变得十分模糊，而且可能随地理环境、气候和文化而变。在冰岛广受欢迎的食物“臭鲨鱼”(hákarl) 的材料，是发酵的格陵兰鲨鱼肉，以带有强烈的氨水味著称。臭鲨鱼已经成为对地道美食爱好者的挑战，连著名厨师也经常败下阵来。安东尼·波登（Anthony Bourdain）说，这是他这辈子吃过的“味道最恐怖、最恶心、最可怕的东西”。旅游频道《古怪食物》（*Bizarre Foods*）的节目主持人安德鲁·齐默恩（Andrew Zimmern）闻过臭鲨鱼的味道，说这让他想起了“这辈子闻过的味道最可怕的东西”，但他后来觉得它的味道还算可以接受。《厨艺大师》（*Master Chef*）的戈登·拉姆齐（Gordon Ramsay）吃了一口就吐掉了。

由于生理结构特殊，格陵兰鲨鱼肉含有毒性。鲨鱼并非通过尿液排出体内废物，而是通过肌肉和皮肤。格陵兰鲨保留了浓度极高的尿素（尿的主成分）以及氧化三甲胺（TMAO），这种强烈的神经毒素可导致近似极端醉酒的症状，有时可导致死亡。中世纪末，冰岛人解决这个问题的方法是把鲨鱼肉埋在沙中，并在上方放置石块，压出毒性成分，如此放置数个月，如同雅甘人处理鲸鱼的肉和脂肪一样。这些鲨鱼肉历经数月冰冻、解冻、再重新冷冻后，其中的乳酸菌和不动杆菌大量增生，产生可分解尿素和氧化三甲胺的酵素。然而有两种副产品会使它的气味更加难闻，尿素分解为氨，氧化三甲胺则分解成三甲胺，也就是使腐坏鱼肉产生特殊气味的混合物。

位于熔岩地层附近的偏远海上小镇比亚德纳赫本（Bjarnahöfn），是冰岛屈指可数的臭鲨鱼制造地之一。克里斯蒂安·希尔地布兰森（Kristján Hildibrandsson）经营的工厂，每年大约处理一百条鲨鱼，还有一所专门展示这种传统美食的小型博物馆。希尔地布兰森的父亲和祖父以前用 6 米长的平底渔船拖钓鲨鱼，现在则在码头向大型拖网渔船购买。他用木箱压紧鲨鱼肉 4~6 星期，接着把橙、黄、灰三色夹杂的鱼肉条悬挂在博物馆后方的棚子里风干 3~5 个月，棚子周围半径 15 米内，都弥漫着强烈的氨味，连雨天也一样。数百年前，半腐坏的鲨鱼肉是维京人殖民地冬季仅有的食物。今天，臭鲨鱼则是切成小块，在隆冬时节为祭祀北欧雷神索尔（Thor）而举行的冬至盛宴（Þorrablót）中，搭配“黑死酒”（*brennivί*，冰岛的一种香料烈酒）食用。希尔地布兰森会请访客试吃一小块臭鲨鱼搭配黑面包。他说：“有些人喜欢吃过臭鲨鱼后来点黑面包，可以清除嘴里的味道。”腐败的氨味会出现两次，压倒所有气味，第一次是拿出鱼肉时，第二次则是咀嚼鱼肉时。

决定哪些食物恶心、哪些又是珍馐的规则，没有生物学上的基本原理，而是复杂社会的产物。这些社会提供了多种食物，并且有足够的条件依据传统划定这类界限。罗津表示：“动物制品几乎全都令人厌恶，但它们也是最有营养的食物，所以我们有什么理由排斥像肉类这样富含营养和热量的食物呢？”

恶心的来源永无止境。罗津发现，惧怕污染是最持久的原因。物品只要被视为受到污染，这种特质就可能传播到它接触的所有物品上。这种不洁感或许只是隐喻，但对大脑而言非常真实。研究人员证明，强迫症等心理疾病患者具有过度恶心感，因此往往借由洗手等重复行为，驱除这种污染感。出现这类强烈且混乱的恶心感时，社会必须设法加以处理。举例来说，与犹太洁食(kosher)有关的希伯来律法,明确定义了哪些食物洁净，哪些食物已受污染。在《圣经》中，上帝命令犹太人只能食用可反刍的偶蹄类动物以及有鳞片的鱼类，不可食用猪、兔和贝壳类等其他动物。食用的动物必须健康没有疾病，同时必须依据仪式，以一刀封喉的方式宰杀。

恶心也会变质。它可能发展成分裂国家和民族的文化力量。埃克曼表示："我认为恶心是一种极度危险的情绪，它可能导致种族灭绝。当你认为某种人令人厌恶,就会不把他们当人看待。希特勒的宣传部部长约瑟夫·戈培尔(Joseph Goebbels)曾经写道：'犹太人就像虱子和疾病。'这些都是让人恶心的字眼。"

再回顾一下达尔文的雅甘人和牛肉罐头事件。达尔文是典型的人类学者，正在寻找超越文化的共通科学解释，但他和雅甘人的反应显示他们之间无法沟通。他们生活在不同的世界，对牛肉罐头的感觉，因为童年经验和各自的社会规范而有所不同。他们的反应，呈现出味道在长远演变过程中的转折点，如同正在兴起的现代世界及其奇特的食物发明，与塑造人类味觉但正在逐渐消失的自然世界互相交会。

对达尔文而言，雅甘人的触摸近似于污染，使原住民显得肮脏的因素转移到了肉上。触摸食物的是人而不是动物，更使恶心感变本加厉。达尔文于 1862 年写信给同行时这么说：“我在火地岛上第一次看见裸体、涂有彩绘、颤抖的可怕野蛮人，想到我的祖先应该也是类似的生物。这个想法跟我现在认为的，我们更久远之前的祖先是毛茸茸的野兽一样恶心，不，其实更令人恶心。”[161]

达尔文的反应是他所处时代的产物。大英帝国当时正值盛世，在世界上曾经相当偏远的地方，许多与达尔文背景相似的人遇见了部落族人，并设法征服和“教化”他们。18~19 世纪时，人们对于部分或全部时间远离文明生活，依靠采集维生的“野孩子”(wild children) 都很着迷。他们横跨自然与文明的界限，在两者中来来去去。以 21 世纪的术语来说，野孩子有食品问题。法国心理学家吕西安·马尔松（Lucien Malson）搜集了从 1344 年“狼孩海塞”(Hesse wolf-children) 到 1961 年“德黑兰的人猿孩子”[162]（Teheran ape-child)，跨越六个世纪的 53 名野孩子的数据，找出他们故事中的共同点。

野孩子通常依靠土地维生，取食几乎无法食用的物品。马尔松写道：1672 年在爱尔兰发现的一名羊孩子，“对寒冷完全无感，而且只吃青草和干草”。1717 年在荷兰兹沃勒（Zwolle）发现的女孩在 16 个月大时遭到绑架，后来被遗弃，“当时她穿着粗麻布，以树叶和草维生”。他们重返社会时，口味跟一般人完全不同，就像雅甘人与达尔文一样。他们拒绝正常食物，只吃某些可怕的食物，而且不介意血、排泄物和污物等一般人厌恶的东西。他们在生活中不曾跟人类互动，因此也没有行为免疫系统或文化线索告诉他们该如何反应。

野孩子阿韦龙（Aveyron）是其中最著名的例子。1800 年左右，当这个野孩子被送来时，年轻的让 - 马克 - 加斯帕尔·伊塔尔医生（Jean-Marc-Gaspard Itard）正在巴黎的国家聋哑研究所（National Institution for Deaf-Mutes）工作。1797 年，猎人在法国比利牛斯山拉科讷（Lacaune）的森林里抓到了这个赤身裸体的男孩，但他后来逃跑了，并于 15 个月后被再次抓到。这个男孩原先被诊断为“白痴”（idiot），不可能重返社会，但伊塔尔认为野性可以被治愈。他每天与男孩共度好几个小时，试图协助他社会化。他给这个男孩取名维克多（Victor），并详细记录他们做的每一件事。这是史上最早把科学方法运用到心理学上的例子之一。

最初，只有食物能吸引维克多的注意。他完全忽略其他声音，只听得见敲开核桃的爆裂声，他也吃橡子、马铃薯和生栗子。维克多只吃伊塔尔医生喂他的温牛奶和煮熟的马铃薯，其他东西都会吐出来。他的感觉非常混乱，有时会把手伸进沸水拿马铃薯，而且毫无痛感。慢慢地，他的感觉能力开始进化。几个月内，他已经变为只吃熟食，此外他还把餐桌礼仪发挥到极致。

伊塔尔写道：“这个孩子到巴黎后的一小段时间，吃的东西非常恶心。他拖着食物在房间里四处走，用沾着污物的手拿东西吃。但是到后来，只要有灰尘或尘土掉在他的食物上，他就会把盘子里的东西丢进锅子。他用脚压碎核桃之后，会尽力以最优雅、最细腻的方式清理核桃。”维克多的恶心感变得非常强，伊塔尔甚至觉得他做得太过头了。

与此同时，营火边蹲在达尔文旁的雅甘族人，厌恶罐头牛肉的外观和湿冷的触感，没办法确定那究竟是不是食物。它只有一点点像动物的血肉，不论生的还是熟的。当时许多欧洲人没看过牛肉罐头，应该也会有相同的反应。

肉类罐头是新发明。1795 年，法国大革命后成立的委员会“五人执政内阁”（Directory）面临一个问题。五人执政内阁的军队在国内和叛乱分子作战，同时拿破仑也在率领军队抵抗意大利和奥地利等国的敌军。烟熏、腌制、盐渍和其他保存食物的古老方法都宣告失败，补给粮食腐坏，整个军队没有东西可吃。五人执政内阁悬赏征求可靠的食物保存方法，这项工作最终花费了 14 年才完成，而五人执政内阁只存在了 4 年。

45 岁的糖果师与前革命分子、在巴黎开设“名望”（Fame）甜点店的尼古拉·阿佩尔（Nicolas Appert）[1] 接受了这个挑战。他经常使用糖、糖浆和果脯，知道如果保存方法正确，某些食物

---

[1] 阿佩尔还发明了薄荷甜酒，可用来作为冰激凌配料。

可以无限期保存，但他不知道是否有适用于各种食物的单一方法。有一种众所周知的葡萄酒保存方法是加热。阿佩尔从这里着手，用不同的瓶子、罐子和铁罐做实验，最后发现：如果把食物放在罐子里，以软木、铁丝和蜡完全密封，再放在水中加热五个小时，食物就可保存数星期甚至数个月。

这种处理方法可以杀死造成腐败的微生物，同时断绝氧气来源，防止新微生物生成。阿佩尔不清楚这些看不见的过程，但他的方法显然有效。巴黎的主厨们非常喜欢这种方法，他们从此摆脱季节限制，一年四季都能用到需要的食材。一位美食家极力赞扬名望甜点店橱窗里的瓶瓶罐罐："青豆非常翠绿、柔软，比盛产期吃到的青豆风味更棒。"阿佩尔制作了青豆、鹧鸪和肉汁罐头，送到法军手中。后来海军测试了这种技术，并加以采用。1810年，当时的皇帝拿破仑向阿佩尔支付了悬赏奖金1.2万法郎（折合现今币值约3.2万美元）。阿佩尔撰写了《长期保存各种动植物材料的技术》（*The Art of Preserving All Kinds of Animal and Vegetable Substances for Several Years*），并开设了罐头工厂。但是玻璃瓶存在易碎的问题。英国商人彼得·杜兰（Peter Duran）采用类似技术，但改用表面镀锡防锈的铁罐，并在1810年取得专利。几年后，英国海军采用这种方法保存肉类，"小猎犬号"出海航行时，罐头已经成为军舰标准伙食。

"罐头崛起"是全世界饮食习惯与味道出现重大转变的一部分。数十年间，新的科技和耕种技术，以及铁路和蒸汽轮船问

163

世，使更多人得以取得肉类，尤其是牛肉。与此同时，科学家也开始用动物皮肉当成营养、外形和风味模板，来进行实验。

与达尔文同一时代，1803 年生于德国的杰出化学家贾斯特斯·冯·李比希（Justus von Liebig）把这个重大变化推广到各地。李比希进行了一连串具有开创性的有机化学研究，找出了对植物生长最为重要的元素，并发明了氮肥，农业就此全面改观。接下来，李比希把注意力转到食物上，他的目标是以科学操纵自然，因为他认为，大自然在提供营养方面效率十分低下。他希望新科技最终能让人类合成所需的各种食物，并开始依据科学原理设计食物和撰写风味方程式。

李比希推测，肉类最重要的营养成分都在肉汁中，烧灼是防止肉汁蒸发的最佳方式，也是唯一的办法，因此厨师应该在烹煮肉类前先把表面煎成褐色，封住肉汁。然而数百年来，厨师大多先让肉类与火焰保持一定距离，加以烧烤，最后再很快地把表面煎成褐色，跟李比希的想法完全相反。但到了 19 世纪中期，厨师反而经常把肉类烧焦。李比希的说法其实不正确。肉汁没有那么有营养，肉类表面煎得太焦，反而很容易变干。（适当地煎肉类表面确实可使肉类更好吃，释放出鲜味和美拉德化学物质，因此目前仍是标准程序。）

李比希在这个领域中最重要的成就，就是发明新型食物。在他的事业开始之前，阿佩尔和其他食物保存者做的事情，不仅前无古人，而且从根本上来说非常奇怪。保存其实是中断发酵等创造味道的过程，阻止时间流动。李比希则更进一步，使肉类变得更抽象，消除了它麻烦又触目惊心的外观。他把肉类熬煮成精华后做成方块，日后再用这些方块制作清汤，他认为这种清汤可以满足全世界的需要。李比希的肉类萃取物最初开发于19世纪50年代，由南美洲的牛脂工厂制造，造成了轰动。李比希的块状浓缩汤目前仍在英国生产。尽管李比希发明这类方块的用意是保存营养，但它的优点既不是味道，也不是营养。然而如同现在许多源自它的加工食品一样，它的味道温和均一，容易预测又十分可靠。

达尔文的雅甘人同伴仔细检查这种奇怪的湿软物质时，可能不知道他眼前的东西是未来的食物和风味。文明世界认为狩猎、屠杀、分切和食用动物很恶心，但这些过程有助于塑造人类的身体和大脑，雅甘人现在依然在这么做。这些过程是野蛮的象征。科技现在已经发明出许多方法，使这些过程几乎完全从人们眼前消失。人们对食物来源所知越少越好。

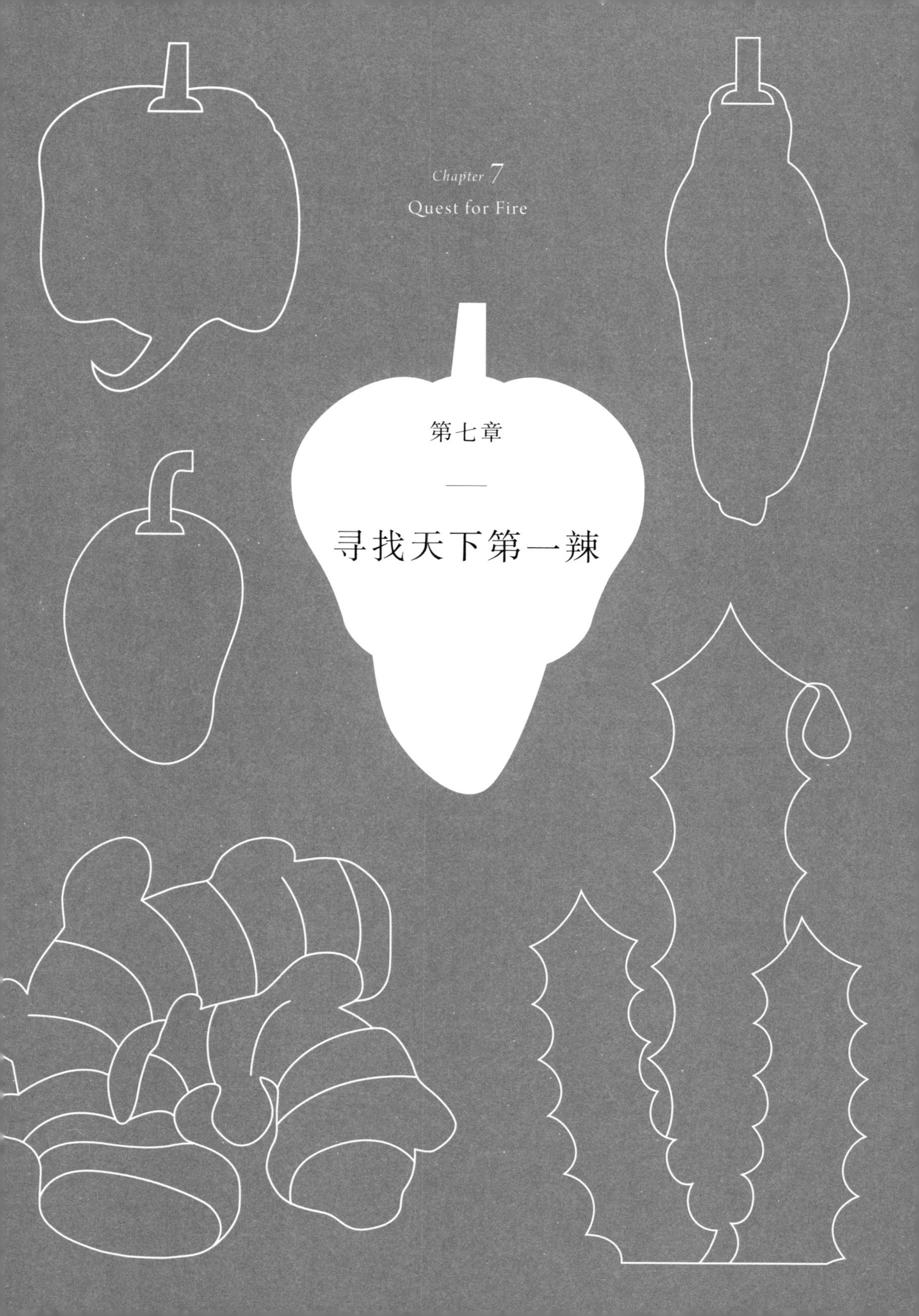

Chapter 7

Quest for Fire

第七章

寻找天下第一辣

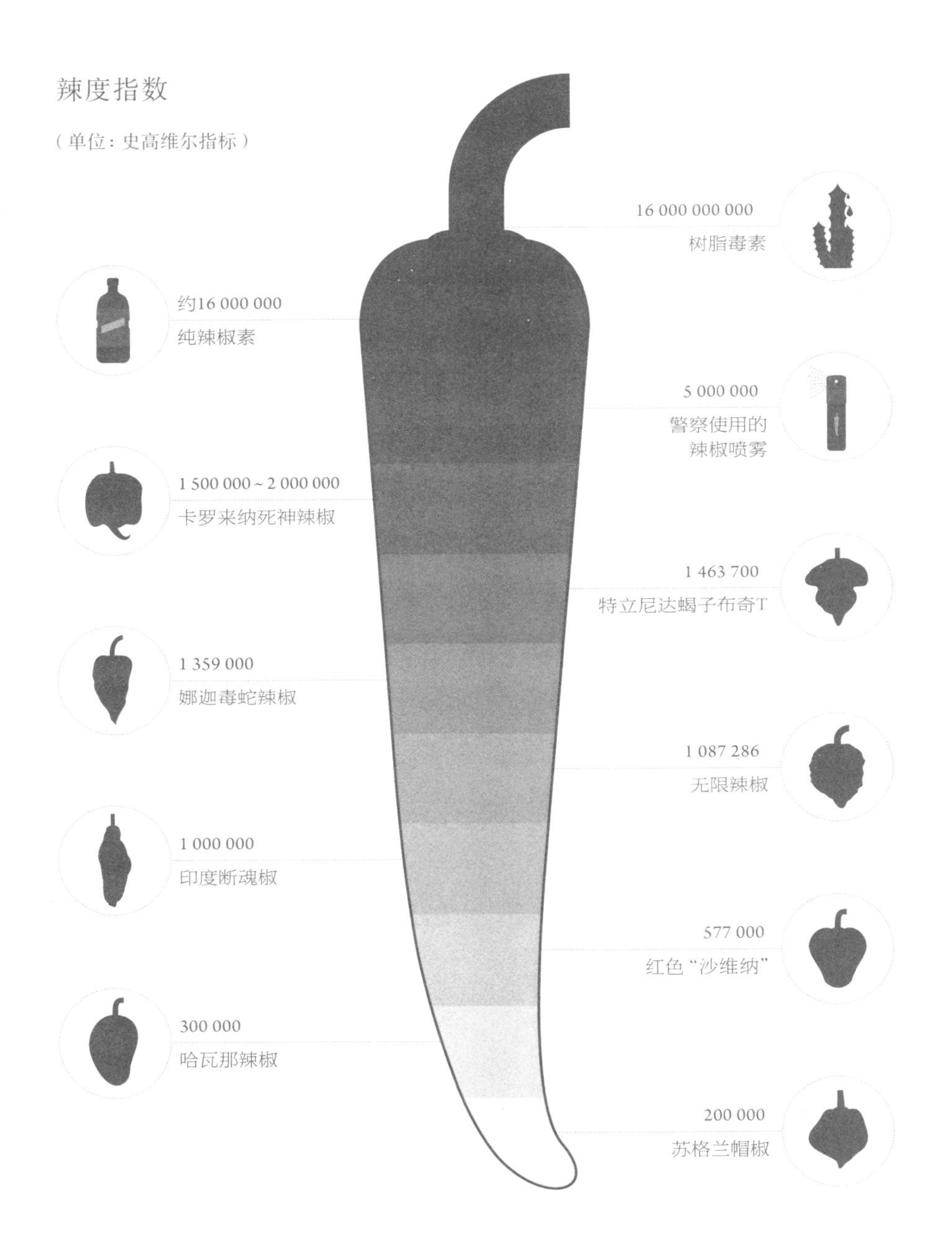

辣度指数
（单位：史高维尔指标）
16 000 000 000
树脂毒素
约16 000 000
纯辣椒素
5 000 000
警察使用的
辣椒喷雾
1 500 000 ~ 2 000 000
卡罗来纳死神辣椒
1 463 700
特立尼达蝎子布奇T
1 359 000
娜迦毒蛇辣椒
1 087 286
无限辣椒
1 000 000
印度断魂椒
577 000
红色“沙维纳”
300 000
哈瓦那辣椒
200 000
苏格兰帽椒

21世纪初，一群来自世界各地的业余园艺好手，展开了一场绝无仅有的竞赛。他们在院子里辛勤劳动、交换种子、上网搜寻资料，不过他们的目的，听起来反倒像是在食品科学实验室才会发生的事：培育出天下第一辣的辣椒，推翻红色“沙维纳”（Red Savina，又称红色杀手辣椒或红魔鬼）在1994年《吉尼斯世界纪录大全》（*Guinness Book of World Records*）留下的纪录。这种红色辣椒的外皮光滑，大小如乒乓球，辣度是墨西哥青辣椒（jalapeño）的200倍。

对于这个日益壮大的群体来说，尝试超辣辣椒除了是对烹饪鉴赏的锻炼，还是一种勇气上的考验。这群热衷于培育辣椒的园丁们认为，辣椒的潜力根本还没完全发挥出来。为了让辣椒的潜力完全展现，他们不停地配种、嫁接，希望培育出一代比一代辣的辣椒。有人用炽热的灯光照射辣椒、有人减少水分供应，各种无奇不有的招数都使出来了，目的就是要让辣椒的威力发挥到极点。一旦培育出具有冠军相的辣椒，就会进一步将它送到实验室去鉴定它的辣椒素（capsaicin，使辣椒具有烧灼感的化学成分）浓度。最终目标，是要打破红色“沙维纳”当年创下的纪录：577 000 史高维尔（Scoville heat unit）。

历尽千辛万苦后，隶属哈瓦那（habanero）辣椒家族的红色“沙维纳”，终于在 2006 年被打败了。取而代之的，是印度农夫培育出来的印度断魂椒（Bhut Jolokia），这种辣椒是乳白色的，所以有个别名叫“鬼椒”（ghost pepper）。它在印度东北的阿萨姆邦（Assam）地区被广泛种植了数十年，辣度有 100 万史高维尔指标。不过，这时候大家种辣椒已经种出心得来了，纪录很快就被刷新，在 2010 年到 2011 年间，冠军宝座在短短的四个月之内就易主三次。

首先，是英国林肯郡（Lincolnshire）的尼克·伍兹（Nick Woods）培育出来的无限辣椒（Infinity Chili，辣度达 1 087 286 史高维尔指标）。但是没多久，它的地位便被英国坎布里亚郡（Cumbria）一家酒吧的老板杰拉尔德·福勒（Gerald Fowler）培育出来的娜迦毒蛇辣椒（Naga Viper，辣度达 1 359 000 史高维尔指标）取代了。继而代之的，是澳大利亚农场主马塞尔·德·威特（Marcel de Wit）培育出来的特立尼达蝎子布奇 T（Trinidad Scorpion “Butch T”，辣度达 1 463 700 史高维尔指标）。德·威特将他培育出来的辣椒带到墨尔本去制作辣椒酱时，厨师们甚至得穿上化学防护装备，以避免吸入烹调过程产生的辣烟，或碰触到溅起的汁液。

与此同时，住在美国南卡罗来纳州，在银行负责贷款业务的爱德·柯里(Ed Currie),也准备好要挑战吉尼斯世界纪录了。他利用木架和白色塑料布在自家院子中盖了一间温室,在里面种了数百种辣椒。他的辣椒酱生意越来越好,但是他希望可以获得更多肯定,最好还能成为世界纪录的保持者。终于,柯里种出了他认为应该可以稳坐冠军宝座好几年的辣椒,他称它为卡罗来纳死神辣椒(Smokin' Ed's Carolina Reaper)。这种辣椒属于以灼热感著称的黄灯笼辣椒(Capsicum chinense)的变种,它的外表呈火红色,皮皱皱的,形状像拳头,长度约2.5厘米。经过附近的一间大学证实,它的辣度在150万史高维尔指标以上,有些甚至高达200万。柯里将文件寄至吉尼斯世界纪录认证委员会,但是纪录的确认通常得花上几个月,甚至几年。这段时间,他除了耐心等待,也在继续想办法让他种的辣椒再辣一点。

生物学上,辣椒的辣不属于味觉或嗅觉,而是一种本能和内在的令人不适的灼热感。动物讨厌这种感觉,但是人类却对这样的刺激跃跃欲试。至于为什么辣椒会在各种料理中这么普遍,以及为什么有些人即使受尽折磨,也要尝一口那辣死人的滋味,科学上有几种解释,不过到目前还没找到完全让人信服的理由。其中一个理论是地域性:吃辣会使人流汗,可以帮助散热,所以辣椒在热带地区比较常见。但是这个说法不能解释,为什么寒冷地区的人也逐渐吃起辣来了。另一个理论认为,吃辣可以刺激感官。营养学作家哈罗德·麦吉(Harold McGee)表示，嘴巴里和舌头上的神经受到灼热的刺激后，味觉会短暂的对触觉和温度变化等变得比较敏感，这么一来，食物的味道尝起来就会更鲜明、更令人愉悦。但另一方面，也有科学证据指出，[165]辣椒造成的灼热感，其实会让神经的感觉变得比较迟钝。[166]

在生物学上完全讲不通的人类吃辣习性，可谓一宗味觉悬案。甜味、苦味、酸味、咸味或鲜味都有悠久的历史，它们的存在比人类早了数亿年，但是辣味对智人来说，还是一种颇为新颖的味道。辣椒的起源地在南美洲安第斯高原（Andean highlands），横跨现今秘鲁和玻利维亚地区，距离现代人起源的东非大裂谷（East African Rift Valley）非常遥远。人类首度品尝辣椒，大概是在 1.2 万年前，从亚洲迁移到美洲的路上；而辣椒真正变得比较普遍，则是 500 年前左右。人类在不断尝试新的口味，爱上新的味道。辣椒的兴起意味着，味道感觉还在继续扩大其范围，并与新的感觉相结合。这当中的含义相当复杂。人类的味觉和嗅觉，与生理学之间有很密切的关联，不管在新陈代谢、情绪和社交上，都扮演着重要的角色。突然闯进一种数百或数千年来的全新味道，而且是以强烈而神秘的神经化学信号刺激我们的大脑和身体时，会带来什么样的冲击呢？就像过去几个世纪以来，我们饮食中的用糖量大增一样，辛辣口味对人类的生理和饮食趋势也是一大考验，不同的是，辣味带来的影响，有可能是利多于弊。

* * *

就像西蓝花的苦味一样，辣椒的辣也是植物的防御武器。6500万年前，正当恐龙变为历史时，开花植物还只是植物界里地位卑微的成员，为了应付气候变迁和日益增加的哺乳动物，玫瑰长了刺，辣椒则使出了辣椒素。

辣椒和曼陀罗同属以化学防御能力著称的茄科（Solanaceae）植物，两者都会制造毒素，曼陀罗草制造的毒素会让人出现幻觉。不过，大部分的茄科植物，像是马铃薯、西红柿、茄子等，在经过几千年的培育后，都不再带有这些毒素了。但是某些植物，像是辣椒和烟草等，我们反而是用尽各种手段来提高它们的有效成分的效果。我们称这类有效成分为生物碱，它们对我们的身体和心理都有强大的作用。除了辣椒素和尼古丁，这样的生物碱还包括咖啡因，以及海洛因和可卡因里的活性成分。独具风味的食物也常含有生物碱，像巧克力就富有苯乙胺（phenethylamine）和大麻素等多种生物碱成分。其中的苯乙胺是一种温和的安非他命，大麻素则是一种神经递质，可以刺激大脑里的享乐热点，引发快感。

是什么原因让辣椒非得采取这样强烈的手段，让动物们避之唯恐不及呢？又为什么有些野生辣椒不辣呢？如果辣椒素存在的目的是驱离动物，那么，那些不辣的不就失去防御能力了吗？华盛顿大学的生物学家乔纳森·图克斯伯里（Jonathan

Tewksbury）利用生长在玻利维亚高原，有的辣、有的温和的野生番椒（Capsicum chacoense）研究了这个问题。他发现有些昆虫具有细长的吸吮器，会导致这类野生番椒遭受真菌感染，使它们腐烂并杀死种子。图克斯伯里走遍了安第斯山谷，在山谷里到处尝试番椒，观察它们的外皮是否有虫子咬过的痕迹、检验是否有感染迹象。最后发现，不辣的番椒受到感染的情形，比辣的番椒严重许多，这表明辣椒素确实可以驱离害虫，甚至杀死病菌。

但这还是无法解释为什么有些辣椒不辣。在研究它们的分布情形时，图克斯伯里发现了一件有趣的事。不辣番椒制造的种子数量比较多、质地也较硬，另外它们倾向于分布在较高、较冷的地区。这意味着辣椒素可能可以抑制繁殖，也表明在海拔较高的地方，因为感染真菌的概率较低，所以辣椒素的存在可能不是那么重要了。他绘制出来的地图显示，最辣的番椒多分布在山谷里较温暖的地带。此外这份地图也指出，过去几万年或几百万年来，辣椒从山上向低处扩展它们的版图时，辣度是一路增加的。

对辣椒素没有辨别能力的鸟类吃了辣椒，排出它们的种子，让辣椒得以四处扩展。等到人类出现，辣椒的分布已经从南美洲、加勒比海岸，一路扩展到北美洲了。人类第一次感受到辣椒的辣，是在墨西哥的某处，想也知道，这个初体验不是太美好。不过，没过多久，情况便改观了。

2005年，史密森学会的古植物学家琳达·佩里（Linda Perry），试着拼凑在美国考古遗址中发现的证据，希望找到与史前人类的味觉相关的线索，结果发现了一个她无法解释的现象。佩里采用的方法，和帕特里克·麦戈文研究古代饮料的化学特征时使用的方法很类似（见第4章），都是从古代餐饮证据着手。许多植物会将碳水化合物以淀粉粒的形式储存。这些淀粉粒就像是植物的指纹，每一种植物制造的淀粉粒大小、形状都不相同。有时，淀粉粒会通过人体的消化道，最后被排出来并形成化石。于是，古植物学家便开始在史前人类家中的工具和厨房用品上，寻找它们的踪迹，连粪便化石也不放过。不同的淀粉粒化石，可以让我们对特定时间与地点的食物、点心和饮食方式，推测得八九不离十。

在拉丁美洲的遗址调查时，佩里发现了一种不知名的淀粉粒，它一再和玉米、马铃薯、木薯根等主食同时出现。这让佩里非常不解，因为所有古代美洲的主食都已经被鉴定出来了。后来她因某个巧合，对这个淀粉粒有了新认识。

“我参加了一个派对，他们有一道辣椒做的开胃菜。一位先生告诉我他不能吃辣，吃了会消化不良，还非常详细的作了描述，”佩里说道，“那绝对不是你在派对上想听到的事。但不管怎样，他的故事让我联想到了那些不知名的淀粉粒，它们多半是没有被消化过的淀粉，而辣椒是不含淀粉的，还是说，它们其实含有淀粉呢？”她找了个借口从那场交谈中脱身，回到了实验室，很快地做了些研究后发现，辣椒其实也含有淀粉粒，而且现代辣椒所含的淀粉粒，和她当初发现的那些不知名的淀粉粒，是一样的。

突然间，我们对古代美洲人的饮食有了新见解。在佩里发现上述事实之前，植物学家就认为当时美洲的许多地方都已经在种植辣椒了，但是它们往往在形成化石之前就腐烂了，因此考古证据不多。最重要的发现来自墨西哥中部高原的一个洞穴里，考古学家在有 8000 年历史的垃圾堆里，发现了许多完整的辣椒化石。证据显示，人们一开始先是采集野生辣椒，一直到 6000 年前才开始种植，种类包括现今的墨西哥青辣椒、安祖辣椒（ancho）、塞拉诺高山椒（serrano）和塔巴斯科辣椒（tabasco）的前身。此外，当时的人也种植了玉米、豆类、瓜类和鳄梨等现代墨西哥料理不可或缺的食材。

168

佩里的淀粉粒研究证实，当时的美洲人已经开始食用辣椒，它们是原住民基本且主要的香料，是用来帮乏味的玉米泥、瓜泥或根茎类主食添增风味的圣品，受大家喜爱的程度不输现在。佩里发现的淀粉粒化石可以追溯到 6000 年前，一处距离厄瓜多尔沿岸不远的村庄。她推测，当时的人会先将辣椒切碎，用石头研磨成粉状后倒进碗里或锅里，和其他食物混合。大约又过了 2000 年，秘鲁安第斯山脉中，位于海平面之上 3 000 米处的一户人家，在储藏柜里放了一种圆形的罗科多（rocoto）辣椒。1000 年前，巴哈马群岛圣萨尔瓦多（San Salvador）的农渔民，显

169

然是用一种刨树薯的工具来切辣椒的。1000~1500年，委内瑞拉海岸的居民已经开始用辣椒和姜为玉米、竹芋粉，以及一种名为瓜波（guapo）的块茎类食物添加风味了。

* * *

1492年，克里斯托弗·哥伦布在第一次远航时来到了加勒比海地区，沿途拜访了巴哈马群岛、古巴，接着来到伊斯帕尼奥拉岛，一路品尝了山药、玉米、树薯面包、海螺等当地的食物，他在航行日志中提到吃了一种长近2米、“吃起来像鸡肉”的鬣蜥。那些“印度人”拌在马铃薯和玉米里的红色东西，引起了他的注意。继误以为加勒比亚海地区的居民是住在远东地区的印度人之后，哥伦布又犯了另一个错误：由于这些红色东西和黑胡椒一样，都带有辛辣的味道，所以他以为两种东西是同类。事实上这两种食物虽然味道相似，却毫不相干。哥伦布认为这些辣椒可以让他捞一笔。“这边的胡椒味道优于我们的胡椒，而且有益健康，这里人吃东西完全少不了它，”他在日志上这么写道，并以泰诺语“aji”来称呼它，“我估计每年可以出口50艘船的胡椒。”

但是事后证明，辣椒根本不值钱。可以赚大钱的，只有那些在南太平洋以外地区难以栽种的丁香和肉桂，还有需要有磨坊和提炼厂才能生产的糖。至于辣椒，只要你有种子，而且气候不是太寒冷，就可以自己种植。它们开始到处传播，成了穷人的香料。这把辣椒之火在几十年内——不管以人类的演化史或是烹饪的历史来看，都不过是一眨眼的工夫——就蔓延到了地球的另一端。

哥伦布所乘的“平塔号”(*Pinta*)，极可能是第一艘将辣椒种子带到欧洲的船只。1493 年 3 月 1 日，它回到了西班牙，停靠在巴约纳港（Bayona），有关这个新香料的消息立刻传开来了。六个月后，一位在西班牙宫廷任职的意大利杰出历史学家皮埃特罗·马尔提雷·安吉埃拉（Pietro Martire d'Anghiera），记录下哥伦布发现一种新的“胡椒”，而且“比起来自高加索（Caucasus）的胡椒还呛”。

南欧沿岸修道院的修士收集了许多品种的辣椒种子，进行试验，种出了各种椒，有的辣、有的不辣。匈牙利人甚至把辣椒粉（paprika）当成国家代表性的调味料。1543 年，德国医学教授莱昂哈德·福克斯（Leonhard Fuchs）将辣椒列入了药草指南，并绘制了精致的版画（但他误以为辣椒来自印度，因此以印度南部大城科泽科德为这种辣椒命名）。葡萄牙的船员也开始用辣[171]椒来调味，并把它们带到了世界各地的港口。1498 年，辣椒经[172]由西非抵达刚果。中国的澳门、四川也都出现了它的踪迹。1542 年，印度已经培育出三种辣椒，以往用黑胡椒调味的咖喱，也改用了辣椒。一位当时的印度作曲家普兰达罗·达萨（Purandara Dasa）还写了一首歌献给红辣椒，取名为《穷人的救星》(savior[173] of the poor)："我看着你由绿转红，越是成熟，越是美丽。菜肴也因为你而美味，但是太多的你，让人承受不起。"

在南亚，辣椒经由暹罗传到了缅甸、菲律宾等地；欧洲人在16世纪来到太平洋群岛时，当地就已经有人种植辣椒了。很快的，辣椒如火如荼地传播开了:16世纪末，非洲人开始被抓来当奴隶，他们也把辣椒口味的食物再次带到了美洲。

400年后，辣椒已经在世界各地随处可见，4000多种辣椒出现在无数道菜肴里，从墨西哥的莫里酱（moles）[1] 到泰式咖喱，都少不了它。在最受欢迎的调味料排行榜上，辣椒排名第二，仅次于盐，销售量是排名第三的黑胡椒的5倍。21世纪，辣椒复兴活动兴起，让它的魅力更上一层楼。几十年前，西方人常吃的辣椒中，最辣的是苏格兰帽椒（Scotch bonnet）和哈瓦那辣椒，辣度分别是20万和30万史高维尔指标。鬼椒的辣度是西方人的味蕾无法承受的，但是随着时间的推移，大家的味觉也改变了。如今即使口味再清爽的沙拉自取区，也看得到墨西哥青辣椒和香蕉辣椒（banana pepper）。电视真人秀里，大伙儿跟着节目主持人云游四海，同时也把握机会尝试各种劲辣菜肴。和50年前相比，世界人口只增长了2.2倍，但是世界辣椒贸易总值却增长了25倍。1980年的调查指出，美国人均每年会吃掉近1.4千克的辣椒。这个数字现在翻了不止两倍，而且还在持续上升中。

174

175

[1] 以多种坚果、巧克力、辣椒和蘑菇等煮成的蘸酱。——编注

这场以辣为名的竞赛可说是这波潮流的先锋。这个对辣椒穷追不舍的团体，性质上有点像鉴赏葡萄酒的团体和《星际迷航》（*Star Trek*）的粉丝团。他们热衷于交换种子、研究品种纯度，并执着于史高维尔指标。圈子里的成员多半是男性；有研究指出，男性比女性更嗜辣，好像能吃辣也是男子气概的一种象征一样。“首先，你得了解这群人在想什么，”住在圣迭戈（San Diego）郊区的辣椒农夫吉米·达菲（Jim Duffy）说道，“就好比有人喜欢去逛旧货摊、买些小玩意儿一样，那是一股非得满足不可的欲望。这些人在他们的后院里种满了辣椒，当他们的老婆抱怨：‘种这么多辣椒干吗？我的小黄瓜要种在哪儿？’他们会说：‘啊，我都忘了。’他们上我的网站，看到那些漂亮的辣椒照片时，仿佛看到《体育画报》（*Sports Illustrated*）上的泳装特辑，眼睛都亮了。”

我们已知的辣椒种类有30种，全都属于辣椒属（Capsicum，这个词是由希腊文的kapto演变而来，原意是“刺痛”）。其中有五种是经由人类驯化的，由它们又衍生出了许多不同辣度的辣椒品种。我们平常吃的甜椒、青椒虽然不辣，也都是辣椒的一种；除了美国卡罗来纳的死神辣椒，黄灯笼辣椒还包括哈瓦那辣椒和鬼椒。柯里在21世纪初开始进行辣椒培育工作，他收集了来自世界各地的辣椒种子。一开始，他的包裹、温室，还有从他的厨房传出的味道，都惹来了邻居们异样的眼光，甚至还有人打电话报警。

柯里顺利培育出了两百多个品种的辣椒，每一种的辣度都超过 20 万史高维尔指标，大约和哈瓦那辣椒同等级。除了辣度之外，柯里也很重视辣椒的其他气味。他的目标是开创辣椒酱事业，希望利用辣椒特有的香气，来提出食物原有的味道。他认真做笔记，记下了辣椒中的甜度、巧克力味、肉桂味和柑橘味等。他的温室里五彩缤纷，有黄色、橘色、白色、紫色等各色辣椒，我们的祖先当初在丛林里发现果实时，心情大概也是这么振奋的吧。起初，他的生意不是很好，但是在朋友的协助下日益好转。有一家会计师事务所，以一箱辣椒酱的代价为他报税；一位邻居腾出了后院，让他盖温室；还有一个朋友借给他一块闲置的耕地，让他有更多的种植空间。

业务增长的同时，柯里也在继续培育超级辣椒。经过艰辛的努力，卡罗来纳死神辣椒终于让他拿下了“世界冠军”的头衔。培育出一种独特的辣椒通常得花上八年，这期间，这些植物必须被小心地隔离起来，以避免异花授粉。除此之外，还必须在不断杂交的过程中，保留特定性状，好让这些基因可以一代又一代的传下去。许多尝试培育辣椒的人，都是因为无法培育出质量一致的辣椒，最后便放弃了。柯里表示，他有办法将培育过程缩短为三年，而且种出来的辣椒辣度可以维持在一定程度以上。

在某间大学的实验室里，研究人员将辣椒冷冻干燥、磨成粉，然后溶解在酒精里，让酒精变成红色、黄色和焦糖色的澄清溶液。接着，利用气相色谱仪将它们变成气体，并测量它们的辣椒素含量，再转换为史高维尔辣度单位。卡罗来纳死神辣椒的辣度高达 1 569 700 史高维尔指标。在此之后，柯里还培育出了几个辣度更高的品种，不过吉尼斯世界纪录那边的认证速度没有这么快。“我们已经和吉尼斯世界纪录沟通三年了，就算得再等三年也无所谓，”他说道，“我种的辣椒永远经得起考验，不会是那种虽然在世界纪录上留名，但也就只有一次那么辣的辣椒。”

吉尼斯世界纪录没完没了的争议问题，让新墨西哥州州立大学“辣椒研究中心”（Chili Pepper Institute）的科学家决定态度更谨慎。在2011年的一项研究中，他们对多种超辣辣椒进行试验，不过其中没有柯里的辣椒。研究人员控制这些植物的生长条件，最后计算出每一种辣椒的平均辣度。获胜的是属于黄灯笼辣椒的特立尼达蝎子辣椒（Trinidad Moruga Scorpion），辣度是 120 万史高维尔指标。

* * *

在当地的一家餐厅里，柯里打开一个塑料拉链袋，倒出了一堆他从温室里摘下的辣椒，其中有死神辣椒、鬼椒，还有一种红橘色和亮黄色夹杂的莫鲁加毒蛇椒（Moruga Viper）。他拿起一把牛排刀，小心翼翼地将它们切成细丝，接着大家开始传递盘子。不管是哪一种超级辣椒，味道不是单单只用辣度决定而已，辣椒的品质还取决于它的品种、辣椒素的含量、相关的辣椒碱等。辣椒的辣度有三个主要特征。第一个是延宕时间：从刚咬下去、打破细胞壁，到释放出辣椒素、感觉到辣之间的滞后时间。这个时间的长短因辣椒品种而异，像哈瓦那辣椒的滞后时间就很长，有15~20秒。第二个特征是它的消散情形。泰国料理用的辣椒通常散得很快，但是有些辣椒，像是鬼椒的辣就会多停留一会儿。最后，每一种辣都会带给人独特感受。亚洲辣椒的辣属于刺热型，而美国西南部的辣椒则没那么刺激，但更厚重一些。

我带十多岁的儿子马修去尝试卡罗来纳死神辣椒。他从小就对辣味情有独钟，两岁时，吃玉米片就喜欢蘸萨尔萨辣酱。随着年纪增长，他对辣味的追求更显积极，到餐厅里吃饭一定要点最辣的，他可以一边流泪，一边赞赏哈瓦那辣椒的美味。感觉他就是偏好这样的冲击，喜欢游走在极限边缘寻找美味，在辣味渗透到五脏六腑时，义无反顾地将其他事物抛诸脑后。尝试超级辣椒是一项大挑战，是件犹如攀登珠穆朗玛峰般的壮举。

他将一丝辣椒放到舌头上，手忍不住在嘴边扇风。他站了起来，呼吸非常急促，立刻吃了些涂了奶油的面包——辣椒素可以溶解在乳脂里，所以牛奶和奶油都可以用来解辣。接着，他又将一片面包蘸满沙拉酱，放进嘴里嚼了一会儿，然后又吃了一片酸橙，希望用酸橙的强烈味道冲淡那强烈的灼热感。我也把一丝大小只有几平方毫米的死神辣椒放在舌头上。我先尝到的是柠檬和巧克力的味道，大约 15 秒后，它的灼热感开始在我的嘴里扩散开来，直到令人无法承受，就像一股浪潮般席卷我的身体。我全身无力地坐在椅子上，周围的声音也逐渐退去，鼻涕流了出来，然后我开始打嗝。

这时，柯里拿起一整颗辣椒，咬了一半后，若无其事地嚼着。他喝了一点冰水（理论上对缓和辣椒的辣帮助不大），眼眶稍微湿润了，但就只有那么一下子。“我全身的细胞都感受到它了，”他向我们描述，“真是令人愉悦的享受。”接着，他把剩下那半颗辣椒也放进嘴里。我们这些门外汉眼睁睁地看着他，嘴里的辣还没有散去，心里早已佩服得五体投地。

* * *

辣椒的辣其实是一种痛觉，却会给人带来快感；它的口感是热的，但没有牵扯到温度提高。为了了解这种反应背后的生理现象，新加坡国立大学的生物学家 T. S. 李（T. S. Lee）在 1953 年做了一项实验。他找来 46 名年轻人吃辣椒，然后记录他们流汗的情形。流汗是热引起的一种生理反应，不管是因为周围环境的温度高，还是因为运动而导致体温上升，都会刺激我们的下丘脑，并通过一系列大脑与身体间的回馈作用，启动汗腺。汗水自皮肤蒸发时会降低体温；一旦体温降回正常范围，这个作用就会停止。

177

李请受试者身上只穿着棉长裤，接着用一种含碘液体涂抹他们的脸部、耳朵、颈部和上半身，并在他们身上撒了玉米粉，这样一来，受试者一旦流汗，汗水就会变成蓝色。李让受试者吃的，是一般亚洲饮食中常见的辣椒，辣度大约是墨西哥青辣椒的10~20倍。为了比较，李同时以蔗糖水、奎宁、醋酸、明矾（一种味道酸涩的止血剂）、黑胡椒粉、芥末酱和热燕麦粥进行对照。另外，还有些人被要求以热水漱口、嚼橡胶或以饲管喂食。

某次实验中，受试者在吃了辣椒五分钟后，脸开始变红，接着开始流汗，先是鼻子、嘴巴，接着他们的脸颊也慢慢变成蓝色了。另一次实验中，七名受试者在接连吃了两只辣椒后，有五个人持续流汗，另两位更是汗如雨下。在控制组实验中流汗的，只有吃了醋酸和黑胡椒的受试者。

吃辣椒不会使人的体温增高，并不需要流汗来散热，但是在李的实验中，那些受试者确实汗水淋漓，仿佛在大热天里跑了2000米路似的。为了证实我们的身体对辣椒的热和对温度的热的反应是一样的，李让某些受试者将他们的脚放进热水里。随着体温的上升，这些人脸上流汗的情形，和吃辣椒时一模一样。

李先前就推论过，辣椒产生的灼热感不属于味觉，因为我们的嘴唇并没有味觉受体，却也感受得到辣椒的热。他认为，我们还有另一种系统，可以辨别因为灼热而引起的不适。不过，和那种碰到滚烫热水的感觉不同，辣椒的灼热感虽然是一种痛觉，却和那种会让人立刻把手缩回的痛觉不一样。吃了死神辣椒后，灼热感在几分钟内逐渐加剧，直到让人承受不住，但慢慢地，这股灼热会褪去，留下麻痹的双唇。辣椒素先是造成痛觉，但接着又阻断了痛觉。

辣椒被用来作为止痛药的历史长达几个世纪或更久，年代可以追溯到前哥伦布时期。1552 年，治疗师马汀·德·拉·克鲁兹（Martín de la Cruz）和教师胡安·巴迪阿诺（Juan Badiano）两位墨西哥原住民，合作撰写了一本阿兹特克草药书《巴迪阿诺宝典》（*Badiano Codex*）。书中大力推崇辣椒的止疼作用，例如利用辣椒来舒缓牙龈疼痛，做法是将各种辣椒植物的根和辣椒酱一起煮，接着用棉布包起来，放在疼痛的部位。美洲的原住民会将辣椒涂抹在生殖器上，降低它的敏感度，好让性交时的快感可以持久一点，早期来到这儿的西班牙移民也跟着这么做了，这让同行的那些持身谨慎的神父们相当伤脑筋。19 世纪时，中国太监在去势之前，也有以辣椒萃取物作为麻醉剂的例子。

178

一个世纪前，化学家威尔伯·史高维尔就是为了研究辣椒素的止疼潜力，才开始钻研辣椒的，最后他发展出以自己的姓氏命名的辣度单位。当时他在位于底特律城外、世界首屈一指的派德药厂（Parke-Davis Company）的实验室工作。除了派德药厂，还有许多药厂也都在找寻辣椒素、可卡因等生物碱的新用途。（派德药厂曾经付给心理学家弗洛伊德 24 美元，请他评鉴他们的可卡因产品，其中有药粉和药水，希望可以和竞争对手、德国默克药厂 [Merck] 的产品抗衡。弗洛伊德发现在味道上只有一点点不同，并写道："这个白色粉末很漂亮［价格又便宜］。"）

派德药厂生产的外用局部止痛药希特油（Heet Liniment）的有效成分就是辣椒素。由于辣椒素的含量太高会带来不适的灼热感，太少则没有效果，因此为了让药品里的有效成分含量在一定的范围内，他们将"测量不同辣椒的相对辣度，以及所含的辣椒素浓度"这个任务，交给了史高维尔。辣椒素是在1846年，由约翰·克劳夫·思雷（John Clough Thresh）分离出来并命名的，他当时注意到，辣椒素的化学构造和香草十分相像，但没想到，味道如此刺激的辣椒素和味道如此温和的香草竟有亲戚关系。1912年时，还没有简单的化学实验可以检测辣椒素，唯一的方法就是吃。史高维尔将干燥后的辣椒磨碎，然后把它配制成不同浓度的萃取液。他成立了一支由五位实验室同人组成的团队，请他们尝试这些辣椒溶液。只要他们觉得辣，他就将样本稀释，一直到大家不再感觉辣为止，需要稀释的次数越多，就代表这种辣椒越辣。

将一种主观的感觉量化，是史高维尔最伟大的成就。他称这个方法为"史高维尔感官测试"（Scoville Organoleptic Test），测量辣度的单位就叫"史高维尔指标"。100万史高维尔指标代表：将该辣椒萃取物稀释100万倍之后，就尝不出辣味了。但是这个方法并不完全精确，就像其他味觉一样，每个人对辣的敏感度都不一样，因此现在的做法已经改为：先用色谱仪来测量辣椒素的绝对浓度，再转换成史高维尔辣度单位。

派德药厂始终仍未能利用辣椒素做出任何有效或是赚钱的商品。市面上还是可以买到希特油，里头也含有辣椒素，不过它的主要有效成分，其实是从冬青树（wintergreen）中提炼出来的水杨酸甲酯（methyl salicylate）。在《巴迪阿诺宝典》发表的五个世纪后、史高维尔辣度单位诞生的一个世纪后，仍有药厂在尝试开发辣椒素的麻痹效果，有做成贴布的，有做注射剂的等等，但至今仍然没有成功的案例。改变人体的热感应系统是件颇为危险的事，有的动物在使用了这些止痛剂之后，整个身体呈现过热的状态，高烧不退。

180

不论是史高维尔时代那些研究辣椒素作用的药厂、生物学家，还是当时正在研究味觉的专家，都遇到了同样的难题。他们都清楚辣椒素、身体和大脑之间有某种神秘的生物关联，但是就是搞不懂它的作用机制。

几十年后，我们在树脂大戟（resin spurge）分泌的乳白色汁液里找到了答案。这是一种生长在摩洛哥阿特拉斯山脉（Atlas Mountains）中，模样有点像仙人掌的植物。摩洛哥人会将这种植物切开，让里头的汁液流出、干燥，最后形成的树脂是已知最强效的化学刺激物，收集起来后可以出售。它的有效成分叫树脂毒素（resiniferatoxin，RTX），是一种超级辣椒素（supercapsaicin）。纯辣椒素的辣度，约有1600万史高维尔指标，但是树脂毒素的辣度则有160亿史高维尔指标，是纯辣椒素的1000倍。接触到树脂大戟的汁液会造成严重的化学灼伤，吞下一滴就足以致命，不过，稀释后的树脂毒素却具有医疗功用。公元一世纪，娶了东罗马帝国统治者马克·安东尼（Marc Antony）和埃及艳后克里欧佩特拉（Cleopatra）所生女儿的北非国王朱巴（Juba），患有很严重的便秘，后来他的希腊御医欧福尔玻斯（Euphorbus）将某种树汁液干燥后捣碎，泡在水里给他喝，国王的便秘大为缓解。“大戟”（spurge）这个词即源自法语的“泻药”（purge）。朱巴国王于是依据欧福尔玻斯的名字，将这种植物改名为欧福尔比亚（Euphorbia）。一千多年后，卡尔·林奈沿用了这个名字，将这类植物定名为大戟属，而治好国王便秘的这种植物就是树脂大戟。现在，我们也用这种树脂治疗鼻塞、蛇咬伤和中毒等。

20 世纪 80 年代，研究辣椒灼热感的科学家注意到了树脂毒素，它的效力远强于辣椒素，只需要一点点，就可以让组织产生强烈的反应。研究的脚步加快了。科学家们发现，树脂毒素可以让大脑和身体误以为周围的环境比起硫黄还要热，在那之后，又很快让身体失去感觉热的能力，甚至无法感觉到任何的温度变化。树脂毒素会让大鼠出现体温过低的现象，这种情形和局部麻醉剂不一样，局部麻醉剂影响的是所有知觉，但是受到树脂毒素影响的，只有温度知觉。这些大鼠的触觉等感觉并没有受影响，它们仍然会感觉到捏压、电击等。实验中，科学家为了方便追踪，使用了被辐射过的树脂毒素，将其注射到细胞中，结果发现注射到细胞内的树胶脂毒素分子，会自动连接上一个未知的受体：热觉受体（heat receptor）。

李在40年前做的吃辣椒与流汗的实验，就此获得证实。不管是树脂毒素还是辣椒素，都会与身体的热觉和痛觉受体结合。这两类受体都是侦测严重威胁的受体，接收的信息包括冷、热、灼烧、空气流动、切割、捏压和电击等。少了这些受体，人类的寿命将大幅缩短。

位于我们的嘴部、皮肤、眼睛、耳朵和鼻子的神经细胞表面，都有辣椒素的受体。当它们接触到任何温度高于42℃的东西时，信息就会从“温暖”变成“过热”，这时受体的形状会改变，导致细胞内部出现气孔。我们身体里的液体是一种盐水溶液，内含带电的正离子和负离子，这些离子分布于细胞内外。辣椒素造成的气孔，大约有一到两个原子的宽度，而且只有带正电的钙离子能够通过。这种电荷改变会刺激神经细胞，并将信息传送到大脑，整个过程历时只有几毫秒（millisecond，千分之一秒），比味觉受体的反应时间快得多。正因为这样，当我们摸到滚烫的锅时，手才会先于大脑反应过来前就立刻缩回来了。

辣椒会蒙骗这个系统。吃了辣椒后，辣椒素分子会淹没这些受体。这会降低嘴巴对热感觉的临界值，有点像是盐会降低冰块的熔点一样。突然间，37℃感觉起来就像65.5℃一样，这就是为什么吃了辣椒后，会有灼热感。这样的热警觉会经由三叉神经传递到大脑。三叉神经是大脑主要的神经通路，主要传递来自脸部、鼻、口，以及眼睛的信息。由热觉和触觉受体感应，并由三叉神经传导的“味觉”包含芥末带来的辛辣感、较为缓和的柠檬草，以及四川花椒的热刺感（四川花椒和辣椒或黑胡椒没有关联），辣椒带来的灼热感是最强烈的一个。有些口红里会加入四川花椒的成分，它可以引起嘴唇的发炎反应，让嘴唇看起来比较俏。

痛觉其实是味觉中很独特的一个部分，拥有与众不同的特性。我们的身体各处都有热觉受体，这大大提高了超级辣椒的危险性。正常来讲，东西好不好吃只有舌头感觉得到，但是辣椒素带来的刺激遍及全身，就像我和我儿子在观看柯里准备辣椒酱时发现的那样。他往锅里倒了一瓶白色的印度鬼椒酱（将磨碎的辣椒和醋以 6 : 1 的比例混合），加入其他香料后，放到炉子上煮。蒸汽里的辣椒素会刺激我们的眼睛，接着抵达鼻腔，让我们在十分钟内不停咳嗽、打喷嚏，而柯里的神经系统已经习惯这样的刺激，所以有免疫力了。

卡宴辣椒（cayenne chili）做的喷雾剂就是根据这个原理。警察使用的辣椒喷雾，辣度高达 500 万史高维尔指标，足以导致暂时性失明、呼吸困难、几乎完全失能，少数情况下甚至可以造成死亡。印度是这个领域的佼佼者，他们曾经试过用鬼椒来做手榴弹，也曾经在食物中添加辣椒成分，来帮助在喜马拉雅山脉中的士兵取暖。阿萨姆地区的环境保护局更从当地的农夫那里学来一招，以浸泡过鬼椒油的绳索来设立围墙，防止大象入侵。大象的皮肤非常厚，即使是通了电的围栏都挡不住它们，但是面对鬼椒，它们也只能退避三舍。

辣椒素对身体内部的构造也会造成影响。就像味觉与嗅觉受体一样，我们身体其他部位的神经细胞中，包括大脑、膀胱、尿道、鼻黏膜和结肠等，也都发现了热觉受体。它们的确切功能是什么仍有待厘清，但显然不只是为了调节温度而已；有些受体在特定情况下，可以协助新陈代谢系统运作。它们也可能是导致身体健康出现严重问题的原因。2014 年，由加州大学伯克利分校研究人员安德鲁·迪林（Andrew Dillin）领导的团队做了一个实验。首先，他们通过基因工程培育出缺乏辣椒素受体的小鼠，可想而知，这些小鼠的热反应会出现缺失。但是，它们的寿命比起正常小鼠多了四个月（相当于 14%），而且新陈代谢上也有年轻化的趋势。迪林发现，正常小鼠老化时，它们的辣椒素受体会开始出现功能异常，部分小鼠的胰脏会释放出一种蛋白质，导致它们血糖浓度过高。这是一种老化时的常见疾病，也是糖尿病的前兆。[183]

当然，人类没有办法借着除去身上的辣椒素受体，来让自己活得久一点，所以多吃点辣椒来麻痹它们，或许比较可行。吃辣的东西时，会出现麻麻的感觉，这是因为受体受到的刺激太大了，导致神经细胞暂时“罢工”。通常情况下，神经细胞会恢复功能，但有时细胞会死掉。名厨茱莉亚·蔡尔德曾说，吃多了[184]过辣的食物会破坏味蕾，这个说法不完全正确，但确实有那么一点道理。利用这种方法来让异常的受体失去作用，或许可以让我们像实验中的小鼠一样，活久一点。

185

不少研究指出，多吃含有辣椒素的食物对健康有一定的益处，它可以提高新陈代谢的速率，有助于燃烧热量。缺少辣椒素受体的小鼠也因为新陈代谢活跃，所以体脂肪率比较低。（自从饮食中加入超级辣椒后，柯里已经减掉了82千克，而且还帮他把酒戒掉了。）

* * *

至于另一个谜团——为什么有人会对辣椒带来的刺激情有独钟——目前尚未有健康上的益处可以解释它。我们也喜欢某些带有苦味的食物，但都是适可而止，从没出现过有人在比“谁泡出来的咖啡比较苦”。辣椒带来的感受，和物理上的热是相近的，自从100万年前或更早以前，人类发明了用火加工食物之后，我们的饮食就多了“热食”这项选择，也逐渐爱上了它。另一方面，我们对辣味的感觉也和冰冷很类似。冰冷也不是特别宜人的感受，但我们偏偏喜欢喝冷饮、吃冰激凌，或许是因为我们会把它和解渴联想在一块。不过，这些还是没有办法解释，为什么辣椒演化出的让其他生物不敢靠近的辣，我们却义无反顾地爱上它了。

186

保罗·罗津在20世纪70年代开始对这个问题感兴趣，并和他的太太着手撰写了《风味原则食谱》（*The Flavor-Principle*

Cookbook)。他们认为，对有些风味独特的民族美食稍作改动后，也可以成为家中的佳肴。罗津首先探究了为什么有些文明喜欢特别辣的食物，有些文明却不大吃辣。他为此前往了位于墨西哥南部瓦哈卡州（Oaxaca）高原上的村落，并且把焦点放在了人与动物之间的差别上。当地的萨巴特克人（Zapotec）非常嗜辣，他们在饮食中使用了大量的辣椒，罗津对于他们养的猪和狗会不会也因此喜欢吃辣，感到很好奇。“我问当地的人，他们饲养的动物是不是也喜欢吃辣，”罗琴说道，“他们认为这个问题很可笑，回答我说：‘哪有动物会喜欢辣椒！’”为了证实这个说法是否正确，他让动物们在不辣的饼干和掺了辣椒酱的饼干间做选择。结果，这些动物虽然两种饼干都吃了，但是显然不太喜欢辣饼干，总是先吃不辣的。

接着，罗津想看看可不可能培养出喜欢吃辣的大鼠。如果他能够让这些大鼠优先选择辣饼干，那就表示饮食中之所以出现辣味，很可能是适应的结果，包括人类在内的动物之所以喜欢辣椒，有可能是因为辣椒的营养价值与它对生存的重要性，战胜了它称不上好吃的味道。慢慢地，人类有可能对它的味道越来越不敏感，就像玻利维亚的艾马拉人习惯了他们带有苦味的马铃薯一样。

这些大鼠一出生，罗津就将它们分成两组，其中一组一开始就喂食加了辣椒的食物；另一组则是逐渐在它们的饮食中加入辣椒。但是最后，两组大鼠都还是喜欢不辣的食物。在另一

187

个实验中，他在大鼠的食物中加了一种会让它们吃了觉得恶心的东西，但这些大鼠依旧优先选择这样的食物，而不是辣的食物。最后，他让部分大鼠出现缺乏维生素 B 的情形，使得它们的心脏、肺部和肌肉都出现问题，接着再以辣的食物喂食它们，让它们恢复健康。这么做的结果，是让这些大鼠虽然仍不喜欢辣的食物，却也不那么排斥了。总的来说，罗津只成功改变了一只大鼠的喜好。只有对辣椒素失去知觉的大鼠，才会不再对辣椒感到厌恶。在那之后，罗津真正成功的训练出了喜欢吃辣的动物，那是两只爱吃辣味饼干的黑猩猩。

罗津认为，或许是人类的某种文化或心理层面的因素，让我们爱上了辣椒的灼热感。这个原因和生存没有关系，是人类自己心甘情愿反转这个喜恶的。萨巴特克人也不是一开始就喜欢吃辣，但是差不多在 4~6 岁之间，就会养成这个偏好。

不久后，罗津找来一组平常不太吃辣的美国人，和一组来自墨西哥村落、爱吃辣的人进行比较。他给他们吃不同辣度的玉米点心，请他们评估什么程度的辣是最适合的，什么程度的辣是让人无法承受的。不出所料，墨西哥人果然比美国人能吃辣。但是有一件事是两组人都一样的：从“刚刚好”到“无法承受”之间，就只有一线之差。

188

“大家最喜欢的辣，都只略低于无法承受的辣，”罗琴说道，“看来，大家都在挑战自己的极限，这是个很有趣的现象。”

辣椒文化是一种对极限的挑战。柯里认为，迷上辣椒帮助他克服了许多自己的弱点。他将生活重心放在这种简单而强烈的感觉上，也因此成功了。2013年的吉尼斯世界纪录，将柯里的“卡罗来纳死神辣椒”列为世界第一辣的辣椒。但是“成功”是指在竞争中持续保持领先，这场竞赛将辣椒的辣度不断向上推至前所未有的劲辣境界，有的辣椒的辣度甚至已经超过200万史高维尔指标。但是他还可以走多远呢？又有多少人会追随他的脚步呢？

快乐与厌恶之间往往只有一线之隔，在人体解剖学与行为学上都是如此。在我们的大脑中，这两者紧密重叠，它们都是由脑干的神经来决定的，也就是说，它们很可能是从原始的条件反射发展而来的。两者都牵扯到了大脑中与决定动机有关的多巴胺神经细胞，它们都能激活类似的高级皮层区域，影响感知和意识。从解剖学可以看出这两个系统关系密切：在一些大脑结构中，对痛觉和快乐做出反应的神经细胞位置很接近，形成了一种从积极到消极的变化。很多时候，这种情形都是出现在连接基本反射和意识的享乐热点。

189

在行为上，快乐与厌恶也是处于平行的地位。两者都是自然选择的结果，也都与触发直接关乎生存的行动与学习动机有关。痛苦告诉我们要停止，要离开，要避免；快乐则像绿灯一样，告诉我们可以继续，下次再来。一点点快乐感受可以减少疼痛，一点点疼痛会降低快乐的程度；长期疼痛会使人抑郁，失去体验快乐的能力。人类一再为了得到更好的且能带来快乐的回报而忍受痛苦，生育就是一个例子。相反的，快乐也可能付出代价，像是宿醉或是长期吸食毒品会让人觉得生命了无意义而沮丧。

罗津认为，大家对辣又爱又恨，就是这两个系统共同作用的结果。追求极辣的人，喜欢这种没有风险的危险与疼痛，还有那紧接而来的解脱。“就像有人喜欢云霄飞车、高空跳伞或是看恐怖电影一样，热衷于那种恐惧和刺激，”他写道，“有的人喜欢跟着悲伤的电影流泪，有的人享受踩进热水浴时那一刹那的刺痛，或跳进冷水时的震撼。这样的‘良性自虐’和爱吃辣一样，都是人类特有的行为。”吃辣椒是一种名副其实的自虐，一种在文明保护下的我们可以追求的危险。

罗津的理论认为，味觉带有一种令人意想不到的情绪元素：解脱。牛津大学的西里·莱克内斯（Siri Leknes）研究了快乐和解脱之间的关系，并对这两者会不会其实是一体两面的东西进行了探讨。莱克内斯找来18位志愿者，请他们做两件事，一件是愉快的，另一件是不愉快的，并扫描他们的大脑。

首先，莱克内斯让志愿者想象一些令他们感到快乐的事，像是享用最喜欢的食物、喝一杯最喜欢的咖啡或茶、闻到海风的味道、新鲜出炉的面包香味、洗个温暖的热水澡、笑脸等。接着，他会给他们一个疼痛即将发生的视觉信号，他们的左手臂上连有一个会发热的仪器，在放出疼痛信号后，这个仪器会制造为期五秒钟、温度达48.8℃的热量。这个热量足以造成疼痛，但是不至于烫伤。

计算机扫描的结果显示，在认知和判断形成的前额叶皮质处，以及享乐热点附近，解脱和快乐引起的反应是纠缠重叠在一起的。就像情绪一样，它们的强度受到多种因素影响，其中包括一个人的生活态度。和乐观的志愿者相比，悲观的志愿者得到了比较大的解脱，这或许是他们对痛苦结束的期望比较小的缘故。

190

柯里的网站上有人们吃了死神辣椒后的影片，这些人真是自讨苦吃。有一个人在试了一口后，眼睛瞪得大大的，接着椅子往后仰，整个人跌到地上。还有一个人全身冒汗，看起来非常恐惧，但还是努力把它吃掉了。看着这些影片，我和我儿子突然明白了，不管吃辣椒时是什么感受，它真正的乐趣来自后继的满足感，那种受尽折磨后活下来的解脱感。

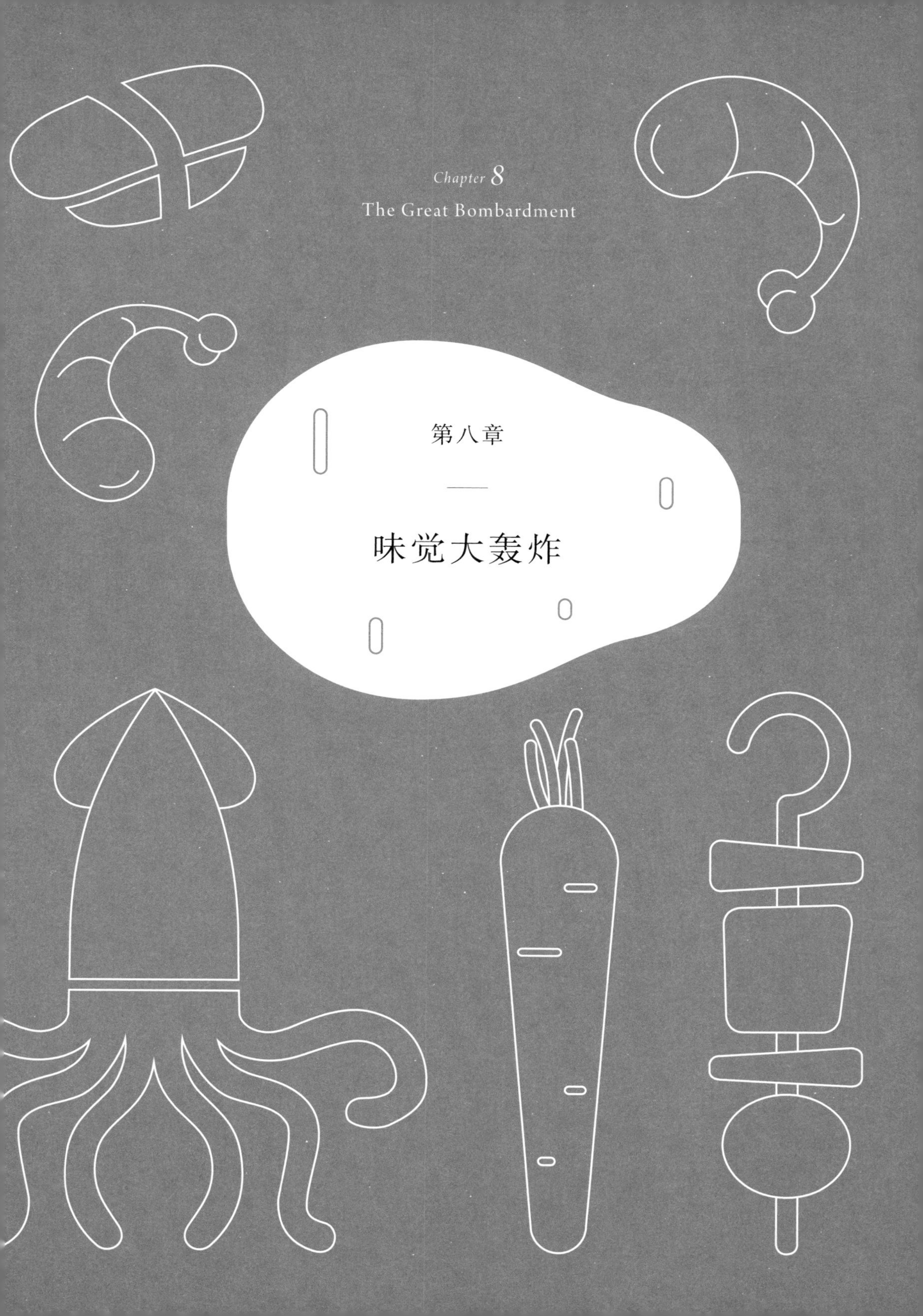

Chapter 8

The Great Bombardment

第八章

—

味觉大轰炸

❶ 现代以来出现的各种口味的薯片

❷ 印加人发展出了一套种植、储存和保存马铃薯的复杂系统

❸ 16世纪，西班牙人征服了印加，将马铃薯带回欧洲

第二次世界大战期间，由于大量物资都送往了战场，所以爱尔兰人民只好靠着仅能糊口的粮食配给维生。家庭主妇们拿着粮票券排队领取茶、糖、黄油、面粉和面包等基本物资，因为缺乏各种食材，烹饪出来的食物索然无味。此外，瓦斯每天只供应几个小时，公用事业公司甚至派被称为“微光男人”的工作人员，挨家挨户去检查大家有没有把常明火关掉。但是30岁的企业家乔·墨菲（Joe Murphy）却把这样的低潮视为绝佳的机会。由于德国潜艇在大西洋巡逻，阻断了进口贸易，这让爱尔兰人渴望吃到新鲜的水果，更何况水果是维生素C、维生素D等营养素的重要来源。在英国，大家靠着喝利宾纳（Ribena）来解决这个问题，这是以黑醋栗糖浆做成的饮料。英国政府在大战初期就强制种植黑醋栗，并分发利宾纳给孩童作为营养补充剂。墨菲取得了爱尔兰的供应资格，生意极好。

战争结束后，肉类、黄油和奶酪等基本物资的供应恢复了，婴儿潮诞生的孩子们也有零食可以吃了，饮料架上，利宾纳的旁边出现了各种汽水，墨菲也在1954年创立了薯片事业。马铃薯是爱尔兰人的主食，除了是炖菜和牧羊人馅饼的主要材料，也被用来做马铃薯面包（boxty），或是加上青葱和牛奶等做成马铃薯泥。然而在20世纪50年代，爱尔兰人吃的薯片还是从英国进口的。墨菲投入500英镑的资本，从两个房间、两台油炸机、一个风扇和八个员工做起。他把公司取名为“特多”（Tayto），这是他咿呀学语的儿子约瑟夫说的发音错误的马铃薯。[191]

薯片的生意还不错，但是墨菲没有因此满足。战争期间，他遇到的挑战是要掌握产品货源，以满足需求，但是现在面对的问题却是供应过剩。市场被大品牌厂商割据，偏偏自己卖的又是和他们相同的产品，这让他的生意一直无法更上一层楼。墨菲不满意他认为“索然无味”的原味薯片，决定对薯片的口味放手一搏。他将刚炸好的薯片撒上干酪粉、洋葱粉，开始卖有味道的薯片。一天，两种调味料都有剩，于是墨菲的生意伙伴谢默斯·伯克（Seamus Burke）在桌子旁坐下来，将它们混在一起，做出第三种口味的薯片。最早的调味薯片就这样诞生了。

20世纪50年代，美国的薯片制造商同样遇到了薯片太过平淡无味的难题，而且产生问题的范围更大。鉴于墨菲的干酪洋葱口味薯片广受欢迎、生意蒸蒸日上，美国的薯片公司决定借用这个点子，开始研发他们自己的薯片口味。1958年，宾夕法尼亚州兰卡斯特（Lancaster）的赫尔薯片公司（Herr's Potato Chips）推出了烧烤口味的薯片，当时的乐事薯片（H. W. Lay & Company）也在大约同期推出了相同的产品。各大厂商纷纷跟进，酸奶油[192]

洋葱口味就是美国版的干酪洋葱口味。

加了香料的薯片是最早的现代垃圾食品之一。随着各家厂商不断尝试新的调味料、口感和化学配方，薯片完全转型了，它成了工业上的调味样板，大家纷纷以精确的工程手法来讨好我们的味蕾，赚进大把钞票。60 年后，薯片的种类已经多到令人眼花缭乱，其中不乏参考世界各地美食的例子，将薯片改造成当地人喜爱的口味，像是泰国的香辣鱿鱼口味、俄罗斯的红鱼子酱口味、西班牙的蒜香虾口味、澳洲的维吉麦（Vegemite）[1] 口味，以及英国的约克郡布丁（Yorkshire pudding）口味等。

薯片的转型是当代饮食与口味巨变中的一股洪流，地位与控制火和发酵作用相当。打从人类在 1.2 万年前开始种植谷物开始，到 20 世纪左右，大部分人类都是以有限的淀粉植物，像是各种谷物或是马铃薯之类的根茎植物为主食过活的，肉类、乳类、蛋、水果或蔬菜等，都属于特殊情况下才吃得到的奢侈品。食物历史学家蕾切尔·劳丹（Rachel Laudan）将其称为“低级饮食”(humble cuisine)，主要的热量都是来自小米或玉米之类的基本淀粉，由家中女性负责烹调，然后大家用自己的餐具，有时甚至直接用手，从一个公用的碗中取食。

有钱人吃的东西就不一样了。他们有功能齐全的厨房、专

[1] 由多种蔬菜和酵母提取物加工制作的酱料，一般拿来涂在面包或苏打饼上。——译注

业的厨师，有能力买动物来宰杀，甚至有国外来的香料。他们的饮食内容多元且丰盛，充分展现了一个人的权力与地位，这就是“高级饮食”(high cuisine)，主要的热量来源为肉、甜食、动植物油和含酒精的饮品。他们吃的东西有调味料、有酱汁，一餐下来会吃好几道菜，而且一切都要合乎传统和礼节，即使是淀粉，也是像稻米和小麦之类的高档谷物。

到了20世纪，庞大且环环相扣的工业食品系统取代了御厨和私人厨师一直以来做的工作，它养牛、宰牛、加工牛肉，制作奶酪，酿造啤酒，种植小麦，磨制面粉，还调制各种调味料的配方。现在，大部分的人随时有肉吃，一顿饭也可以从前菜吃到过去只有王公贵族才吃得起的甜点。汉堡和炸薯条听起来和高级饮食扯不上关系，却是高级饮食5000年猝炼出的结晶，劳丹称它们为“中级饮食”（middle cuisine）。让人垂涎的牛肉、油亮重咸的薯条、搭配增添气味的番茄酱和芥末酱、香气四溢的奶酪和辛辣开胃的洋葱，整个组合简直就是一场宫廷盛宴的缩影。20世纪初期，一场食物与风味的民主运动展开了，一般老百姓也开始有机会获得充分的营养。

但是不知不觉中，这个系统失控了。随着薯片等零食蓬勃发展，食品公司之间以刺激消费者的味蕾为目标，展开了竞争。他们研究了关于味道的生物学，利用基因学和认知学上的新发现，来操纵消费者的感知和欲望。超级市场、快餐店里卖的加工食品轰炸着我们的感官，将我们的大脑和肠胃玩弄于股掌之间。一旦消费者对商品不再感到新鲜，食品公司就会想办法推出新口味。这种来自垃圾食品的过度刺激，纵然让我们的味蕾惊奇不断，但对公共健康却是有害的。以美国为例，哈佛大学的一项研究追踪了12万名健康男女的体重及饮食习惯二十多年，发现大家的体重平均每年增长一斤。薯片、马铃薯、含糖饮料、红肉都是造成体重增加的罪魁祸首，好吃到让人停不下来的薯片则成了杀手。

194

* * *

马铃薯曾经是最具代表性的低级饮食，和辣椒一样，都源自安第斯高原上的野生品种（两者同属茄科植物）。野生马铃薯的节多、味苦，但是早期的美洲人意识到不起眼的马铃薯富含营养，于是开始种植。印加人（Incas）甚至发展出了一套种植、储存和保存马铃薯的复杂系统。由于茄碱（solanine）和番茄碱（tomatine）两种生物碱，马铃薯带有一股苦味。印加人首先会除去马铃薯的苦味，然后晚上冷冻、白天晒干，接着利用踩踏和浸泡来让马铃薯软化，使它容易去皮。去了皮的马铃薯通常会再晒一次太阳，最后得到的成品保存几个月都没问题，运送起来也很方便，一直到现在还有人这么做。此外，常有人用辣椒来增添它的风味。

195

16世纪，西班牙人征服了印加，将马铃薯带回欧洲，但是它的苦味让人退避三舍。不过大家也注意到了马铃薯令人难以拒绝的营养价值。18 世纪，在受尽战争与革命的摧残后，法国人在药剂师安托万 - 奥古斯丁· 帕尔芒捷（Antoine-Augustin Parmentier）的提倡下，开始接受马铃薯。帕尔芒捷在七年战争（Seven Years War）[1] 期间，曾多次被普鲁士人关在德国监狱里，这段时间，他只以马铃薯果腹。被释放后，他开始推崇马铃薯，并提出马铃薯将会是欧洲一再发生饥荒的解决之道。法国国王路易十六曾在出席公共场合时，佩戴马铃薯胸花，他的王后玛丽·安托瓦内特（Marie Antoinette）则头戴马铃薯花做成的花环。马铃薯可以说是欧洲人口在一个世纪内不断增长的助推剂。但是过度依赖马铃薯，也是爱尔兰在 19 世纪发生马铃薯饥荒的原因。

薯片是美国人的发明，但大家对发明过程不是很清楚；最广为人知的故事发生在 1853 年，纽约萨拉托加斯普林斯（Saratoga Springs）的月湖旅馆（Moon Lake Lodge）。当时，有一位客人认为配菜里的炸马铃薯不够酥脆，把它退回了厨房，厨师乔治·克勒姆（George Crum）重新做了一次，但这位客人还是不满意。克勒姆被惹毛了，于是将马铃薯切得细细的，放进炸锅炸得金黄，加了点盐后送到客人面前，打算用这酥脆无比的马铃薯片反击回去。没想到它出奇的好吃，大家奔走相告，很快的，从杂货

[1] 1756~1763 年间，欧洲主要国家组成两大集团彼此交战。——译注

店到马车摊贩，到处都有人卖起炸薯片。到了20世纪早期，美国东部已经是薯片工厂林立，它们最初多是家庭式经营的，就像乔·墨菲的工厂一样，地点可能只是某个人家的空房、车库或是谷仓。

196

口味平淡的马铃薯经过油炸并加了盐后，令人刮目相看。原本只是用来提供人体所需热量的马铃薯，在与油脂和盐结合后格外诱人，为大脑的快乐中枢（pleasure centers）带来一股暖流，引发了喜悦与渴望。在我们的学习经验中，酥脆的口感代表新鲜与美味，咬一口薯片，大脑立刻就知道那是好吃的东西。这种立即的判断能力依据的是基本味觉，以及咀嚼后产生的香气，但是还有些味觉感受，是科学现在才开始破解的。这些新发现，可能会让我们对自古希腊以来的基本味觉认知有所改观。

197

淀粉虽然无味，但是我们的嘴巴依旧可以识别出来，然后知会大脑。2014年，新西兰奥克兰大学的科学家在进行功能性磁共振成像后发现，以淀粉溶液漱口后的受试者，视觉和运动皮层的活动能力比起控制组要高了30%。受到这种食物能量刺激后，受试者的专注力变得比较集中和敏锐。我们不清楚嘴巴是如何识别出淀粉的，但可以确定的是，舌头上的细胞显然具有感受五种基本味道以外的能力。

198

科学家曾经把高油脂食物的吸引力，归因于它们乳脂状的外观和浓郁的香味，但是最近的研究则认为，油脂味其实是第六种基本味觉：舌头上有脂质受体，可以引发特有而且令人愉悦的感受。把油脂味当成一种基本味觉是合理的，就像淀粉和糖一样，脂质也是重要的营养素，经过代谢生成的脂肪酸，更是细胞的主要能量来源。自从我们的祖先开始吃肉后，我们便从饮食上摄取了充分的脂肪酸，大脑也因此变得更大。与此同时，某个发生在人类身上的特有突变，有助于我们燃烧胆固醇，减少因为摄取油脂而罹患心脏病的风险，让整个转变更加顺利。所以说，在人类吃太多油腻食物之前，摄取油脂并不是坏事。

脂肪的味道犹如一曲分子华尔兹：由一种受体蛋白质担任脂肪分子的伴侣蛋白（chaperone），协助它们和第二种受体结合，然后将信息传送到大脑。舌头上的这类伴侣蛋白越多的人，对脂质的敏感度越高，也就越容易觉得东西尝起来油腻。这种对油脂的敏感度因人而异，可以相差好几千倍。对油脂较不敏感的人比较容易发胖，有个理论认为，这是因为他们侦测油脂的能力差，因此摄取油脂时得到的欢愉感受也相对较低，只好以量取胜，借着多吃来弥补。但是过度的刺激，只会让他们的敏感度更差、更爱吃油腻食物，有点像是对药物上瘾或是爱吃甜食的恶性循环。

接着是盐。所有生命都源自大海，距离动物首度出现在陆地上已经有四亿年了，但是我们的身体还是没有完全脱离大海。我们的神经系统得借由分布于身体组织中的带电钠离子来传递信息，健康的血液与水合作用都需要保持特定浓度的盐分。身体对盐分的管理完全不能马虎，才能维持这种平衡。太多盐分会破坏平衡，当血液里的盐分过量，水会从组织进到血液里，试图平衡盐分浓度，我们会因此感到口渴、肌肉松弛，还会导致大脑萎缩。另一方面，盐分不足也可能致命。虽然我们的身体可以连续几个星期不摄取盐分，但是一旦内部盐分用尽，会出现“钠饥饿”(sodium hunger)，这时味觉会再度展现它神奇的可塑性。在这种紧急状态下，盐水会突然变得好喝起来（这个时候喝盐水绝对不是致命行为）。肯特·贝里奇实验室的科学家做了一个实验，他们给缺乏盐分的大鼠喝了盐分浓度相当于海水三倍的盐水，结果发现，享乐热点的神经元细胞的反应，竟然和喝糖水时是一样的，这些大鼠显然乐在其中。[200]

少量的盐味道是好的，但是一大撮盐的味道就很可怕了，所以我们摄取的盐量总是控制在一定的安全范围内。哥伦比亚大学的神经科学家查尔斯·朱克（Charles Zuker）为这种矛盾的味觉运作方式找到了答案。盐的量少时，只会刺激咸味受体；但是过量时，则会刺激苦味和酸味受体，这两种味道会混合为一种更糟糕的味道。[201]

这种双重身份的特性，在饮食和文化上都可以见到。盐的提味能力所向无敌，从史前时代开始，盐就是防腐、调味等目的的实用成分。它可以和苦味抗衡、让油脂变得好吃、让汤和其他液体变得更美味，提升食物整体的味道。烤面包时，加点盐可以催化美拉德反应，让烤出来的面包呈现漂亮的金黄色。史前时代的牧人在放牧他们饲养的动物时，会在手里放些盐来引导它们。“酱料”(sauce)、“沙拉”(salad)、“香肠”(sausage)都是从拉丁文的“盐”(salsus)来的。耶稣在《圣经·马可福音》里勉励基督徒要做“世上的盐”,指的是明白上帝旨意的人。过多的盐则意味着荒芜和死亡,《圣经·创世记》里,罗得(Lot)的妻子因为顾念罪恶深渊、即将被摧毁的索多玛城(Sodom),不听天使的警告,在逃亡时禁不住好奇回头,于是变成了一根盐柱。

和油、糖和淀粉一样,现代人的盐分摄取也是过量的。发达国家的人们摄取的盐分和偏远部落地区的人,以及我们以打猎采集维生、不易获得盐分的祖先相比,高出了十倍,这使得现代人罹患心血管疾病的风险大大提升。我们或许不觉得吃的东西特别咸,主要原因是我们早已经习惯这样的口味了。尽可能摄取盐分原本是一种求生策略:我们的祖先会在有盐分的时候尽可能摄取,好挨过盐分匮乏的时期。但是现在如果还采取这样的策略,是会害死人的。艾奥瓦大学的行为心理学家艾伦·金姆·约翰逊(Alan Kim Johnson)研究了现代人对盐的渴望,最后的结论是:整个世界都对盐上瘾了。

我们的身体对碳水化合物、油脂和盐分的热切反应,让原本平淡无奇的薯片成了大家梦寐以求、不吃不可的零食,但这样的渴望还是有生物学上的极限。人类在发展过程中,先从食腐的哺乳类动物演变成狩猎采集者,继而又演变成现今杂食性的我们。追求新鲜、多样性、有反差的食物,是一股强有力的生物力量。

20 世纪 50 年代，法国心理学家雅克· 勒马尼昂（Jacques Le Magnen）在研究饥饿的本质时，发现了这样的基本动力。勒马尼昂 13 岁时因为感染脑炎，导致左眼失明，但是他对科学事实与数据有着惊人的记忆力，最后借着研究嗅觉神奇的吸引力闯出了名堂。鼻子的灵敏度会随着性激素或一天里的不同时间而改变，勒马尼昂首先研究的，是食欲和喂食的规律。他设计了一套仪器，来记录大鼠在一天当中所吃所喝的每一丁点食物，很快的，他便发现了一个奇怪的现象。单吃一种食物的大鼠用不了多久就会停止吃东西；那些吃各种食物的大鼠则是吃个不停，体重也逐渐增加，是某种生物学上的力量在引导着这些大鼠走向饮食多元化。“满足饥饿感”终究不是简单的摄取足够的热量而已。

203

人的食欲和勒马尼昂养的大鼠相差无几。一直吃同一种食物时，就算再怎么好吃的东西，也很快就会腻了，甚至令人难以忍受。有些美国监狱会利用这种方法来惩罚不守规矩的犯人，他们把剩菜和饭、马铃薯、燕麦、豆子或胡萝卜等基本食材混在一起，烤成一大块味道平淡、灰色的不明东西。这块大饼虽然完全符合营养需求，但是没人想吃它。美国公民自由联盟（The American Civil Liberties Union）认为，这种剥夺味觉的处罚有失妥当，但是这个方法却奏效了。威斯康星州的某个监狱以这样的食物作为处罚，结果犯人打架、攻击他人和不守规矩的情形大大改善。

204

只要选择一多，大家的食量就会变得比较大，这是大家在自助餐厅都有过的经验。一餐饭如果有多道菜色，或是有多种食材、多种味觉层次时，通常会让人的食量变大。1980年，牛津的夫妻档科学家埃德蒙·罗尔斯（Edmund Rolls）和芭芭拉·罗尔斯（Barbara Rolls）做了一个实验，他们让32位志愿者试吃了八种不同的食物：烤牛肉、鸡肉、核桃、巧克力、饼干、葡萄干、面包和马铃薯，接着吃一大份其中的一种食物，最后再请他们重新试吃所有食物。这时候，所有志愿者都觉得，自己刚才吃了一大份的食物最难吃。

食物好不好吃，与快乐的感受有很密切的关联。这种快乐的感受通常在最初那几口最为强烈，但是越吃就会越感乏味，可是换一种不同的东西吃时，那种快乐的感受就会再度涌现。罗尔斯夫妇利用电极和大脑扫描，研究了我们的大脑是如何完成这种感知之间的转换的。我们的胃在逐渐被填满时，会启动一系列激素，将“停止”的信息传送到大脑负责调节食欲和快乐的区域。这时，这些区域的神经细胞便不再处于兴奋状态。但是在我们的眶额叶皮层，有针对特定味觉、嗅觉等感官反应的神经细胞，它在关闭对某种食物的快乐反应的同时，还可以维持对其他食物的快乐反应。

这就是为什么我们永远吃得下甜点。主菜通常不是甜的，所以即使我们已经吃饱了，也不会排斥再吃点甜点。自从世界的糖供应量在400年前开始大幅增长以来，就为甜点在用餐结束时留下了一个特殊地位。习惯确保了大脑具有期待甜点的条件。

* * *

20 世纪 50 年代，薯片厂商开始为他们的产品添加味道时，尚不知道背后的这些生物知识。但是慢慢的，食品工业开始发展出各自对风味与食欲的见解。霍华德·莫斯科维茨（Howard Moskowitz）是任职于美国陆军纳蒂克实验室（Natick Laboratories，位于波士顿以西大约 30 千米处）的年轻科学家，20 世纪 70 年代初期，他曾经针对军中的“个人战斗粮”提出异议。这种个人战斗粮简称 MIC，三个字母分别代表餐食（Meal）、战斗（Combat）、个人（Individual）。这是一种可以随身携带的粮食，包含四种罐头食品：一种肉（可能是牛肉或火鸡肉），饼干，干酪抹酱和甜点；另外还会附上盐、胡椒、糖、口香糖和香烟等。这样的个人口粮曾经喂饱了越战中的美国士兵，是现代版的达尔文肉罐头。但是士兵们超级讨厌这种食物，他们厌恶火腿肉和菜豆（lima bean）到了极点，甚至认为光提到它们的名字就会倒大霉，有些人干脆称它为“火腿和浑蛋”（ham and motherfuckers）。

这些士兵已经习惯了快餐带来的感官大轰炸，即使躲在散兵坑里，没有其他食物可以选择，他们还是对差强人意的军队食物毫无兴趣。当时的纳蒂克实验室必须负责解决这个问题。“这些士兵可以在军粮供应站或食堂取得免费食物，但是他们却宁愿花自己的钱去买麦当劳，”莫斯科维茨说道，“军方担心他们花了钱，买的却是没有营养的食物。但是要怎么样才能让军队食物更吸引人呢？”

莫斯科维茨原来是哈佛大学心理系的学生，曾在心理物理学实验室工作，他决定先从甜味与咸味着手（在20世纪60年代后期，舌头味觉地图的创始人埃德温·波林刚从学校退休，还曾经带他到教职员餐厅一起用餐，告诉他许多陈年的心理学故事）。莫斯科维茨想要研究快乐背后的生物学，但是当他提到要以这个作为论文研究主题时，他的指导教授告诉他，这是个没有人会看重的议题，科学家要找的，是自然界中通行不变的原则。人们对于饮食的喜恶捉摸不定，这种充满变数的议题，是科学研究避之唯恐不及的。

来到纳蒂克，莫斯科维茨终于可以好好从事关于味觉快乐的研究了，他希望可以找到方法来控制愉快感。首先，他把焦点放在甜味上，并发现了一个不变的模式：当糖的浓度从零开始增加，快乐的感受也随之增加，一段时间后会持平，然后开始走下坡。这不是什么新奇或惊人的发现，不管是糖或其他东西都一样，浓度过低时可能察觉不出来，但是浓度过高时又让人承受不起。对于这样单一的味道，我们很容易便可以找出它的最佳浓度，但是把多种材料混在一起时，像是番茄酱之类的，就很难找到这个“刚刚好”的点。一天，莫斯科维茨的实验室同事看着莫斯科维茨的快乐图表上出现的一个峰值，兴奋地对他说：“霍华德，你找到那个让人满足的点了。”

莫斯科维茨将各种食材以不同的比例混合，然后进行更多实验，来寻找对应每个混合物的满足点。他发现有些混合物的满足点不只一个：快乐的感受逐渐增加，接着下降，不久后又再度随着浓度增加而增加。他也发现，每个人的满足点不尽相同，大家的感知与敏感度都是千变万化的。这项研究的结果在改善军粮时派上用场了，新版本的军粮取名“个人即食粮”，简称 MRE，其中的 M 是餐食（Meal），R 和 E 是“即食食品”（Ready-to-Eat），是用轻质塑料袋封装起来的。莫斯科维茨认为，他的发现还可以运用到更广的地方。他向食品公司推销他的想法，但是一开始完全没有人理会。

问题来自另一个根深蒂固的偏见。“他们认为每一个人基本上都是差不多的，”莫斯科维茨说道，“他们知道人与人之间有差异，这点 19 世纪 90 年代的文献就曾经记载过，但是他们认为‘我们知道每个人都不一样，但是关于这些差别，我们不知道该拿它如何是好，所以就眼不见为净吧’，因为这些差异没有规则可循。”

后来有食品公司意识到了莫斯科维茨的才能，聘请他担任顾问，于是他离开了纳蒂克实验室。他将满足点的研究，和几份关于口味偏好的详细调查做了整理，决心找到搭配起来最美味的食材。有些味道丰富的食物很好吃，但是没多久就让人觉得腻了。“你可以想象每天都吃汉堡吗？或许可以。每天吃面包？也或许可以。但是每天吃牛排呢？恐怕没办法。鸭肉呢？再怎么喜欢，你大概也不会想要这辈子每天都吃北京烤鸭吧？”由对比鲜明的食材组成的食物，如果是味道清淡一点的，就比较容易引起满足感，也比较不会让人感到腻。就像番茄酱，里面综合了鲜味、甜味、咸味和酸味，还有一点香味。薯片的味道重而强烈，但是很快就会让人生腻了。为了满足消费者的不同喜好，我们可以采用各种不同的配方。

1986年，麦斯威尔咖啡的市场占有率逐渐被福杰仕咖啡（Folgers）取代，莫斯科维茨说服了麦斯威尔咖啡，将咖啡分成轻度、中度和重度三种烘焙程度出售，结果销售量一下子又回温了。他建议金宝汤（Campbell's）做一种颗粒较粗的意大利面酱，来打入以罗吉公司（Ragu）为主流的市场，结果为他们赚了六亿美元。莫斯科维茨还发现，与快乐渊源甚深的甜味、咸味和油脂，可以提升多种食物的满足点。食品制造业开始利用这些特性变起花样。正因为有莫斯科维茨打下的基础，我们现在才会置身于这个口味层出不穷，甚至教人应接不暇的世界。

* * *

味道能够最终出现，涉及的层面很广，从舌尖的化学反应，到肠道里的代谢信号，都贡献了一己之力。我们高度发展的额叶皮质虽然看似与味觉无关，却通过控制我们的的思考和选择，影响着我们的味觉。

食品的颜色、外表和身份，与它的成分同等重要。位于瑞士洛桑（Lausanne）的雀巢公司研究中心的研究人员测试了这个想法。他们让躺在功能性核磁共振成像仪中的受试者看了比萨、羊排等高热量食物的照片，以及青豆、西瓜等低热量食物的照片，来观察它们是否会影响一个人的味觉感知。同时以一个小电极刺激受试者的舌头，来制造温和、中性的味道。

结果，看到健康食物的图片时，只有些微的温和反应。但是面对重口味的食物时，大脑突然激动了起来，而且活动主要集中在眶额叶皮层。这时，电击的味道也突然变得美味了。这个实验显示，只要我们的眼睛看到好吃的东西，口中就会产生好吃的味道：光是看到比萨，就会有好吃的感受。这是一个复杂的反应，当中牵扯到了视觉、记忆和知识，而且几乎都是瞬间的反应。“这些反应发生在百分之一秒之内：先是最初的视觉观感，接着是从感知到认知的改变，”雀巢实验室的神经科学家约翰尼斯·勒库特（Johannes le Coutre）说道，“视觉和味觉的信号是互相交织的。”

207

除了食物本身，还有许多会影响味觉认知的因素，包括餐具和盛装容器的重量、形状和颜色等。质量轻的汤匙会让酸奶感觉比较浓稠，价格较高；蓝色汤匙会让粉红色酸奶的味道感觉起来比较咸；白色汤匙对白色酸奶有加分效果，但是会让粉[208]红色的酸奶变得不好吃。咸的爆米花装在蓝色碗里，会让人觉[209]得味道更咸。讲求细腻味道的葡萄酒，更是容易受到这类因素的影响。价格越高的酒越让人觉得好喝。虽说酒的颜色与它的[210]味道确实有密切关系，但颜色也是最容易误导人的因素。2000 年，在法国波尔多大学研究酿酒学的学生接受了一项实验，他们先喝了赛美蓉（semillon）和索维农（sauvignon）白葡萄酿造的白葡萄酒，再来是索维农红葡萄酒和梅鹿汁混合的红酒，最后又喝了被染成红色的白酒。他们写下了试喝这几种酒的感想，结果大家在评论染红的白酒时的用词，有许多都是平常用来描述红酒的，包括“菊苣”“煤炭”和“麝香”等。[211]

食品公司正是利用这种把戏来左右消费者的味觉与购物习惯的。不管是名字、颜色或包装，无不迎合消费者的喜爱，目的是要在消费者心中制造非吃不可的味觉感受，巴不得把它们通通放进购物篮里。在这些伎俩中，最厉害的莫过于品牌，它代表着记忆、情感和所有与这个商标相关的联想，每当看到商标，大脑就会想起它代表的所有事情。

2004 年，休斯敦贝勒大学的科学家利用功能性核磁共振成像，研究了品牌如何在我们的脑海里留下深刻印象。他们比较了大家对可口可乐和百事可乐的反应。这两种可乐的化学组成、味道、颜色和黏稠度都很相近，在没有看到品牌时，大多数的受试者都认为两种一样好喝。但是一旦亮出品牌后，可口可乐便不费吹灰之力获得胜利。有标示的可口可乐得到的票数，比没有标示的可口可乐多。然而百事可乐这个品牌，并没有动摇大家的味觉感受，在有标示和没有标示的情形下，百事可乐得到的票数是相同的。接着，研究人员让这些受试者用90厘米长的吸管喝可乐，同时接受功能性核磁共振成像检查。在可乐抵达口中前，受试者面前的屏幕会出现可口可乐或是百事可乐的瓶罐。百事可乐再一次败北。当可口可乐的瓶罐一出现，即使可乐还没有来到嘴边，但掌管记忆的海马体已经活跃起来了。此外，前额叶皮质某个与意识认知有关的区域，也有同样的反应。我们的大脑似乎完全进入了对可口可乐的文化联想与预设期待中，把过去的经验全加诸在味道的感受上。

进入21世纪，不断在食物和饮料的味道上下功夫的制造商发现，他们已经黔驴技穷了。他们几乎把所有能玩的把戏都使出来了，消费者的选择更是空前的多。过去，我们的猴子祖先在丛林间摆荡，必须留心寻找藏在绿叶中的果实，但是当果实的数量远超过叶子时，又该何去何从呢？

位于加州门洛帕克市（Menlo Park）的高档超市德尔格（Draeger's），以令人眼花缭乱的商品选择著称，这里卖的芥末酱有250种、橄榄油有75种、果酱超过300种。1995年，哥伦比亚大学商学院的教授希娜·艾扬格（Sheena Iyengar）和斯坦福大学的心理系教授马克·莱珀（Mark Lepper）做了一个著名的研究，探讨究竟多少选择才算太多。他们派了两个人在错开的时段假扮成德尔格的员工，在店里邀请顾客试吃东西，其中一位提供六种果酱给人试吃，另外一位提供二十四种。试吃完后，他们会给参与的顾客发放一美元的果酱折价卷。测验结果发现，虽然口味选择多的果酱吸引了比较多顾客，但是大部分人也只试吃了一到两种果酱。在销售量上，选择较少的那一组大获全胜，有三分之一的人在试吃果酱后便买了；而有二十四种选择的那一组，只有百分之三的人购买了果酱。选择项目的多寡显然也有举足轻重的影响力。[213]

挑果酱比起从树上摘水果复杂多了。好不好吃是一回事，品牌、价钱、要涂在吐司上还是英国松饼上，也都是考虑的重点。大脑额叶皮质负责做复杂的决定，它是一个位置远离处理感觉、记忆、快乐、情感和自主运动的区域的突触，可以整合这些线索，评估价格与效益、推测未来的景象，最后促使大脑采取行动。科学家利用功能性核磁共振成像观察了选择食物的大脑，发现在眶额叶皮层内侧有一小块区域，在大脑做选择时特别活跃。[214]每一种新研发出来的口味配方、花在研发新口味和推销这个新口味上的每一分钱，都是为了讨好这个区域的特定细胞。但是在选择不断增加的同时，做决定也越发困难，因为需要处理的信息实在太多了，到达某个极限时，不管是什么样的新口味、不管它有多诱人，也无法突破重围。

然而，这些障碍阻止不了大家决心在口味上求新求变，而且越来越倚赖新科技来做这件事。2004~2006 年左右，味觉公司

Opertech Bio 的共同创办人，同时也是生物学家的凯尔·帕尔默（Kyle Palmer），想出了一种测试新口味的方法。他决定以大鼠代替人类来进行味觉测试。人类具有敏感的味蕾，以及强大的表达能力，而大鼠不过是吃人类垃圾过活的家伙，但两者之间的相似性要比大多数人愿意承认的多得多。大鼠已经与人类社会的垃圾共存了数千年了，虽然它们无法详细的描述味道，但对食物的反应明显到足以作为评估依据。

帕尔默将大鼠放在斯金纳箱中，并将数十种不同味道的液体配方放在小浅碟里，让大鼠品尝。至于它们对一个口味的喜欢程度，则是用它们舔了几口来测量。碟子里装了糖水时，它们大概会舔个三十次；装清水时，大约二十次；如果装的是带苦味的液体，它们只会舔个一次或两次。有了这些观察作为基准，便可以得知它们对特定配方的喜爱程度。这些大鼠也被训练来进行评估，如果它们负责测试甜味剂，则当样本尝起来像糖时，它们会去按一个杠杆，如果不是，则会按另一个杠杆。每尝试完一个样本，它们就可以获得一个没有味道的食物丸作为奖赏。公司繁殖的大鼠平均寿命大约是三年，它们的一生就是这样度过的；它们的看守者对它们的性格与口味，可说了如指掌。

这个方法看起来有点粗糙，但最大的优点是单纯。在研发新口味的成分时，食品公司会对一长串化学品进行筛选，希望从中找出具有潜力的候选品。利用机械式的重复试验，帕尔默这套系统很快就产生了大量数据，不但观察更细腻，还事半功倍。

光凭四只受过训练的大鼠，他们在几天之内，就可以测试完上千个化合物，找出最好吃的味道。

他们的的竞争对手 Senomyx 生物技术公司，则将这个方法发扬光大，改以人类组织来代替实验室里的大鼠。Senomyx 的科学家解码了与人类甜味、鲜味和苦味受体相对应的 DNA，并申请了专利（没错，味觉基因等人体基因是可以申请专利的）。他们将这些基因片段插入某种研究癌症时使用的肾脏细胞，这么一来，这些细胞便可以利用插入的 DNA 来制造受体，Senomyx 也就拥有取之不尽的味觉细胞了。养在培养皿中的细胞不但可以用来测试新口味，敏感度还可以调整到分子层级。“我们可以借此辨识出，哪些口味是带有苦味的，作用在哪一个受体，然后选择性的将苦味剔除。” Senomyx 的副总裁戴维·莱恩迈耶（David Linemeyer）说道。这个系统让 Opertech 的大鼠相形失色，大鼠得花上几天做的事，这个系统几个小时就可以完成了。

不过，Senomyx 的方法有个缺点。他们使用的这些细胞，来自 20 世纪 70 年代、某个被堕胎的胎儿身上的干细胞。一直以来，这些细胞在医学和生物科技研究中扮演了不可或缺的角色。但是，不管当初是什么样的因缘际会，让 Senomyx 开始使用这些细胞的，一个饮料或食品品牌与堕胎沾上了边，都有损名誉。2011 年，反堕胎团体得知这件事后，就开始抗议这类研究；俄克拉何马州更是明文禁售任何利用这项科技制造的食品。当时与百事可乐有合作关系的 Senomyx 也承诺，不会再使用这株细胞进行研究。

Senomyx 和 Opertech 都曾经将他们的技术运用在味觉问题中最困难的一个上，那就是“找出真正可以取代糖的东西”，而且还找到了类似的解答。Opertech 的大鼠很喜欢莱苞迪甙 C（Rebaudioside C，简称 Reb C），这是一种从甜叶菊萃取出来的东西（在这之前，莱苞迪甙 A 这种甜叶菊萃取物，已经运用在多种产品中了）。莱苞迪甙 C 本身不是甜的，但它可以让糖变得更甜。只要加了这种增甜剂，制造饮料时就可以不用加那么多糖，而且仍然保有原来的味道。2013 年，Senomyx 和百事可乐宣布，他们也找到了一种类似的化合物。尽管极具革命性，但是大众是否喜欢这个做法是另外一回事：“想要让美国人认为他们的汽水变甜了，就要对他们下药。”知名网络媒体掴客网（*Gawker*）的头条新闻这么说道。

百事可乐的研究人员还想出了另一个方法，来让大家更期待喝汽水。他们秉持的道理很简单：人们在品尝食物前，喜欢先闻闻味道。我们的经验告诉我们，好吃的东西一定会先散发出好闻的味道，像是刚泡好的热咖啡、热锅里噼里啪啦作响的培根、刚出炉的巧克力饼干，全都香气四溢，没有例外。百事可乐在 2013 年为他们研发的“香气运输系统”申请了专利，他们在直径不到一毫米的胶囊里装了某种香气，希望消费者在饮料入口之前，就可以闻到可乐或柑橘的味道。打开瓶罐的一刹那，胶囊会跟着爆破，释放出诱人的香味。就像打开瓶罐时那“嘶”

的一声一样，希望将来这个味道也让人一闻就联想起解渴的饮料。这不是最近发现的利用联想香味力量的唯一方式，2013 年，日本有一家公司开始贩卖会散发出迷人香气的智能手机配件和应用程序，目前有咖啡、咖喱、草莓和韩国烤肉等味道可以选择。

食品科技已经开始罔顾天然，舍弃了流传数千年的传统食物与味道。2013 年，荷兰科学家在伦敦举办了一场试吃大会，供人试吃以实验室培养出来的人工肉做成的汉堡。畜养牛类的生态成本非常高，如果有一天，我们可以不必养牛就有汉堡吃，那么腾出来的空间就可以做其他用途，环境受到牛肉工业冲击的情况也会改善，更重要的是，这么做可以喂饱更多人。这项研究是由谷歌的共同创办人谢尔盖·布林（Sergey Brin）提供 33 万美元赞助的，计划的发起者希望可以扩大人工肉的制作规模，并在 10~20 年内上市贩卖。

这个由马克·波斯特（Mark Post）领导的科学家团队先从牛身上提取了干细胞，接着进行培养，并以抗生素来预防微生物感染。他们使用来自马和牛犊血清的培养液来促进干细胞生长，并刺激它们发展成肌肉组织。几个星期后，他们将得到的一小团细胞放进培养皿中，接着这些细胞会发育成一束束的纤维细胞，就像一小条肌肉，长度大约是一厘米。为了增加它们的体积，科学家们将这些组织固定在以可溶性糖做的支架上，并伸展它们。每一条小肌肉大约是由 400 亿个肌肉细胞组成的，将两万条这样的小肌肉以面包粉和黏着剂混合，放进锅里，用葵花油

216

和黄油煎过，就成了汉堡排了。

真的牛肉是红色的，味美而且油脂多，里头含有血液、天然的激素和氨基酸，动物先前的生活和饮食经历，都在肉里留下了痕迹。实验室培养出来的肉是白色的，得用藏红花、甜菜汁等染色；它们吃起来不像肉，事实上它们吃起来什么都不像。食品科学家汉尼·鲁兹勒（Hanni Rützler）用了颇为尖锐，而且与牛肉毫不相干的字眼描述它，吃起来"脆而烫""有点像蛋糕"。波斯特打算再添加一点实验室里做出来的脂肪细胞（一样来自干细胞）来改良它，或许有一天，这些汉堡会是可以吃的，甚至是好吃的，但是想要和真正的肉相提并论，恐怕还得等上很长的一段时间。

有时候，食物不见得要和味道扯上关系。21世纪初，一位硅谷的软件工程师罗伯·莱因哈特（Rob Rhinehart）实在是受够了吃东西这件事。不管是从享受美食中获得快乐，或纯粹填饱肚子，都让他感到诸多不便。他不喜欢买东西、煮东西，也不喜欢洗碗，甚至懒得去餐厅吃饭或是叫外卖。另外，他也对他吃的大多数食物没信心。他知道这些食物虽然好吃，但事实上不健康。

想要反抗食品系统专制的最好方法，就是回到最天然、最新鲜、最简单的食材，就像作家迈克尔·波伦（Michael Pollan）说的："吃，但别吃太多，而且要以植物为主。"做法很多，但恐怕不怎么好吃。有人提倡旧石器时代（Paleolithic）饮食法，这种做法所持的理由，是我们的基因和身体都比较适合吃过去狩猎采集者可以取得的食物，像是食草动物偏瘦的肉、牛奶、蛋、水果和坚果等。

但是莱因哈特是个标准的科技人，他不是美食家，也不是赶时髦的人，因此他决定遵照最基本的原则，以科技方法来创造出最完美的食物。他研究了人体的需求，并尽可能以最基础的化学成分来设计食物。他使用的材料中，可以辨识出来的材料只有橄榄油、鱼油和盐，而成分需求包括碳水化合物、蛋白质、脂肪、胆固醇、钠、钾、氯化物、纤维、钙和铁，接下来是一长串的维生素及其他营养素。莱因哈特把这些东西全部混在一起冲泡，看起来就像颜色很浅的咖啡奶昔，也有人说像呕吐物。“一开始，我也不知道这东西究竟会对我的身体有害，还是能赐给我超能力，”莱因哈特写道，“我捏着鼻子，没抱太大希望的把它端到嘴边，做好接下来入口的东西将难以下咽的准备。结果没想到，还挺好喝的！那是我这辈子吃过最好吃的早餐了。在这杯稍微带有甜味的饮料里，我所需要的营养全具备了。”

他根据1973年的电影《绿色食品》(*Soylent Green*)，把这个产品取名为Soylent。这部电影的场景设定在未来的纽约市，那时大家唯一可以吃的东西，就只有用浮游生物做成的绿色饼干。但是剧情最后揭穿了这谎言：“Soylent饼干其实是用人的尸体做的！”

莱因哈特把自己当成这项科学实验里的小白鼠，连续一个月只吃 Soylent 和水。他每天量体重，并且抽血测量几个重要的营养素指标，然后修正 Soylent 的配方，以确保摄取到完整的营养。有一次，他血液中的钾浓度升高，心跳也跟着加快，让他感觉要昏厥过去，于是他减少了饮料中的钾含量。当体重开始下降时，他就多喝一些。一个月量的 Soylent 配方粉价格，大约是 154.82 美元，相较于过去每个月购买食材和外出就餐就要 500 美元左右，这个方法反而更经济、更营养，也比较节省时间。莱因哈特通过鼓励创新的 Kickstarte 网站众筹平台，募集到 150 万美元的资金，还从硅谷企业募集到另外 150 万美元，将 Soylent 推向市场。

从化学层面上看，Soylent 中的营养成分与已经使用了几十年的喂养管食物没什么太大区别。莱因哈特的自我实验结果也无法代表其他人，特别是广大消费者对这种饮料的反应，但 Soylent 带来的影响和味道体验也揭示了一些东西。改喝 Soylent 后，莱因哈特感觉自己更敏锐了，也不容易觉得饿，所以不会再像以前那样想要吃垃圾食品了。莱因哈特发现，精确的满足身体营养所需，让身体从不断想吃、欲求不满的循环中跳了出来，它仿佛是一种生物上的重新设定，解决了垃圾食品年代的核心问题。但问题还是来了，每天吃同样的东西实在太单调了，虽然不讨厌，却也变成例行公事似的。做完最初的实验后，莱因哈特还是继续喝他的 Soylent，但是一周内也会有几次让自己回到过去的饮食，还在 Soylent 里加过伏特加。他过去经常吃寿司，但是现在他才终于懂得欣赏寿司细腻的味道和寿司师傅的手艺。只有放弃过后，才会懂得珍惜它。

这波食物趋势再继续发展下去，等个几十年，或是更长一点，大概就是虚拟味觉的境界了。新加坡计算机科学家尼梅沙·拉纳辛格（Nimesha Ranasinghe）在研究虚拟现实时，总认为它缺了些什么。以现今的虚拟现实技术，只要戴上高科技的头戴装置或特殊手套，就可以让我们的眼睛、耳朵，甚至皮肤，都感觉自己正处于虚拟的数字环境中，像是宇宙飞船、外星世界、古罗马等。但是少了味觉，这个虚拟世界就是不完整的。拉纳辛格想知道，温和的电流是不是可以用来制造味觉，于是他利用几个雀巢公司科学家用的舌头电极来进行实验。他设计了“数字棒棒糖”，这个圆球状的装置有两个电极，一个放在舌头上方，另一个放在舌头下方。

只要调整电流的强度和频率，再配合温度的改变，就可以直接在舌头上制造出甜味、咸味、酸味和苦味的感受（还没有办法制造出鲜味）。目前的成果还很粗糙，但是拉纳辛格打算继续改良，希望有一天能制造出虚拟香气，好让整个虚拟味觉更为完整。他将“味觉”的数字记录下来，转换成计算机可以识别的 0 与 1，并上传到网上。任何有“数字棒棒糖”装置的人都可以下载这些档案，试试它们的“味道”。随着科技发展，将来厨师们或许可以把一顿饭转换成数字程序，放在网络上和世界分享。

Soylent和虚拟味觉都把食物和味道当成独立事件看待，食物的味道或风味或许只是附加价值，是一种娱乐、艺术，少了它们，好像也不会为我们的身体带来任何负面后果。但事实真是如此吗？我们的身体少了味觉真的不要紧吗？内脏的代谢作用、远古的呼唤、无法缓和的强烈欲望，味道通过这些散发着它的力量。如果让这些成为多余的，味道就失去了它的本质。味觉在工业时代造成了不少破坏，不管我们怎样去弥补，用水冲淡它也好、欺骗我们的感官也好，都无法得到令人满意的结果。我们无异于陷入了一种荒谬的两难状态，最后的结果是自我放纵，以及过度沉溺于味道带来的危险。

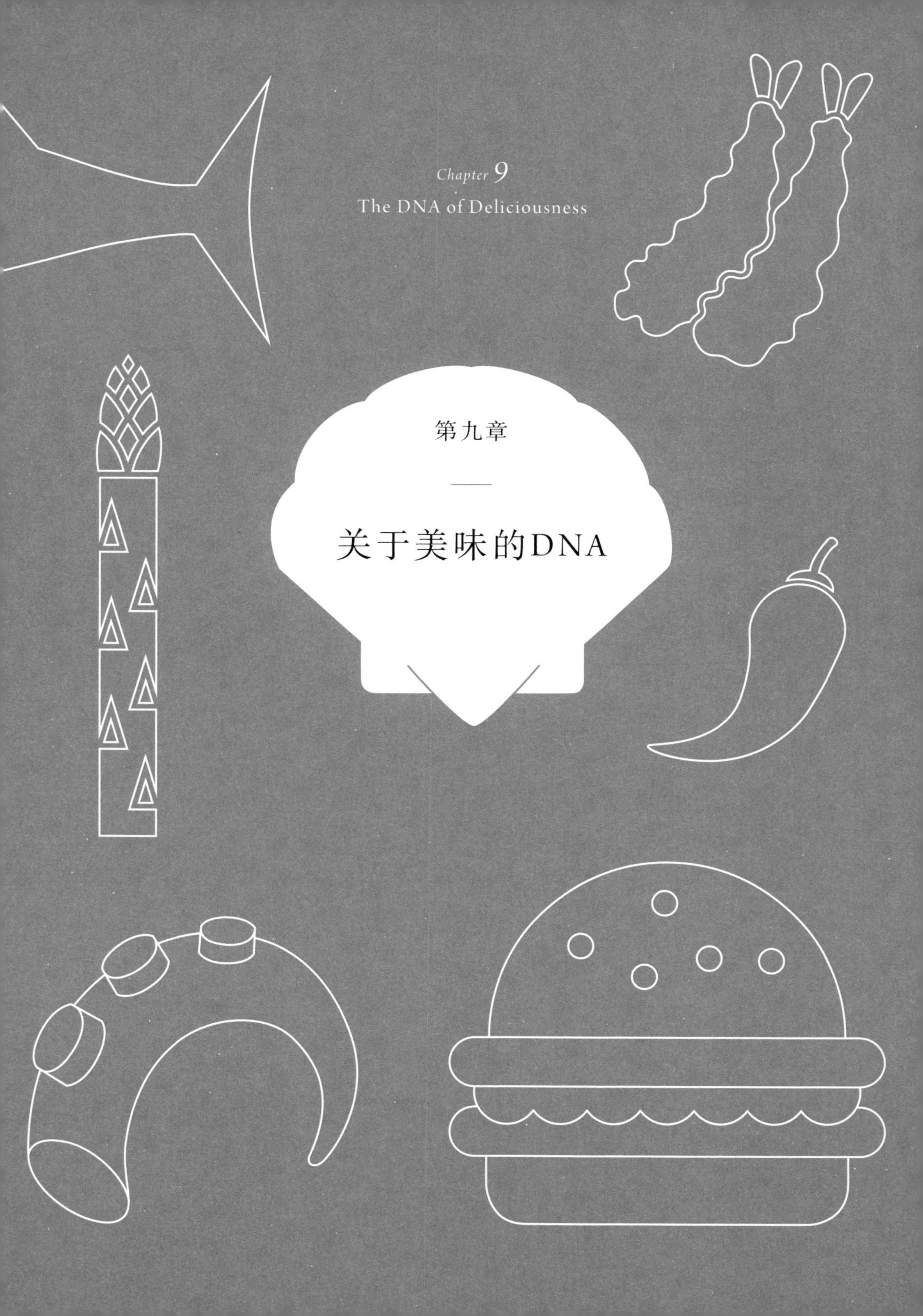

Chapter 9

The DNA of Deliciousness

第九章

关于美味的DNA

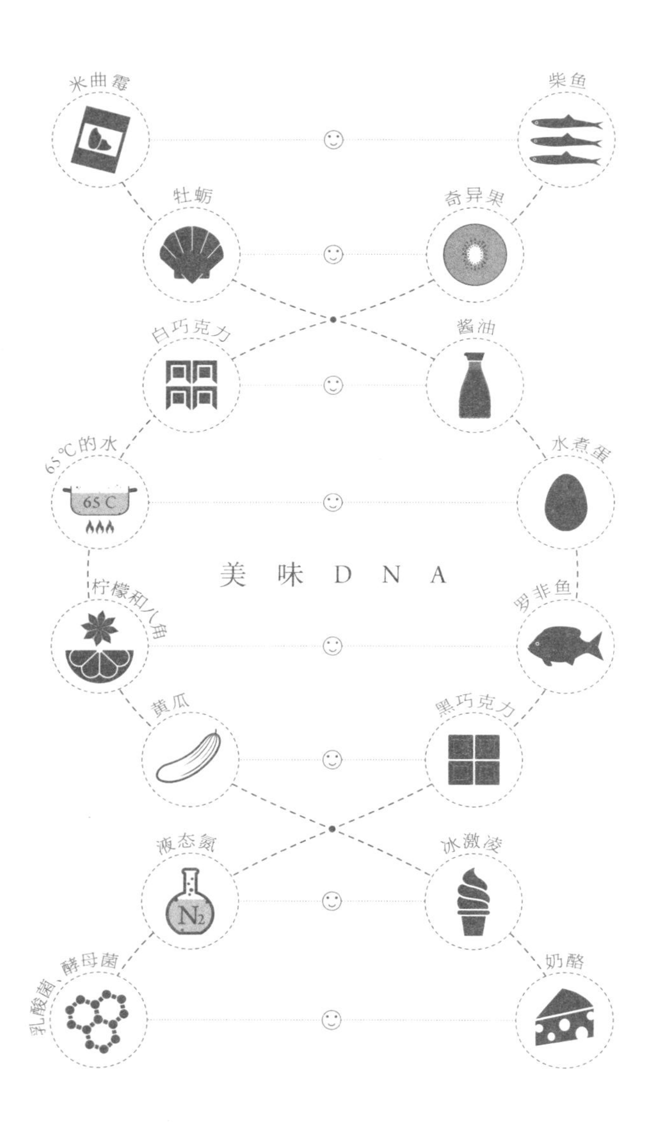
米曲霉
柴鱼
牡蛎
奇异果
白巧克力
酱油
65℃的水
65 C
水煮蛋
美味DNA
柠檬和八角
罗非鱼
黄瓜
黑巧克力
液态氮
N_2
冰激凌
乳酸菌、酵母菌
奶酪

2010 年的某一天，厨师戴维·张（David Chang）想要做一些日本柴鱼（katsuobushi），这是一种咸干鱼片，是日本传统饮食中的食材，其中 katsuo 指的是鲣鱼，是鲔鱼的一种，bushi 则是指“片”或“削片”。放到海带和豆腐味噌汤里的日本柴鱼片，会犹如玻璃纸丝带般卷起，它的味道很难形容，有点像冰岛的发酵鲨鱼肉，但是更复杂一点。做法是先将一大块鲣鱼烟熏过，然后加入霉菌，以干冰包裹，让霉菌生长，干了后就刮掉，然后让霉菌再长回来，这样反反复复几个月。渗入鱼肉的霉菌会以鱼肉为食，然后释出一系列芳香分子，这和某些奶酪微妙的气味有异曲同工之妙。带有强烈鲜味的氨基酸也在当中蓬勃发展，将各种味道巧妙的调和在一起，最后的成品像是一块扎实的木头，外表有蓝蓝绿绿的霉菌覆盖，接下来，只要将它刨成薄片就成了。

戴维·张很熟悉这种不很稳定的发酵方式，他在纽约开了五家百福餐厅（Momofuku），使用的鲣鱼都是他自己做的。现在，他来到大小只有 23 平方米的“百福餐厅美食实验室”（Momofuku

Culinary Lab)，抱着好玩的心态，对传统美食做起了实验。

他与合作伙伴，同时也是厨师的丹·费尔德（Dan Felder）和丹尼尔·伯恩斯（Daniel Burns）正在讨论如何改造日本柴鱼的制作程序，他们可以小范围的调整干燥和成熟时的加热强度，或是大刀阔斧改用猪肉取代鱼肉。日本人在厨房制作传统日本柴鱼已经有300年历史了，这个决定听起来大逆不道，但是他们主意已定。

以现实情况来考虑，用猪肉代替鱼肉是有道理的，因为一般用来制作日本柴鱼的鲣鱼和蓝鳍金枪鱼不但价格高，也已被过度捕捞。在日本，蓝鳍金枪鱼非常昂贵，而且数量很少，有时候一尾售价高达100万美元。猪肉既便宜，产量又多，甚至可以有机饲养，如果行得通，他们不但成功挑战了日本传统，还为大家省了不少钱，对环境的伤害也小。

戴维·张几人拿了一块猪里脊，将它蒸熟、烟熏并干燥，然后放在生的寿司米里熟化。他们没有另外加入霉菌，而是让猪肉里的微生物自然生长。六个月后，这块熟到石化的猪肉看起来就像一幅杰克逊·波洛克（Jackson Pollock）[1]的画作，绿色、白色、铜色交杂，这在普通的日本柴鱼制造过程中，是成功的迹象。他们称成品为“柴猪”（butabushi，buta是猪肉的意思），但是他们正准备尝试成品的味道时，意识到自己犯了个严重错误。

[1] 抽象表现主义绘画大师。——编注

改用猪肉看起来就是简单的原料替换，但是日本柴鱼的制作其实非常严谨，每个步骤都是历经数百年的尝试与焠炼留下来的，引入任何一种未知元素，都会极大改变制作过程中的微生物。戴维·张和他的合作伙伴并不知道这块固化猪肉里，长的究竟是哪一种霉菌。它们有可能有毒、会危害大众健康，就算伤害不大，也可能会污染厨房里的其他食材。就算一切都很顺利，做出来的柴猪既无毒又好吃，他们还是得面对一个最让厨师们头痛的问题：他们不知道怎么复制它。自然环境下的微生物种类组合就像雪花一样，每一片都独一无二。每一块猪肉里都住着一群独特的微生物，就算是同一种霉菌，也可能因为温度、湿度不同，产生不同的变化，以致熟化之后的味道完全不同。就算厨师们将所有因素都控制在相同的状态，也不代表会得到相同的结果。

* * *

早在几千年前，人们就已经很懂得运用发酵，但对于它的科学基础，至今我们所知仍然非常有限。最早的记录可以追溯到 1856 年，当时 34 岁的路易·巴斯德（Louis Pasteur）担任位于法国北边工业重镇的里尔大学（科学院的院长。有一位从事酿酒业的学生家长比戈（Bigo），前来向他请教一个问题：他用甜菜酿造的酒不知道为什么，都酸掉了。巴斯德过去帮他看了一下，从此就一头栽入当时最富争议的科学问题之一。有些科学界的人认为，促成酒精发酵的酵母不是活的，他们认为这只是个单纯的化学反应。另外也有些人认为，酵母是从腐败的食物或尸体生出来的活的生物。他们称这个过程为“自然发生”(spontaneous generation)。

巴斯德完全投入了比戈带给他的挑战。“路易……可以说整个人都浸泡在甜菜汁里了，整天都待在酿酒厂。”他的太太，同时也是他的实验室助理玛丽·巴斯德(Marie Pasteur)在写给公公的信里这么说道。巴斯德对从酿酒厂拿来的那些发酸的东西做了化学分析，发现其中有乳酸，也就是让牛奶发酸的物质，又分别从好的酒和坏的酒中取了样本，在显微镜下观察，结果发现好的酒里布满了酵母菌，坏的酒里面缺少酵母菌，但是有一种杆状微生物在其中繁殖。他从两边各取了一点酒混起来，结果杆状微生物制造了更多的酸，把酵母菌杀光了。巴斯德由此发现了两个酿酒桶内的不同过程，其中一个是酿酒人想要的：酵母菌可以制造酒精。另一个，基本上就是一种感染。细菌会制造乳酸，这在制作奶酪或酸奶时很重要，但对酿酒反而有害。发酵牵扯到了某种生物，它们会消化、会繁衍。过去的两个主流理论都是错误的。

巴斯德这趟酿酒厂之旅，可说是现代微生物学的起点，这门科学研究的是自然界中无处不在的微小生物，可以分为细菌、原生动物、藻类，以及包含酵母菌在内的真菌。这件事后，巴斯德决定继续钻研微生物的世界，并希望在许多与微生物相关的疾病上有所突破。他建立了我们对细菌和疫苗的现代认知，也因为这样，许多过去常见的传染病，像是小儿麻痹、天花等都逐渐销声匿迹，或至少得到了控制，过去一个世纪以来，不知道挽救了多少人的生命。不过尽管巴斯德对酿酒过程一直极有兴趣，甚至写了《发酵研究：啤酒的病灶，以及它们的病因和预防》（*Studies on Fermentation: The Diseases of Beer, Their Causes, and the Means of Preventing Them*）这本书，但我们对这个领域仍了解得不够，举个例子：我们依旧不明白，微生物如何在发酵过程中产生味道。不过和那些威胁健康的疾病相比，奶酪或啤酒制作背后的生物基础并非急迫的问题，于是就这么被大家暂时搁下了。

这也是为什么，有“百福餐厅美食实验室”这类地方是很重要的——它们试着梳理传统技术，了解其中的道理。世界各地的餐厅都兴起了这种美食再造的潮流，现代科技与古老的厨房结合，造就了一个全新领域。

会有这样的趋势，首先要归功于把烹饪视为化学的分子美食学（molecular gastronomy）。始于20世纪80年代的分子美食学，是由艾维·蒂斯（Hervé This）和物理学家尼古拉斯·柯蒂（Nicholas Kurti）创立的。蒂斯借着18世纪与19世纪的食谱、口传、故事等，收集了许多与烹饪相关的建议，并在实验室里验证。他发现，许多传统智慧其实都有科学根据，他将这些道理称为“厨艺秘籍”(culinary precisions)。其中一个，是他在法国美食家拉雷尼埃尔(Alexandre-Balthazar-Laurent Grimod de La Reynière)于18世纪写的书里读到的：烤乳猪时，如果一烤完就把猪头切掉，烤乳猪的皮就可以维持酥脆。蒂斯虽然不是很相信，仍决定加以测试。他烤了四只猪，为了确保一致性，还选择同一个农场的同一胎猪来进行公开实验。烤完后，其中两只立刻就把头剁下来，并请观众来做评审。结果发现，头先切下来的猪皮果然比较脆。蒂斯研究了这四只烤乳猪的肉后，发现了其中的道理：猪刚从火上拿下来时，肉里会充满让皮变软的蒸汽。如果先把头剁下来，让蒸汽散去，猪皮就可以保持香脆的口感了。

蒂斯在20世纪90年代到21世纪初集结了一群科学家和厨师，一起讨论烹饪中的物理化学，以及这对我们的味觉，甚至身体、大脑和心智有什么样的影响。他们开始对食材本身，以及它们的烹调方式(如烘烤、炖煮、油炸或微波)进行实验，并以出人意料的方式来研发可以刺激感官的新菜色。他们尝试以液态氮来做冰激凌(快速冷却的冰激凌质地出奇的均匀细致)，计算煮水煮蛋的最佳温度(65℃的水可以煮出蛋白是熟的，但蛋黄依旧滑嫩的水煮蛋)。受到这些研讨会的启发后，高级厨师们也纷纷成立自己的美食实验室，他们不按传统搭配食材，希望能激发出新火花。西班牙厨师费伦·阿德里(Ferran Adrià)在杧果汁中加入一种从藻类提炼出的盐，然后极速冷冻做成球状，使它看起来就像蛋黄或鱼子酱，或是将帕尔马干酪拉成像棉花糖般的丝状。

“吃这件事除了会用到各种感官，也和我们的心智有关。”西班牙加泰罗尼亚地区斗牛犬餐厅（elBulli）的厨师阿德里、英国布雷（Bray）肥鸭餐厅（The Fat Duck）的赫斯顿·布卢门撒尔（Heston Blumenthal）、加州纳帕谷（Napa Valley）法国洗衣店餐厅（The French Laundry）的托马斯·凯勒（Thomas Keller），以及备受尊崇的营养学作家哈罗德·麦吉，一起在2006年发表了这样的宣言。800字的宣言内容信心满满，充分展现了大家对21世纪美食的野心。宣言中还提到，烹饪的最高目标，就是为大家带来快乐与满足。要达到这个目标，唯有完全控制感官，但是处于这个感官超负荷、信息膨胀的年代，一般而传统的烹饪方法已经不再好用了。“将食物准备好、端上桌，已经成了一门既复杂又具综合性的表演艺术。为了将食物与烹调的潜力发挥至极致，我们和食品化学家、心理学家、工匠、艺术家（包括各种领域的表演艺术）、建筑师、设计师、工业工程师等展开合作。我们相信厨师互相合作并互通有无是重要的，大家都乐于分享彼此的想法与信息，也对那些创造新技术与新菜色的人心存感激。”

223

自从早期人类学会了用火，创造了最初的食谱之后，味道就成了文化上的第一个严峻考验。如今，美味发展的巅峰可说是高雅文化里最前卫的艺术形式，也是通往非凡成就之路。创新的神秘本质、复杂的化学反应，以及微生物的生命节奏，让美食从本质上来说，比艺术、音乐、写作或拍电影还要复杂。

另一方面，来自微生物学、遗传学和神经科学的新工具，也会帮助塑造感官体验，同时也为饮食传统带来挑战与复兴。这样的付出充满野心，它们的规模显然要比颠覆食品工业的那些技术要小，不过影响力却是非凡的，因为它们传承的，可是来自19世纪御用厨房里的高级饮食，以及直接或间接塑造大众饮食的一流餐厅。茱莉亚·蔡尔德借着电视节目，将法国料理的精华介绍给广大的美国民众，连锁餐厅也跟着借鉴其中的精华。如果某间厨房实验室解决了发酵过程中独特的动力学问题，那么其他人也会跟进。

“百福餐厅美食实验室”的厨师没有因为他们做出的柴猪可能具有潜在的危险，就打退堂鼓。“我们拿失败配饭吃，”2012年到2014年间担任实验室主任的费尔德说道。从错误中学习，是破解烹饪过程的方法之一，我们可以从中学习每个元素之所以导致成功或失败的原因。以柴猪的例子来看，问题出在我们不知道猪肉里有哪些种类的微生物。费尔德取了些样本，寄给在哈佛大学系统生物学中心研究真菌和细菌行为与基因的蕾切尔·达顿（Rachel Dutton）。达顿将这些霉菌加以培养，提取了它们的DNA。经过基因测序，并和微生物DNA数据库比对后，确定里面含有六种真菌和两种细菌，不过都是安全的，这让大家松了一口气。但是有一件事让达顿想不通，她原本预期样本中会有米曲霉（Aspergillus oryzae）的，因为这种霉菌在日本柴鱼的制作中扮演了相当重要的角色。日本料理中常用的米曲，也是在米饭中加入日本清酒中的霉菌做成的。达顿发现，野生的毕赤酵母（Pichia burtonii）反而占了大多数，这种微生物不管在生肉或烟熏的肉类中都不常见。“我们实在不知道它是打哪儿来的，”费尔德说道，“是原本就存在于空气中呢，还是来自厨房？”

我们用“风土条件”(terroir）来指一个地方留在葡萄上的味道，连带着，葡萄酒里也会有来自土地、海洋、气候、风与湿度的变化模式、土壤化学的痕迹。另外，还有来自微生物的影响，它们几乎覆盖了自然界中的所有东西，它们在每个角落、每个季节的分布都不一样。也因此，任何发酵制作的食物都有它独特的风土条件。“百福餐厅美食实验室”位于下曼哈顿区，由于地理位置的关系，这里的毕赤酵母会在食物的味道中留下它独特的痕迹。实验室的研究伙伴起先不知道会是什么样的味道，都市里的微生物制造出来的味道说不定非常可怕，但是当他们尝了柴猪的味道，发现它的味道竟如此美好，除了明显的猪肉味，还有鱼肉独特的烟熏味。

毕赤酵母的发现是个重要的关键。利用可以产生味道的毕赤酵母，再加上纽约市的其他微生物，或许百福餐厅可以创造出独一无二的美国版日本料理，而不只是一味的模仿原始的味道。我们的祖先当时花了几百年，才拥有驾驭微生物的能力，但是以现在的科学技术，只需要几个月就可以完成了。

制作第一批柴猪或许只是心血来潮，但是费尔德决定接下来要按部就班地来完成这件事。他进行了一系列实验，来评估毕赤酵母产生味道的能力，并和原本的米曲霉进行比较。但是结果十分令人失望，就像肥胖的慢跑者与职业马拉松选手竞赛一样，毕赤酵母表现得糟糕透顶。在某次试验中，费尔德分别在猪肉和牛肉中植入这两种霉菌，结果米曲霉制作出来的成品，不论味道、香气、质感还是一致性都是胜出的。米曲霉作为发酵剂的历史悠久，它既可靠又可预测，所以很容易便可以复制出相同的味道，更令人惊讶的是，即使是不同的肉类，也不会改变它的优良特质。不管怎么说，这都是新的尝试，从这个角度来看，可以算是成功的，但是毕赤酵母落败，还是令费尔德相当失望。

复制第一批柴猪的味道时，他再度陷入困境：做出来的柴猪味道又不一样了。“环境不同了，生态系统也改变了，所以没有办法复制上一次的催化作用，”费尔德说道，“我们只分离出其中一种微生物，其余的都还是未知数。”也就是说，第一批柴猪的味道并不光是毕赤酵母产生的，而是它与其他微生物交互作用，多种新陈代谢综合起来的结果。

虽说失望，却也是宝贵的新见解。我们从这件事得知，微生物不会那么容易乖乖就范，还有，关于美食与风味，我们不懂的事还太多了。“我们对区域性微生物的了解还不够，”费尔德说道，“但是说到创造新的风味元素，我们的潜力是无穷的。”

费尔德持续在微生物圈里打转，他把研究成果写成论文发表，题目为《定义微生物风土条件：利用当地真菌研究传统发酵过程》(Defning microbial terroir: The use of native fungi for the study of traditional fermentative processes)。他后来还做了柴鸡(味道不错，但是肉质很糟)，并且在经历多次失败后，端出了颇为像样的柴牛(有一点铁和肝的味道，但质感非常好)。此外他还更换了传统日本料理中的食材，想看看会产生什么效果。例如用斯佩尔特小麦(spelt)、烤过的绿色麦子、麦米(farro，一种全麦)、黑麦、大麦或荞麦等取代白米，也试过以开心果、腰果、松子、扁豆、鹰嘴豆和红豆来取代大豆。费尔德做出来的开心果味噌是绿色的，他在这道菜上下了许多功夫，现在，这个历尽千辛万苦的科学发酵成果，已成了百福餐厅的招牌菜。费尔德用汤匙挖了一点给我尝尝，味道非常好，浓郁而不腻、朴实却令人难忘。

与此同时，达顿也把她的微生物触角延伸到奶酪了。结合两种、三种，甚至更多种发酵，可以把牛奶中无味的固体部分(凝乳)转变成味道浓郁的奶酪。这是多种真菌和细菌参与交互作用的结果。“相对来说，奶酪的制造算是简单的了，”达顿说道，“人类肠道里的微生物种类少则数百种，多则上千种，但是奶酪里只有十种左右。不过也因为参与的微生物种类不多，只要有任何改变，都会在味道上明显的表现出来。”

她开始和碧玉山农场(Jasper Hill Farm)合作，这个农场位于佛蒙特州(Vermont)的格林斯博罗(Greensboro)，以手工制作的传统奶酪著称。天还未亮，农场中的工作人员就开始挤牛奶，

46头埃尔郡牛（Ayrshire cow）大约可以挤出1136升的牛奶。接着，将乳酸菌、酵母菌和催熟剂加入还微温的牛奶中。细菌会将乳糖分解成乳酸，使牛奶开始变酸，大约五个小时后，再加入凝乳酶将牛奶固化。我去参观的那天早上，在制作奶酪的斯科特·哈伯（Scott Harbour）正将一把刀子状的工具浸入牛奶里，测试里头的脂肪是否变成凝乳了。几分钟后，大缸里开始出现闪着亮光的固体，糊状半成品散发着酸味，哈伯和一位同事用手切出一块，把它移至不锈钢台面。接着，将它放进压制奶酪的圆筒状模子，并定时翻转它们，将水分均匀地挤出来，好让成品的质地一致。

我带12岁的女儿汉娜一起去看奶酪的制作过程。她特别喜欢奶酪这种细致、味道丰富，还带点鲜味，吃了会让人心情变好的食物。如果可以，她可能会三餐都吃奶酪通心粉、烤奶酪三明治、墨西哥油炸玉米粉饼、比萨、撒满帕尔马干酪的意大利干酪饺子。除了这些东西，其他东西她几乎都不吃。我们的儿科医生有点担心她的饮食习惯，我们也开始限制她吃的奶酪类食物量，但这么做只是徒增奶酪的魅力，“不能吃奶酪”这件事成了带有讽刺的笑话。她把“奶酪”当口头禅，网上的头像则是一块瑞士奶酪。

碧玉山制作的，是一种叫维尼米尔（Winnimere）的软奶酪。沥干后，将直径大约13厘米的半固体奶酪条切成小圆轮状；下个步骤会在地下室里进行，制作奶酪的工人用杉树皮将一个个小圆轮包起。汉娜穿戴上帽子和围裙后，也开始帮忙用树皮包这些奶酪，并以黑色橡皮筋固定。树皮除了可以固定形状，还会在奶酪表面留下微生物和木头的气味。熟化的过程中，这些以青霉菌为主要成员的微生物群，会形成一层带有蘑菇味的硬皮。要是在此过程中不小心被病毒污染，这层硬皮会变成黄色，并产生一股闻起来像洋葱的刺鼻酸味。此外，这些霉菌还会和奶酪内部的乳酸菌交互作用，由于每一个点的微生物组成都不同，制作完成后尝起来的味道也会不一样。

带点粉红色和橘色的光泽，是维尼米尔奶酪的招牌特色，让人在众多奶酪中，一眼就能认出它来。达顿想找出这些颜色在生物学上的意义，她使用的技术很简单：把奶酪放在培养皿中培养，观察它们的表现。当她打开培养皿的盖子，一股刺鼻的臭味传了出来，但是里面没有奶酪。她带我们进到储藏实验奶酪的冷房，一块块的小奶酪整齐的摆放在塑料容器中，里头加了各种霉菌和细菌组合，其中有一个放的是鲜绿色的青霉菌和土壤中常见的黄色节杆菌（Arthrobacter）。达顿把那个容器翻转过来，节杆菌散发出鲜艳的粉红色，旁边还有一种身份有待确认的霉菌。

“我们想要知道节杆菌制造的是什么样的色素，还有，为什么要制造这些色素。它们有什么功用吗？是为了破坏生长在它旁边的那些霉菌，抑或只是一般的保护反应呢？”她说道。

有些微生物种类为了生存，会和其他物种形成互利共生的关系，或是竞争关系，两者都可能会让微生物制造出特殊的色素和味道。了解这些关系后，我们可以在制作奶酪时对微生物进行小幅调整，让奶酪在色泽和味道上更好。但事情没有这么容易，即使是我们已经认识的微生物，它和环境间的互动也有许多我们未知之处，就像之前还没被辨识出来的毕赤酵母一样。或许是牛吃的草中的某些物质，或许是某种空气中的细菌进入了熟化储藏室，这使得每一批奶酪的制作都存在着随机性。碧玉山打算利用达顿在百福餐厅使用的方法，先找出当地的霉菌和细菌。大部分的美国奶酪业者使用的菌种，都是取自欧洲，找出当地的微生物群系，可以为他们发展出具有佛蒙特州特有风土条件的奶酪。

想要维持这样的风土条件，只能允许特定的微生物繁衍兴盛，因此熟化过程必须非常谨慎。负责监控这个过程的佐伊·布里克利（Zoe Brickley）带我们来到碧玉山的储藏室，那是七个由同一轴心往不同方向挖出来的低地洞穴。天然的低温和湿度，让碧玉山的奶酪制造者有几个星期到几个月的时间，只需要微调环境，就可以酝酿出最好的味道。这里的温度控制在约 9.4℃至 11.6℃，湿度则维持在 98% 左右。

一轮轮的切达干酪直径 46 厘米，厚 15 厘米，用布包起后，层层叠放在高高的架子上。刚成形的奶酪会先用麻布缠起，接着还会在上面和底部放上圆形的布，并涂上猪油，这可以防止奶酪变干，也为霉菌提供了新的居所。接下来几个月，持续繁衍的霉菌会让奶酪变得蓬松。尘螨会在猪油上留下孔洞，让麻布暴露在空气中，这么一来，反而有助于维持湿度平衡。奶酪得经过大约一年才会成熟，而架上这些奶酪的年龄在全新到十三个月间。

湿润沉重的空气中，夹杂着氨和尘螨散发出来的气味。奶酪的味道就这么一点一滴的酝酿累积，每块奶酪都有它独特的轨迹。布里克利拿了个取样的小工具，穿到一大块奶酪的底部后，挖出了一点奶酪。这奶酪的味道和那些大量生产的奶酪很不一样，不带一点儿苦味或硫黄味，有的只是甜味和鲜味。不过这块奶酪太容易碎了，这不是好迹象。"沙沙的，很容易就散了，"布里克利说道，"我不认为之后会好转。"这块奶酪里的细菌制造了太多酸，把发酵搞砸了，里头那些可以让奶酪滑顺的钙质等矿物质的量也都减少了。相邻的那块奶酪熟化时间不过短了一个星期，但完全不一样。就像文明本身一样，每块奶酪里的微生物群系，也有各自的兴衰存亡。这块奶酪很滑顺，还带点菠萝味，但仍然少了点什么。"不够浓郁，"她说道，"我觉得可以再浓一点，像白味噌一样。我认为汤汁中，白味噌是最淡的，再来是鸡肉汤、猪肉汤，最后是红肉煮出来的汤汁。"

碧玉山是由安迪·凯勒（Andy Kehler）和马特奥·凯勒（Mateo Kehler）兄弟创立的，两兄弟原本学的都是可持续农业，但是后来把焦点转到了美味的微生物生态学。一边是大脑快乐中枢网络的反应，另一边是霉菌和细菌间的战争，两者捉摸不定的程度不相上下。“一天晚上，我和我六岁大的儿子聊了一下，因为他越来越挑食了，”安迪·凯勒告诉我，“他说：‘爸爸，我长大要写一本书，讲最好吃的东西！’这是在他吃了几颗加了芥末的酸豆后说的。他的好吃绝对不会是猪排、马铃薯，或是昨天晚上的美味蘑菇，而是酸豆。”

美味是个很模糊的概念。每个厨师都想要创造美味，每个人也都想要品尝美味。我们可以把它大略定义为食材、烹饪技巧、展现方式，以及一同享用的同伴共同创造的味道，并非单一元素就可以决定的。美味不只是好吃而已；调味料也很好吃，但是称不上美味。就像食品制造商发现的，它还需要一点复杂性、一点对比，利用不同的口味、香味和质感，来刺激我们大脑的快乐中枢，挑逗我们的感官，而不是那种四平八稳的感觉。

这波烹饪科学浪潮的目标，是希望以设计的方式，把美味制造出来。碧玉山的工作人员会试吃自己制作的奶酪，并且写下非常详尽的试吃备忘。他们受过训练的味蕾通常可以达成共识，只有在接近完美时，大家才会有比较明显的争议。为了找出其中的原因，他们决定利用数据寻找答案。他们收集数据，并把数据绘制成图表，就像 Opertech 在费城实验室用大鼠做实验一样。他们把所有的等级整合成“好吃指数”(Deliciousness Factor, DF)，从一到十，满分是十分，表示奶酪好吃到极点，但这很少见，七分表示很不错，六分和五分表示有些缺点。他们还会利用数据来分析有缺陷的部分，并针对奶酪的质感、甜度、咸度、外皮的状态，以及熟化轨迹做出“蜘蛛图”(Spider graphs)。在蜘蛛图上，每个数据点都沿着同一个主轴向外延伸，连接每个点后得到的图形越大、越圆，表示那块奶酪的质量越好。如果有某些方面特别差，那么画出来的图棱角就会比较明显。情况最糟时，所有的点都会靠近中心，看起来就像个黑洞。

美味这样微妙的感受竟然可以被精确的量化，乍听之下有点不可思议，但是在这个数字化的时代里，世界就像是包含隐藏行为模式的数据累积。将奶酪的味道画成图，就可以找出它们的问题出在哪儿，究竟是熟化过程有缺失、微生物破坏，还是湿度异常等。如果所有食谱，或者所有料理都可以像这样被拆解，然后利用无所不能的数字魔法揭露它们蕴含的动力学，会是什么样的景况呢?

一份好的食谱取决于食材之间的关系，这包括一起烹煮后的化学互动与改变，还有味道上的结合。但是，就像没有定性的微生物新陈代谢一样，食谱也是科学上的黑匣子。有些基本原则是我们已经确知的，像是美拉德反应告诉我们，东西煮得稍微有点焦黄色，会更有味道。但是还有许多食谱背后的化学原理，我们依旧不清楚。这波分子美食运动的成员之一尼古拉斯·柯蒂曾说：“我们连金星大气的温度都可以测量，但却连蛋奶酥是怎么一回事都搞不清楚，这真是我们文明中的一大憾事。”

物理与计算机科学家安庸烈(Yong-Yeol Ahn)曾经设计过新陈代谢过程的计算机模型，并做过社交网站动力学的计算机仿真，后来才把重心转到食物上。这些主题看似毫不相干，但都是由数百万个小零件组合成的复杂系统，都是凭借可以被分析、了解的共通原则进行的。

就像恶心一样，好吃的定义也会随着一个地方的文化和传统不同而有所有差别，有些食物就是没办法在其他地方受到欢迎。以奶酪为例，发源于土耳其的奶酪西进后，很快就被大家接受了，但一直没有获得亚洲人的青睐。同样的，有些东方人认为的美食，像是燕窝汤之类，也很难被西方人的味蕾接受。不过与其说是通则，还不如说这样的食物是例外。大家出国时，不管去到哪里，几乎都能找到自己喜欢的异国料理，也就是说，有些食材的组合，是超越地理与历史背景的。天体物理学家可能会想研究掌控空间与时间结构的基础作用力，安庸烈则是希望找出隐藏在各种料理间的共同点与相异点。

他按照世界上的现有食材估算了一下，具有可行性的食谱大约有 10^{15} 个。然而他只在网络和数据库中找到几百万个，这表明大部分的菜肴还未被开发，或许这些食谱将来会有被发掘的一天。

安庸烈埋首世界各地的食谱，建立了一个含有 381 种基本食材与 1021 种味道的数据库。这些数字不是很大，但数量不是重点，重点是它们之间的关联。在一个电话网络中，两个人之间只能有一条连接；四个人之间有六条；十个人的话，就有 45 条连接。为了建立这些食材间的连接，他探讨了它们共同的化学组成，有些关系非常近，有些则像远房亲戚。借着这些结果，他将各种食材之间的关系量化，并在虚拟的三维空间中画出它们之间的连接。

在二维空间里，这张世界美味偏好图看起来就像银河系。每个点都代表一种食材，点越大代表它越重要，位置越近的食材关系也越近，不相关的食材距离则较远。

226

这些图将历史造就的隐藏美味差异揭露了出来。西欧和北美洲料理比较倾向使用单一味道，所以经常把味道相近的食材搭在一起，例如蛋、奶油和香草。东亚和南欧料理则喜欢把对比强烈、化学上相异的食材搭在一起，例如蒜、酱油和白米。来自东亚、拉丁美洲和南欧的料理有重叠的情况，这三种料理都使用了大量的蒜，并搭配洋葱、西红柿和辣椒使用，它们和西欧料理或北美洲料理完全没有共同元素。

“食物配对”(Foodpairing）这家比利时公司，就是基于这种配对的想法设立的。公司的创办人伯纳德·拉乌斯（Bernard Lahousse）表示，这个灵感来自英国肥鸭餐厅的大老板赫斯顿·布卢门撒尔。20 世纪 90 年代，布卢门撒尔就曾和物理学家、化学家和调味师们一起开会，向他们请教菜单设计的建议。一天，他拜访了位于日内瓦的芬美意（Firmenich）香料公司，该公司实验室里的一位科学家发现，肝脏中的某种化学成分也出现在了花的香气中，茉莉花中尤其明显。当茉莉花的香气浓厚到某个程度时，就会有点肉的味道，或许是要吸引昆虫的缘故。回到餐厅后，布卢门撒尔设计了“鹅肝酱佐茉莉花酱”这道菜肴。之后他一时兴起，又将巧克力和鱼子酱结合，效果也非常好，事后他在实验室中发现，这两者都含有高浓度的胺类（amines），这种尚未完全分解的蛋白质可以释放出浓郁而复杂的香味。

拉乌斯原本学的是药物制剂工程师，21世纪初，他开始对食物中的生物化学产生浓厚兴趣。“我会主动去找厨师毛遂自荐。我问他们：‘我是科学家，有没有我帮得上忙的地方？’”他曾经和几位厨师一起改良食谱，对于他们所受到的限制感到非常震惊。“费伦·阿德里可以让斗牛犬餐厅停业六个月，在那段时间内尝试数千种组合，然后挑出最好的一个，但是大部分厨师都没有这种本钱。”（因为他们不是明星厨师，所以必须马不停蹄的工作，以维持餐厅的营运。）

拉乌斯将水果、蔬菜、巧克力、牡蛎、牛肉、咖啡、醋、酒等食材的成分全都拆解了，接着他建立了一个数据库，并写出了可以辨认食物中芳香化合物的算法。绘制成图后，这个算法得到的结果和安庸烈的颇为相像。性质相近的食物会搭配在一起，组成最佳组合。有些不出意料，但有些组合则是大家料想不到的，像是牡蛎居然与奇异果和百香果很搭，黄瓜可以配黑巧克力，白巧克力可以配酱油。除了通过替餐厅和食品公司分析特定的食物搭配来获利，拉乌斯也在网络上公开了上千幅香料树状图，让厨师、调酒师、家庭主妇等自由使用，从中获得灵感。他把味道、质感和颜色都纳入考虑范围，大大提升了食物的复杂度。

继2011年人工智能程序沃森（Watson）在益智问答节目《危险边缘》（*Jeopardy!*）中打败人类之后，它的发明者IBM公司又替它找到了一个发挥认知能力的领域。沃森成了第一位虚拟大厨。这个系统与安庸烈和拉乌斯的数据搜寻系统很类似，目的都是要寻找合适的食材组合，然后借助科学信息来推测它们在现实生活中的味道。但是沃森的能力有限，它没有办法像真正的厨师一样，在烹煮过程出错时立即察觉，然后想办法修正。为了解决这个问题，IBM的工程师和来自纽约烹饪学院的厨师们进行了合作。这些厨师会提出像是瑞士式泰国芦笋蛋饼、澳大利亚巧克力玉米煎饼，或是比利时培根布丁等菜色，然后大家一起修改这道菜的做法、分析背后的算法；结合了计算机工程和抽象推理，加上人类的经验、直觉和灵感，这一回，人类和机械成了创造新口味的伙伴。

* * *

鲜味是将许多食物配对结合起来的重要元素，它可以在不同的味道和气味间形成协同效应，同时帮原本味道较淡的食材提味，像是让奶酪里的苦味和酸味融合，也让鸡汤别具风味。食品公司想要找的，就是具有这种特质的食材，而不是味精那样的化学替代品，并且希望用它作为全能调味料，甚至取代盐。

目前只在亚洲料理中被广泛使用的鲜味，还仍是个有待钻研的味道，竟然就得一肩扛起所有美味问题。尽管它的味道难以捉摸，但是科学已经领教过它的功力。就基本味道来说，鲜味和甜味很相似，都是冲着大脑的快乐中枢而来。过去这十年，西方料理也开始受到鲜味的影响，味觉地图也跟着改变了。

鲜味是直到1907年才被确认出来的基本味道，当时东京帝国大学的化学家池田菊苗（Ikeda Kikunae）发现，他午餐常喝的海带鱼汤（由干海带和日本柴鱼熬煮而成）里，存在着一种神秘而特别的味道，可以让整个汤里的所有味道更和谐。于是，他买了11千克的干海带，打算把这个味道从中分离出来。他将海带切细熬煮，然后以各种方式蒸馏，最后得到了谷氨酸（glutamate）沉淀。这是一种氨基酸盐类，也是组成蛋白质的一种基本成分。池田将他的发现发表在了某个日文期刊上，因为是日文，所以在西方没有受到太大的关注。又过了90年，鲜味受体才被确认。2005年，亚当·弗莱施曼（Adam Fleischman）吃着洛杉矶地区知名汉堡连锁店In-N-Out Burger的汉堡，里头夹了厚厚的肉排。这时，他的脑海中突然出现了“鲜味”这个字眼，乍听之下颇有异国风味，和他嘴里的食物不大相干，但汉堡里充满了鲜味却是千真万确的事。

弗莱施曼是洛杉矶酒瓶盘石（BottleRock）酒吧和维诺泰克（Vinoteque）酒吧的合伙人，他曾在美食圈里听过“鲜味”这个词，也在赫斯顿·布卢门撒尔等厨师的食谱上读到过，大家都在尝试把鲜味融入他们的美食创作中。“我想知道是什么东西让汉堡、比萨这么让人无法抗拒，”他说道，“把汉堡、比萨和九种其他食物摆在一起供人选择，汉堡和比萨获选的概率高达 80% 以上。”鲜味是它们共同且未受到重视的元素。弗莱施曼决定做出更具鲜味的汉堡。

他去了圣塔莫尼卡（Santa Monica，位于加州）的一家日本超市，买了一大堆酱油、味噌、鱼露、海带鱼汤之类的高鲜食材。回到厨房，他花了几个小时将它们煮烂、混进碎牛肉和碎猪肉，再加入帕尔马干酪等同样也是高鲜味的食材。根据他的说法，他那天晚上做出了“鲜味汉堡”。

接着，弗莱施曼卖掉了他在酒吧的股份，把钱拿去开了一家餐厅。他的时机很对，那是鲜味起飞的时代。虽说鲜味已经缓缓进入了当时的饮食文化，但说到在“百福餐厅美食实验室”里生长的微生物群落，绝大多数人是闻所未闻的。所幸，弗莱施曼所处的，是这波新潮流的全盛时期，有越来越多喜爱烹饪的人跟上了这股潮流。“如今的顾客比起十年前要精明多了，有很多人在留意这些发展，他们知道厨艺界有哪些新鲜事，更对这些事充满好奇，”他说道，“他们也想知道你是如何做的。”鲜味成了一种概念、一个品牌，就像“可乐”一样，“鲜味”也在大脑的味道认知能力中占了一席之地，这个词代表某种神秘、丰富而迷人的东西。理论上，表示基本味道的词应该属于一种总称，所以美国专利与商标局（US Patent and Trademark Office）对于是否应批准对这个词的专有使用权进行了一番考虑。最后，弗莱施曼还是成功取得了使用“鲜味餐厅”（umami café）和“鲜味汉堡”的权利。

好吃和新奇果然是致胜的组合：五年下来，弗莱施曼已经开了20家餐厅，地点遍及洛杉矶、旧金山、纽约和迈阿密海滩。他的目标是150家店。“我们希望拓展到全世界，”他说，“但不是像麦当劳那样随处可见的店，可能一个城市开个三家之类。”你现在可以买到他们家的鲜味汉堡调味料、酱汁、T恤等商品。除了汉堡店，他还开了一家让客人可以根据自己喜好定制比萨的比萨店。

标准的鲜味汉堡有八种主要材料：牛肉、帕尔马干酪、西红柿、香菇、焦糖洋葱、鲜味酱、鲜味粉和番茄酱。但它不是单纯只有鲜味，而是包覆了整个味蕾的丰富感受，却没有丝毫油腻。鲜味的表现颇为温和，还保留了一些空间给其他味道。“如果整个都是鲜味，味道也不会太好，”弗莱施曼说道，“没有人会只吃海带，或是光吃鳀鱼，但是大家确实喜欢在食物中添加点鲜味，像是在肉酱里加点鳀鱼之类。这是一门科学，重点是要找到平衡，让它可以和其他食材互搭。”

鲜味汉堡和21世纪的多数美食原则不大一样。鲜味讲求的是和谐，而不是对比；是舒适，而不是刺激。鲜味汉堡可以让这些特质提升两倍、三倍、四倍。弗莱施曼表示，汉堡不是重点，虽然这里的汉堡和其他汉堡有点不一样，它只是一个大家熟知的工具，我们希望借着它，带领大家来一趟鲜味之旅。

* * *

在大厨师、美食家、食品公司的欺骗与诱惑之下，我们的食物选择太多、对比太强、刺激太大、好吃过头，以致大家渐渐失去了对个别味道的鉴赏能力。利奥尔·列夫·西卡兹（Lior Lev Secarz）在纽约开了一家店，专门出售他亲自调制的香料和香料饼干，店名叫“盒子”（La Boîte）。美国人的品味太让他失望了，一次，一位经常出差到日本的朋友告诉他，每次到日本，他都得花上三天来清除美国食物残存在口中的味觉大轰炸，在那之后，味蕾才有办法好好品味像是寿司之类口味清淡而细腻的食物。“我们喝汽水、烈酒，吃辛辣的食物、酸性的食物，”西卡兹说道，“我们的舌头、味蕾都被破坏了。在美国，如果我精心煮了道清汤，里面放了一片生鲣鱼和一些柠檬草，吃的人肯定会问：‘有辣椒酱或A1酱[1]吗？’因为我们已经无法品尝东西原本的味道了。但如果你住在日本，可能会觉得没有什么东西比这道汤的味道更丰富的了。”

在以机器和分子反应挂帅的现今厨艺世界，成长于以色列、在法国受训成为厨师的西卡兹是个异数。他使用的工具只有研

[1] 美国人经常用这种酱汁蘸牛排吃。——编注

钵、碗、量杯，然后凭着他的味觉和直觉，以我们已经使用了几千年的香料来创造出新味道。“在当今的烹饪工业中，很难有什么独特的表现，”他这么说，“可以做的事都有人做过了，现在大家逐渐明白，我们不需要发明什么新东西，也不需要更多绚丽的火花，只要诚恳的以最好的食材，做出好味道的食物，那就是你的个人风格了。”

他位于曼哈顿区的这家店，闻起来就像丝绸之路上的中世纪市集，充斥着辣椒和香菜等香料的味道，客人们只要随着香气就可以找到这家店。店里的香料不需要试吃，通常只要稍微闻一下味道就够了。

这家店早上不营业，店里只有西卡兹一个人，他会花些时间上网，搜寻材料的价格和市场供应。他使用的香料来自世界各地。“香料属于农产品，”他说道，“世界某个角落的某个人花了很长的时间照料它们，我们才能享受成果，但有些年的收成好，有些年的收成差。”有时可能会因为自然灾害、社会动荡或是其他经济因素造成歉收。像叙利亚内战，就让他无法从那边取得质量最好的孜然，逼得他只好另外想办法。他最喜欢的香菜是印度香菜，但印度香菜几乎都用来应付内需，因此他只好退而求其次，改使用加拿大的香菜。

在搭配这些香料前，自己得先有初步的想法，有时这个想法是来自某个特殊需求。偶尔，西卡兹也会根据某个他发现的新食材来研发新配方。他会先把他认为可行的材料写下来（一般来说，一个配方可以包含 9~23 种香料，平均大概是 13 种)，接着针对每一种香料进行考虑，想象它们之间会形成什么样的交互作用，连混起来后的颜色都要考虑到。有时用炒的、有时用烤的，有时把它们一起磨碎。磨成细粉的香料可以立即尝到它的味道，粗糙些的香料则需要咀嚼，让香味一波接一波释放出来。初步混合出来的香料还得经过一系列的测试："包括闻它的味道、摸它的触感，然后煮、煎、用烤箱烤、火烤、做成喝的等。"

他有个名为"微风"(Breeze）的配方，里面加了柠檬和八角，它们可以让再平常不过的罗非鱼也令人赞叹。他做的饼干也一样好吃，"达莉亚"(Daria）是加了柳橙、咖喱和黑巧克力的饼干；"沙漠玫瑰"(Desert Rose）里有芝麻、含盐奶油、玫瑰花蕾和小豆蔻，吃起来有种绿洲的感觉。由于长期钻研香料，西卡兹发现了不少宝贵的秘密，像是"放一粒胡椒到嘴巴里，把它咬破，然后喝一口咖啡，"他说道，"那感觉像是往咖啡里放了两个糖包，或是一茶匙糖一样。"

在各种美食场所中，酒吧可说是科技与传统竞争最激烈的地方。求新求变的鸡尾酒技艺，让酒吧俨然成为研究味道的化学实验室，但是下曼哈顿地区的"布克 & 达克斯"(Booker and Dax）酒吧老板戴夫·阿诺德(Dave Arnold）不打算随波逐流，不想追求那些后分子美食学的陈词滥调，干那种用液态氮将饮料和水果快速冷冻之类的事。虽然他的餐厅外也有一桶液态氮，看起来就像酒吧的哨兵,但对他来说,那只是工具,不是重点。"我们希望做出来的饮料看起来就是饮料,确实会想要改变一些我们在酒吧后台制作鸡尾酒的方式,但不打算完全颠覆大家对鸡尾酒的印象," 他说,"所以我们的鸡尾酒里没有冷冻小球,也没有泡沫高叠之类的噱头。我认为那些东西都是一时的流行,我相信一般人也没想要改变他们喝酒的方式,他们只是想要在原本熟悉的东西里,来点小小的惊喜。"

阿诺德是厨师、饮料调配家,也是个全才(布克和达克斯是阿诺德两个儿子的名字,这家酒吧也是百福餐厅企业的一分子),他拥有耶鲁大学哲学学士学位和哥伦比亚大学艺术硕士学位,但没有受过专业的烹饪训练。不过,凭借聪明才智与多方涉猎,他已经逐渐走在这个领域的前沿。他是纽约国际烹饪中心(International Culinary Center in New York)的第一任科技主任,这是因为他对离心机、真空干燥机和热循环机的执着才设立的职位;他是饮食博物馆(Museum of Food and Drink)的创始人,他们的目标是要创造烹饪界的史密森学会。2013 年,他们办了个小型展览,展览内容包括一部功能依旧正常的老式膨化枪(puffing gun),这是一台 20 世纪早期用来膨化燕麦谷物的机器。他同时也是网络广播节目《关于烹饪》(*Cooking Issues*)的主持人。

一天晚上,"布克 & 达克斯" 酒吧的菜单上,出现了一种用龙舌兰酒、黄色茶特酒(chartreuse)、君度甜酒(Cointreau)和柠檬汁做成的玛格丽特,味道和传统玛格丽特的咸、甜、酸味相比既丰富又清爽。他还调了一种琴酒加西柚汁的鸡尾酒，西柚汁是先把西柚放入离心机离心，然后只使用上层澄清的部分。另外一种叫“稳赢”(Sure Bet）的鸡尾酒里有朗姆酒、黑莓酒（一种用黑醋栗酿造的酒）、杏仁糖浆、柠檬和蛋白，但是主要成分其实是薰衣草。“如果你喜欢薰衣草，一定会爱上它。”菜单上这么写道。

阿诺德说，他和调酒师一直在争论“稳赢”的味道会不会太过头。他们用装代基里酒（daiquiri）[1]的鸡尾酒杯来装它，酒的颜色是略带桃色的薰衣草色，上面有一点点泡沫，闻起来有微微的香皂味。事实上，它看起来就像是一杯不折不扣的肥皂水。“在讨论过程中，我认为这杯饮料还挺面面俱到的，它非常精致，味道也很好。我们也没有必要迎合所有人的口味，”阿诺德说道。怕喝起来“像是在舔妈妈的浴缸一样”的人，建议先看一下酒的成分。

起初，薰衣草的气味让人觉得有点突兀，但喝起来的味道温和多了。浅尝后滋味更是奥妙复杂，仿佛舞台上的幕布缓缓升起一样，杏仁味也抵消了柠檬的苦涩。一开始以为会很恶心的东西，逐渐变得活泼难忘。为什么大家会觉得新鲜奇特的东西好吃？对此阿诺德百思不解。“每个饮食文化的巅峰，都基于它们的怪异之处，像是发酵过的、苦的、复杂的、带着冲突的，”

[1] 一种以朗姆酒为基底的鸡尾酒。——编注

他说道，“为什么会这样？我也不懂，不过这似乎是放诸四海皆准的原则。”碳化其实是一种发酵过程出错的迹象，然而我们却深受它吸引。没有人会想吃发臭了的东西，但偏偏就有人独爱那闻起来比脏衣服还要臭的奶酪。

* * *

经过工程改造后，许多食物都变得乏味了，特别是水果和蔬菜。超级市场里的西红柿，是为了要在超市里摆起来好看才培育出来的，它们的颜色鲜红欲滴，形状圆鼓鼓的，人见人爱，摸起来非常结实，即使经过长途运输，也可以保持最佳外形。不过这样的西红柿并不好吃。为了符合市场与农民们的需求，那些繁复的味道都在培育的过程中消失了。

“追根究底，核心问题在于我们愿意付多少钱给这些栽种蔬果的农民。在目前的条件下所建立的系统里，农民和消费者之间的关系与味道无关，没有人会去在意种出来的西红柿好不好吃，”佛罗里达大学的园艺系教授哈利·克利（Harry Klee）说道。克利想要先了解西红柿在过去这个世纪的历史，然后试着以科学方法，来重建过去简单的时光里，属于大自然的味道。

克利找遍了各个市场和网络，希望找到带有过去味道的西红柿，但是光找到它们还不够，这些西红柿还必须容易种植、运送、贩卖，才能成为既好吃又受欢迎的西红柿。克利表示，在考虑了各种品种和味道后，他们已经将目标锁定在几种味道好、栽种起来费用又不高的西红柿上。他和他的同事总共收集了两百多种品种比较古老的西红柿，接着提取出它们的DNA，进行基因组测序。然后，他们请志愿者品尝，再把它们的味道特质与对应的基因联系起来。另外，他们也拿传统西红柿与那些大量生产的西红柿进行比较，希望找出我们遗失了哪些东西，又该怎么恢复它们。“我们距离能够生产大量味美、一斤只要1.5美元的传统西红柿，还有很长的一段路得走。”克利说道。不过，如果他成功了，就代表着这门关于味道的科学不只能拿来创造流行、引爆风潮，而是有实质用处的。

相反的，葡萄酒就从来没有像西红柿这样大量生产后导致的问题。因为传统、法律、规范等种种因素，它们可以历经几个世纪的时间，味道始终如一。法定产区系统其实就是基于风土条件的概念，只不过它只着重管理地理位置。在法国，用来酿造索维农白葡萄酒的一定是波尔多葡萄，香槟的产地一定是香巴尼（Champagne）。不过，发明这套系统的人没有把气候变化一并列入考虑，但它对东西的味道也有着莫大的影响。

过去50年来，法国酒乡的平均气温上升了大约2.5℃，风土条件早就因此不同了，绝大多数的酒喝起来，味道也和以前不一样了。热会加快葡萄成熟的速度，也会使葡萄制造比较多的糖，让最后酿造出来的葡萄酒酒精浓度提高，味道更强烈。乍看之下这是件好事，不过有人推测，到了2050年，波尔多的气候将会热到无法种植索维农白葡萄。整个酿酒工业恐怕都得向北移动，将过去孕育它们的那片土地抛诸脑后。新种植地点的风土条件肯定截然不同。在加拿大的安大略省，就有一处新的葡萄种植区，冬天，藤蔓都覆盖在白雪之下，如果在生长季节遇到冰霜灾害，农民们会升起火，用大电扇将烟往葡萄树的方向吹。这里的果园主人可是巴不得全球变暖再加剧一点。

所有料理都受到了这种不可逆的全球性改变的影响，目前还没有任何神奇的科技力量拦得住它。2011 年，哥本哈根的北欧食品实验室（Nordic Food Lab）举办了一场讨论未来食物的研讨会，会中提供了活蚂蚁、蜜蜂幼虫做成的蛋黄酱、蚱蜢和蜡螟幼虫发酵做成的鱼露给大家品尝。有些与会者完全不买账，但是也有不少人觉得虫子做的食物还挺好吃的。这个由丹麦知名主厨雷尼·雷德泽皮（René Redzepi）创办的实验室，将生态价值与烹饪艺术结合到了一起。昆虫料理是个颇有前瞻性的做法，它们含有丰富的蛋白质、维生素等营养素，是个尚未被开发的食物来源，不管是捕捉或饲养，它们对环境的冲击都远低于饲养牛、猪、鸡等。随着世界逐渐变暖，更容易出现干旱与其他生态灾难，哪天我们或许会不得不靠吃昆虫维生。

一大难题是如何让昆虫变得好吃？怎么做才能让一般人感到恶心的东西变得色香味俱全呢？世上把昆虫当作食物的社会不少，但要在没有这种习惯的欧洲和美洲推广吃虫，难度可想而知。北欧食品实验室的研发部主任本·里德（Ben Reade）和研究人员乔希·埃文斯（Josh Evans）特地为此去了一趟澳大利亚，在那里品尝了一种腹部储存了蜂蜜的蜜罐蚁[1]，也去了乌干达，在那里吃了用炸蟋蟀、西红柿、洋葱和辣椒做的午餐。在搜集了各地的昆虫料理食谱后，他们回到哥本哈根进行实验，并聘请厨师、科学家和人类文化学家等共同解决遇到的问题。

现在，不管哪一门科学似乎都可以和味觉扯上关系，而且来自厨房外的驱动力要比厨房内部的大得多。不过，厨师、技工们还是有他们不可取代的地位，关于美味，至今仍然没有人可以了解透彻。科学至今还是没有办法解释，为什么味觉会受到人类经验的牵引，每一道菜、每一口饮料的味道都会随着我们的开心、厌恶、痛苦、记忆而改变。味道这种易变的特质，或许可以帮助我们适应伴随着气候变迁造成的饮食改变，或是让我们适应生物工程改造出来的未来食物。虽说神经科学家可以锁定发出信号的神经细胞、激素信号等，但是得到的结果都还很粗浅。科学家可以利用功能性核磁共振成像来摸索味道、感觉和情绪间的关联，将思想和行为系统做初步的连接，但这方面的工作，也才刚刚起步而已。

---

[1] 蜜罐蚁社会中的贮蜜蚁会用腹部储存花蜜，它们半透明的腹部会因此鼓得圆圆的，甚至达到葡萄般大小，储存下来的花蜜可供蚁群在食物短缺时食用。贮蜜蚁以外的蜜罐蚁可以借助触须沟通，让贮蜜蚁张开嘴巴，取食花蜜。当地人将这种蚁视为美食。——编注

致　谢

Acknowledgments

每一本书，都源自一个小小的想法，然后开始收集动力、支持和协助，一路跌跌撞撞，直到集结成书。我要感谢我的太太翠西、我的孩子马修和汉娜，谢谢他们为这本书提供的灵感，也谢谢他们在我研究、创作这本书的几个月中一直坚定的支持着我。谢谢我的母亲特丽萨·麦奎德（Theresa McQuaid），她在我写这本书期间去世了，但她一生中给我的爱与鼓励，一直到现在我还受用不尽。谢谢我的经纪人克丽丝·达尔（Kris Dahl）的慧眼，帮我把想法变成了一本书。康斯坦丝·琼斯（Constance Jones）和诺曼·奥德（Norman Oder）对如何呈现本书，提供了宝贵的意见。感谢科林·哈里森（Colin Harrison）对我的信心，并督促我完成这本书。丽泽·迈耶（Liese Mayer），不知道她是怎么办到的，竟可以把一堆乱七八糟且笨拙的草稿变成大家读得懂的东西。我也要向斯克里布纳出版社（Scribner）的其他工作人员，包括威尔·施特勒（Will Staehle）和本杰明·霍姆斯（Benjamin Holmes）致上敬意。

有多位科学家和厨师耐心的花时间为我解释他们复杂的研究内容和观点，这些人包括戴夫·阿诺德、肯特·贝里奇、佐伊·布里克利、爱德·柯里、丹尼斯·德雷纳（Dennis Drayna）、蕾切尔·达顿、丹·费尔德、威廉·伦纳德（William Leonard）、凯尔·帕尔默、丹妮尔·里德（Danielle Reed）、尼克·里巴（Nick Ryba）、利奥尔·列夫·西卡兹和戈登·谢泼德。

特德·扬格（Ted Janger）和薇琪·伊斯特斯（Vicki Eastus）在我去纽约做研究时，向我提供了住处，并且陪伴着我。感谢迈克尔·卡荷尔（Michael Cahill）带我去了“布克 & 达克斯”酒吧。埃里克·鲁宾（Eric Rubin）在紧要关头向我提供雪茄和烈酒，这些我铭记在心。在无数个写作的夜晚，电视中不断重播的《美国战队：世界警察》（*Team America: World Police*）让我可以稍微喘口气，所以我最后要感谢的是这部电影的编剧崔·帕克（Trey Parker）和马特·斯通（Matt Stone）。

原　注

Notes

第一章 ｜ 味觉地图 The Tongue Map

001 活在当下的人是否真的有意识：S.S. Stevens, "Edwin Garrigues Boring: 1886–1968: Biographical Memoir", National Academy of Sciences(1973) .

002 年轻女人的头：Harvard University Department of Psychology website, http://www.isites.harvard.edu/icb/icb.do?keyword=k3007&panel=icb.pagecontent44003%3Ar%241%3Fname%3Dhistoricprofs.html&pageid=icb.page19708&pageContentId=icb.pagecontent44003&view=view.do&viewParam_name=boring.html#a_icb_pagecontent44003.

003 两者的差异非常小：Edwin G. Boring, *Sensation and Perception in the History of Experimental Psychology* (New York: Appleton-Century-Crofts, Inc., 1942), 452.

004 感官上的微小差异巨大化了：Linda M. Bartoshuk, "The biological basis of food perception and acceptance," *Food Quality and Preference*, No. 4, (1993): 21–32.

005 她也发现舌头味觉地图上的味觉变动程度非常有限：Virginia B. Collings, "Human taste response as a function of locus of stimulation on the tongue and soft palate," *Perception and Psychophysics*, 16,no.1(1973): 169–174.

006 整个舌头表面：Jayaram Chandrashekar, Mark A. Hoon, Nicholas J. P. Ryba, and Charles S. Zuker, "The receptors and cells for mammalian taste," *Nature*444, No.7117(2006): 288–294. doi:10.1038/nature05401.

007 仍旧沿用酒杯的设计：Robert Simonson, "House of Glass: How Georg Riedel has changed the way we have a drink," *Imbibe* (Jan/Feb. 2009), https://imbibemagazine.com/Characters-Georg-Riedel.

008 进入心脏：Plato, *Timaeus*, Benjamin Jowett, trans. MIT Internet Classics Archive, http://classics.mit.edu/Plato/timaeus.html.

009 更接近怀疑论的立场流传了下来：Carolyn Korsmeyer, *Making Sense of Taste: Food and Philosophy* (Ithaca, NY: Cornell University Press, 1999), 26; Korsmeyer, "Delightful, Delicious, Disgusting," *Journal of Aesthetics and Art Criticism*, 60,no.3(2009): 217–225; Korsmeyer, "Disputing taste," *TPM* (2nd quarter 2009): 70–76.

010 有把挂在皮质带子上的铁钥匙：Miguel de Cervantes, *Don Quixote, trans.* Edith Grossman, trans. (New York: HarperCollins, Kindle Edition, 2009), Kindle location 11884.

011 解释为什么辣味会造成刺激感：Alcmaeon: Stanford Encyclopedia of Philosophy, http://plato.stanford.edu/entries/alcmaeon/; Democritus: Stanley Finger, *Origins of Neuroscience: A History of Explorations into Brain Function* (Oxford, UK: Oxford University Press, 2001), 165.

012 黏液（土元素与水元素）：Birgit Heyn, *Ayurveda: The Indian Art of Natural Medicine and Life Extension* (Rochester, VT: Healing Arts Press, 1990), 91-93.

013 平淡、水润和恶心：Finger, *Origins of Neuroscience*, 166.

014 后来赢得了诺贝尔奖：Nobel Prize website, http://www.nobelprize.org/nobel_prizes/medicine/laureates/2004/.

015 灵敏度大概只有十万分之一：Nicholas Ryba, interview.

016 又找出了另外半段：Mark A. Hoon, Elliot Adler, Jurgen Lindemeier, James F. Battey, Nicholas J. P. Ryba, and Charles S. Zuker, "Putative mammalian taste receptors: a class of taste-specific GPCRs with distinct topographic selectivity,"*Cell* 96 (1999): 541–551.

017 想象力和情感这类：Mbemba Jabbi, Marte Swart, and Christian Keysers, "Empathy for positive and negative emotions in the gustatory cortex," *NeuroImage*, 34,no.4 (2007): 1744–1753. doi:10.1016/j.neuroimage.2006.10.032;Mbemba Jabbi, Jojanneke Bastiaansen, Christian Keysers, "A common anterior insula representation of disgust observation, experience, and imagination shows divergent functional connectivity pathways" *PloS One*, 3,no.8 (2008): e2939. doi:10.1371/journal.pone.0002939.

018 胡萝卜口味的燕麦片：Julie A. Mennella, Coren P. Jagnow, and Gary K. Beauchamp, "Prenatal and postnatal flavor learning by human infants," *Pediatrics* 107,no.6 (2001): e88. doi:10.1542/peds.107.6.e88.

019 有时则爱尝新、冒险：Alison Gopnik, Andrew N. Meltzoff, and Patricia K. Kuhl, *The Scientist in the Crib: What Early Learning Tells Us About the Mind* (New York: HarperCollins, 2000), 186.

第二章 | 从古至今最关键的五顿饭 The Birth of Flavor in Five Meals

020 掠食者吞吃猎物的化石：Mark A.S. McMenamin, "Origin and Early Evolution of Predators: The Ecotone Model and Early Evidence for Macropredation," in *Predator-Prey Interactions in the Fossil Record*, eds. Patricia H. Kelley, Michal Kowalewski, and Thor A. Hansen (New York: Kluwer Academic/Plenum Publishers, 2003), 379–398.

021 杀掉猎物与填饱肚子：University of California Museum of Paleontology website, http://www.ucmp.berkeley.edu/cambrian/camblife.html.

022 4.5亿年前：Robert M. Dores, "Hagfish, genome duplications, and RFamide neuropeptide evolution," *Endocrinology* 152,no.11 (2011): 4010–4013. doi:10.1210/en.2011-1694.

023 大脑基本构造：John Morgan Allman, *Evolving Brains* (New York: Scientific American Library, 2000), 76. Helmut Wicht and R. Glenn Northcutt, (1998), "Telencephalic connections in the Pacific Hagfish (*Eptatretus stouti*), with special reference to the thalamopallial system," *The Journal of Comparative Neurology* 260 (1998): 245–260; R. Glenn Northcutt, "Understanding vertebrate brain evolution," *Integrative and Comparative Biology* 42,no.4 (2002): 743–756. doi:10.1093/icb/42.4.743.

024 2.5亿年前：Seth D. Burgessa, Samuel Bowringa, and Shu-zhong Shen, "High-precision timeline for Earth's most severe extinction," *Proceedings of the National Academy of Sciences* 111,no.9 (2014): 3316-3321. doi: 10.1073/pnas.1317692111.

025 陨石的三维影像：High-Resolution X-ray Computed Tomography Facility at The University of Texas at Austin website, http://www.ctlab.geo.utexas.edu/.

026 比它的前辈移动速度更快、更优雅：Timothy B. Rowe, Thomas E. Macrini, and Zhe-Xi Luo, "Fossil evidence on origin of the mammalian brain," *Science* 332,no.6032 (2011): 955–957. doi:10.1126/science.1203117.

027 某种猴类身上发生了基因复制：Yoav Gilad, Victor Wiebe, Molly Przeworski, Doron Lancet, Svante Pääbo, "Loss of olfactory receptor genes coincides with the acquisition of full trichromatic vision in primates," *PLoS Biology* 2,no.1 (2004): E5. doi:10.1371/journal.pbio.0020005.

028 水果视觉假说：B.C. Regan, C. Julliot, B. Simmen, F. Viénot, P. Charles-Dominique, and J.D. Mollon, "Frugivory and colour vision in *Alouatta seniculus*, a trichromatic platyrrhine monkey," *Vision Research* 38 (1998): 3321–27; B.C. Regan, C. Julliot, B. Simmen, F. Viénot, P. Charles-Dominique, and J.D. Mollon, "Fruits, foliage and the evolution of primate colour vision," *Philosophical Transactions of the Royal Society of London. Series B: Biological Sciences* 356,no.1407 (2001): 229–283. doi:10.1098/rstb.2000.0773.

029 在某些灵长目动物身上：N.J. Dominy, J.C. Svenning, and W.H. Li, "Historical contingency in the evolution of primate color vision," *Journal of Human Evolution* 44, no.1 (2003): 25–45. doi:10.1016/S0047-2484(02)00167-7.

030 分别比吃叶子的大猩猩、吃虫的蝙蝠与其他大多数鸟类要大：Allman, *Evolving Brains*, 176.

031 多双眼睛盯着各个方向：Ibid. 128.

032 负责做出表情的神经中枢：Seth D. Dobson and Chet C. Sherwood, "Correlated evolution of brain regions involved in producing and processing facial expressions in anthropoid primates," *Biology Letters* 7,no.1 (2011): 86–88. doi:10.1098/rsbl.2010.0427.

033 随机的野火造成的：Naama Goren-Inbar, Nira Alperson, Mordechai E. Kislev, Orit Simchoni, Yoel Melamed, Adi Ben-Nun, and Ella Werker, "Evidence of hominin control of fire at Gesher Benot Ya'aqov, Israel," *Science* 304,no. 5671 (2004): 725–727. doi:10.1126/science.1095443.

034 鹿、象及其他动物的骨头碎片：Nira Alperson-Afil, Gonen Sharon, Mordechai Kislev, Yoel Melamed, Irit Zohar, Shosh Ashkenazi, Rivka Rabinovich, Rebecca Biton, Ella Werker, Gideon Hartman, Craig Feibel, and Naama Goren-Inbar. "Spatial organization of hominin activities at Gesher Benot Ya'aqov, Israel," *Science* 326 (2009): 1677–1679. doi:10.1126/science.1180695.

035 "爸爸,我发现一块化石！"：Celia W. Dugger and John Noble Wilford, "New Hominid Species Discovered in South Africa," *New York Times*,April 8,2010, http://www.nytimes.com/2010/04/09/science/09fossil.html.

036 牙齿保存得近乎完美：Amanda G. Henry, Peter S. Ungar, Benjamin H. Passey, Matt Sponheimer, Lloyd Rossouw, Marion Bamford, Paul Sandberg, Darryl J. de Ruiter, and Lee Berger. "The diet of *Australopithecus sediba*," *Nature* 487 (2012): 90-93. doi:10.1038/nature11185.

037 较弱的、较纤细的肌肉: Hansell H. Stedman, Benjamin W. Kozyak, Anthony Nelson, Danielle M. Thesier, Leonard T. Su, David W. Low, Charles R. Bridges, Joseph B. Shrager, Nancy Minugh-Purvis, and Marilyn A. Mitchell, "Myosin gene mutation correlates with anatomical changes in the human lineage," *Nature*, 428, no. 6981 (2004): 415–8. doi:10.1038/nature02358.

038 只需要十分之一：William R. Leonard, J. Josh Snodgrass, and Marcia L. Robertson, "Effects of brain evolution on human nutrition and metabolism," *Annual Review of Nutrition* 27(April 2007): 311–27. doi:10.1146/annurev.nutr.27.061406.093659.

039 用来切东西和刮东西：Peter S. Ungar, Frederick E. Grine, and Mark F. Teaford, "Diet in early *Homo*:

A review of the evidence and a new model of adaptive versatility," *Annual Review of Anthropology* 35,no. 1 (2006): 209–228. doi:10.1146/annurev.anthro.35.081705.123153.

040 对大草原黑猩猩的观察结果：Jill Pruetz, "Brief communication: Reaction to fire by savanna chimpanzees (*Pan troglodytes verus*)at Fongoli, Senegal: Conceptualization of 'fire behavior' and the case for a chimpanzee model," *American Journal of Physical Anthropology* 141,no.4 (2010): 646-50. doi: 10.1002/ajpa.21245. Pruetz, interview.

041 煎汉堡：E. Sue Savage-Rumbaugh and Roger Lewin, *Kanzi: The Ape at the Brink of the Human Mind*(New York: John Wiley, 1994), 142.

042 没有时间做其他事情：Karina Fonseca-Azevedo and Suzana Herculano-Houzel, "Metabolic constraint imposes tradeoff between body size and number of brain neurons in human evolution," *Proceedings of the National Academy of Sciences* 109, no. 45(2012): 18571–76. doi:10.1073/pnas.1206390109.

043 直立人的大脑大幅成长：Richard Wrangham, *Catching Fire: How Cooking Made Us Human* (New York: Basic Books, Kindle Edition, 2009), Kindle location 888.

044 味道就开始活跃了：Daniel E. Lieberman, *The Evolution of the Human Head* (Cambridge, MA: The Belknap Press of Harvard University Press, 2011), 399-409. For an excellent discussion of this topic, see also Gordon M. Shepherd, *Neurogastronomy: How the Brain Creates Flavor and Why it Matters* (New York: Columbia University Press, 2012), chapter 26.

045 （大脑的整体大小可能不会随族群大小而变,但是）新皮质的大小会：Allman, *Evolving Brains*, 173; R.I.M. Dunbar and Suzanne Shultz , "Evolution in the social brain," *Science* 317 (2007): 1344–47. doi:10.1126/science.1145463.

046 环境会一直变化：Richard Potts, interview; Richard Potts, "Evolution and environmental change in early human prehistory," *Annual Review of Anthropology* 41(June 2012): 151–168. doi:10.1146/annurev-anthro-092611-145754; Richard Potts, "Hominin evolution in settings of strong environmental variability," *Quaternary Science Reviews* 73 (2013): 1-13. doi: 10.1016/j.quascirev.2013.04.003; Richard Potts, "Environmental hypotheses of hominin evolution," *Yearbook of Physical Anthropology* 41(1998): 93–136.

047 到最高点——海拔近5900米的乞力马扎罗山：M. Royhan Gani and Nahid D. S. Gani, "Tectonic hypotheses of human evolution," *Geotimes*(January 2008).

第三章 | 苦味基因 The Bitter Gene

048 把球芽甘蓝也否决掉了： David Lauter, "Bush Says It's Broccoli, and He Says . . . With It," *Los Angeles Times*, March 23, 1990, http://articles.latimes.com/1990-03-23/news/mn-705_1_barbara-bush.

049 说道："把它们换成花椰菜！"："Bush forced to face green nemesis in Mexico," Reuters , February 16, 2001, http://www.iol.co.za/news/world/bush-forced-to-face-green-nemesis-in-mexico-1.61185?ot=inmsa.ArticlePrintPageLayout.ot.

050 进入消化道： Hanah A. Chapman and Adam K. Anderson, "Understanding disgust," *Annals of the New York Academy of Sciences* 1251 (2012): 62–76. doi:10.1111/j.1749-6632.2011.06369.x.

051 色泽越深的咖啡豆就越苦：Thomas Hoffman, "Identification of the key bitter compounds in our daily diet is a prerequisite for the understanding of the hTAS2R gene polymorphisms affecting food choice," *Annals of the New Yorker Academy of Sciences* 1170 (July 2009): 116-25, doi:10.111/j.17496632.2009.03914.x.

052 放入嘴巴，结果苦到脸部抽搐： Arthur L. Fox, "The relationship between chemical constitution and taste," *Proceedings of the National Academy of Sciences* 18 (1932): 115–120.

053 福克斯在一次访问中说道： J. D. Ratcliff, "It's All a Matter of Taste," *The Herald of Health* (May 1963): 16–17, 25.

054 会有三朵是深紫色的，一朵是白色的：Mendel University in Brno website, http://www.mendelu.cz/en/o_univerzite/historie/j_g_mendel.

055 具有深远影响的科学论文中写道：Fox, "The relationship between chemical constitution and taste," 115.

056 有其他的感受：Linda M. Bartoshuk, Katharine Fast, and Derek J. Snyder, "Genetic Differences in Human Oral Perception," in *Genetic Variation in Taste Sensitivity*, eds. John Prescott and Beverly Tepper (New York: Marcel Dekker, 2004),1.

057 但是男士们却躲得远远的：Nathaniel Comfort, "'Polyhybrid heterogeneous bastards': promoting medical genetics in 1930s America," *Journal of the History of Medicine and Allied Sciences* 61,no.4(2006): 415–455.

058 多伦多大学的研究人员：Norma Ford and Arnold D. Mason, "Taste reactions of the Dionne quintuplets," *The Journal of Heredity* 32, no. 10(1941): 365–368.

059 单向玻璃：Dennis Gaffney, "The Story of the Dionne Quintuplets," *Antiques Roadshow* (March 23, 2009). http://www.pbs.org/wgbh/roadshow/fts/wichita_200803A12.html.

060 "被忽略的维度"：C. W. W. Ostwald, *An Introduction to Theoretical and Applied Colloid Chemistry: The World of Neglected Dimensions*(New York: John Wiley, 1917).

061 数千种不同物质：Francisco López-Muñoz and Cecilio Alamo, "Historical evolution of the neurotransmission concept," *Journal of Neural Transmission* 116(2009): 515-33.

062 味蕾顶端的小孔：Chandrashekar, Hoon, Ryba, and Zuker, "The receptors and cells for mammalian taste," 288; Monell Chemical Senses Center website, Monell Taste Primer, http://www.monell.org/news/fact_sheets/monell_taste_primer.

063 将其称为T2R1：Jayaram Chandrashekar, Ken L. Mueller, Mark A. Hoon, Elliot Adler, Luxin Feng, Wei Guo, Charles S. Zuker, and Nicholas J. P. Ryba, "T2Rs function as bitter taste receptors," *Cell* 100 (2000): 703–711.

064 阿瑟·福克斯发现的苦味基因：Dennis Drayna, Hilary Coon, Un-Kyung Kim, Tami Elsner, Kevin Cromer, Brith Otterud, Lisa Baird, Andy P. Peiffer, and Mark Leppert, "Genetic analysis of a complex trait in the Utah Genetic Reference Project: A major locus for PTC taste ability on chromosome 7q and a secondary locus on chromosome 16p," *Human Genetics* 112 (2003): 567–72.

065 人类的近亲黑猩猩：Stephen Wooding, "Phenylthiocarbamide: A 75-year adventure in genetics and natural selection," *Genetics* 172 (2006): 2015–2023.

066 制造出一模一样的味觉体验：Stephen Wooding, Bernd Bufe, Christina Grassi, Michael T. Howard, Anne C. Stone, Maribel Vazquez, Diane M. Dunn, Wolfgang Meyerhof, Robert B. Weiss and Michael J. Bamshad, "Independent evolution of bitter-taste sensitivity in humans and chimpanzees," *Nature* 440 (2006): 930–934. doi:10.1038/nature04655.

067 （尼安德特人）也可以尝到苦味：Carles Lalueza-Fox, Elena Gigli, Marco de la Rasilla, Javier Fortea, and Antonio Rosas, "Bitter taste perception in Neanderthals through the analysis of the TAS2R38 gene," *Biology Letters* 5, no. 6 (2009): 809–11. doi:10.1098/rsbl.2009.0532.

068 10万年前（离开非洲）：Qiaomei Fu, Alissa Mittnik, Philip L.F. Johnson, Kirsten Bos, Martina Lari, Ruth Bollongino, Chengkai Sun, Liane Giemsch, Ralf Schmitz, Joachim Burger, Anna Maria Ronchitelli, Fabio Martini, Renata G. Cremonesi, Jiri Svoboda, Peter Bauer, David Caramelli, Sergi Castellano, David Reich, Svante Paabo, and Johannes Krause, "A revised timescale for human evolution based on ancient mitochondrial genomes," *Current Biology* 23, no. 7 (2013): 553–559. doi:10.1016/j.cub.2013.02.044; Aylwyn Scally and Richard Durbin, "Revising the human mutation rate: Implications for understanding

human evolution,"*Nature Reviews: Genetics* 13, no. 10 (2012): 745–753. doi:10.1038/nrg3295.

069 开始制作土窑：Richard Wrangham, "Cooking as a biological trait," *Comparative Biochemistry and Physiology—Part A: Molecular & Integrative Physiology* 136, no. 1 (2003): 35–46. doi:10.1016/S1095-6433(03)00020-5.

070 那次撤离行动：Lev A. Zhivotovsky, Noah A. Rosenberg, and Marcus W. Feldman "Features of evolution and expansion of modern humans, inferred from genomewide microsatellite markers," *American Journal of Human Genetics* 72 (2003): 1171–86.

071 是所有早期美洲人中，苦味味觉最不敏感的：Sun-Wei Guo and Danielle R. Reed, "The genetics of phenylthiocarbamide perception," *Annals of Human Biology* 28, no. 2 (2012): 111–142.

072 有90%的非非洲人拥有这个特征：Nicole Soranzo, Bernd Bufe, Pardis C. Sabeti, James F. Wilson, Michael E. Weale, Richard Marguerie, Wolfgang Meyerhof, and David B. Goldstein (2005). "Positive selection on a high-sensitivity allele of the human bitter-taste receptor TAS2R16," *Current Biology* 15,no.14(2005): 1257–1265. doi:10.1016/j.cub.2005.06.042. For a more recent study, see Hui Li, Andrew J. Pakstis, Judith R. Kidd, Kenneth K. Kidd, "Selection on the human bitter taste gene, TAS2R16, in Eurasian populations," *Human Biology* 83, no. 3(2011): 363–377. doi:10.3378/027.083.0303.

073 像霓虹灯般光彩夺目，而不是柔和的色彩：Bartoshuk, "The biological basis of food perception and acceptance," 28-29.

074 位于鼻子的苦味受体有什么用处：Robert J. Lee, Guoxiang Xiong, Jennifer M. Kofonow, Bei Chen, Anna Lysenko, Peihua Jiang, Valsamma Abraham, Laurel Doghramji, Nithin D. Adappa, James N. Palmer, David W. Kennedy, Gary K. Beauchamp, Paschalis-Thomas Doulias, Harry Ischiropoulos, James L. Kreindler, Danielle R. Reed, and Noam A. Cohen, "T2R38 taste receptor polymorphisms underlie susceptibility to upper respiratory infection," *The Journal of Clinical Investigations* 122, no. 11(2012): 4145–4159. doi:10.1172/JCI64240DS1.

075 就是有毒了：Timothy Johns and Susan L. Keen, "Taste evaluation of potato glycoalkaloids by the Aymara: A case study in human chemical ecology," *Human Ecology* 14, no. 4 (1986): 437–452.

076 渡过曼德海峡：Marta Melé, Asif Javed, Marc Pybus, Pierre Zalloua, Marc Haber, David Comas, Mihai G. Netea, Oleg Balanovsky, Elena Balanovska, Li Jin, Yajun Yang, R. M. Pitchappan, G. Arunkumar, Laxmi Parida, Francesc Calafell, Jaume Bertranpetit and The Genographic Consortium, "Recombination gives a new insight in the effective population size and the history of the Old World human populations," *Molecular Biology and Evolution* 29 (2011): 25–40.

第四章 | 味道文化 Flavor Cultures

077 2007年以前，苦艾酒在美国依然还是违禁品：Phil Baker,*The Book of Absinthe: A Cultural History* (New York: Grove Press, Kindle Edition, 2007), Kindle location 187-190; Jesse Hicks, "The Devil in a Little Green Bottle: A History of Absinthe," *Chemical Heritage Magazine*(Fall 2010). http://www.chemheritage.org/discover/media/magazine/articles/28-3-devil-in-a-little-green-bottle.aspx?page=1.

078 极微量的侧柏酮：Dirk W. Lachenmeier, David Nathan-Maister, Theodore A. Breaux, Eva-Maria Sohnius, Kerstin Schoeberl, and Thomas Kuballa, "Chemical composition of vintage preban absinthe with special reference to thujone, fenchone, pinocamphone, methanol, copper, and antimony concentrations," *Journal of Agricultural and Food Chemistry* 56, no. 9 (2008): 3073–3081. doi:10.1021/jf703568f.

079 一个世纪后的中国,蒸馏过的酒成为了上流阶层间颇受欢迎的酒品：Harold McGee, *On Food and Cooking: The Science and Lore of the Kitchen.*(New York: Scribner, 2004), 759.

080 杀光其他酵母：Patrick McGovern, *Uncorking the Past: The Quest for Wine, Beer and Other Alcoholic Beverages*(Berkeley, CA: University of California Press, Kindle Edition, 2009): Kindle location 300.

081 数千万年之久：P. Veiga-Crespo, M. Poza, M. Prieto-Alcedo, and T. G. Villa, "Ancient genes of *Saccharomyces cerevisiae*,"*Microbiology* 150,pt.7 (2004): 2221-2227. doi:10.1099/mic.0.27000-0.

082 面包酵母无处不在：Irene Stefaninia, Leonardo Dapporto, Jean-Luc Legras, Antonio Calabretta, Monica Di Paola, Carlotta De Filippo, Roberto Viola, Paolo Capretti, Mario Polsinelli, Stefano Turillazzi, and Duccio Cavalieri, "Role of social wasps in *Saccharomyces cerevisiae* ecology and evolution," *Proceedings of the National Academy of Sciences* 109, no. 33 (2012): 13398–403. doi:10.1073/pnas.1208362109/-/DCSupplemental.www.pnas.org/cgi/doi/10.1073/pnas.1208362109.

083 追踪了这些吼猴酒鬼：Dustin Stephens and Robert Dudley, "The Drunken Monkey Hypothesis," *Natural History*(December 2004-January 2005): 40–44.

084 达德利觉得（喝酒好像是灵长目动物常干的事）：Robert Dudley, "Ethanol, fruit ripening, and the historical origins of human alcoholism in primate frugivory,"*Integra-tive and Comparative Biology* 44,no. 4 (2004): 315–323. doi:10.1093/icb/44.4.315.

085 这类意外就变成了食谱：McGovern,*Uncorking the Past*,Kindle locations 449-85. I am indebted to McGovern's fascinating account of primate drinking and the earliest alcoholic beverages.

086 一、二、八、十的符号：Laura Anne Tedesco, "Jiahu (ca. 7000–5700 B.C.)". In *Heilbrunn Timeline of Art History*, New York: The Metropolitan Museum of Art, 2000. http://www.metmuseum.org/toah/hd/jiah/hd_jiah.htm.

087 也出现了草药：Patrick E. McGovern, Juzhong Zhang, Jigen Tang, Zhiqing Zhang, Gretchen R. Hall, Robert A. Moreau, Alberto Nunez, Eric D. Butrym, Michael P. Richards, Chen-shan Wang, Guangsheng Cheng, Zhijun Zhao, and Changsui Wang, "Fermented beverages of pre- and proto-historic China," *Proceedings of the National Academy of Sciences* 101, no. 51 (2004): 17593–98. doi:10.1073/pnas.0407921102.

088 颇具野心（或者只是固执）的计划指导下：Ruth Bollongino, Joachim Burger, Adam Powell, Marjan Mashkour, Jean-Denis Vigne, and Mark G. Thomas, "Modern taurine cattle descended from small number of Near-Eastern founders,"*Molecular Biology and Evolution* 29, no. 9 (2012): 2101–4. doi:10.1093/molbev/mss092.

089 让人类能够消化乳酸：Yuval Itan, Adam Powell, Mark A. Beaumont, Joachim Burger, Mark G. Thomas, "The origins of lactase persistence in Europe,"*PLoS Computational Biology* 5, no. 8 (2009): e1000491. doi:10.1371/journal.pcbi.1000491.

090 8500~7000年前：Richard P. Evershed, Sebastian Payne, Andrew G. Sherratt, Mark S. Copley, Jennifer Coolidge, Duska Urem-Kotsu, Kostas Kotsakis, Mehmet özdoğan, AslýE. Ozdogan, Olivier Nieuwenhuyse, Peter M. M. G. Akkermans, Douglass Bailey, Radian-Romus Andeescu, Stuart Campbell, Shahina Farid, Ian Hodder, Nurcan Yalman, Mihriban özbaşaran, Erhan Bıcakcı, Yossef Garfinkel, Thomas Levy, and Margie M. Burton, "Earliest date for milk use in the Near East and southeastern Europe linked to cattle herding," *Nature* 455, no.7212 (2008): 528–531. doi:10.1038/nature07180.

091 分离凝乳块和乳清：Melanie Salque, Peter I. Bogucki, Joanna Pyzel, Iwona Sobkowiak-Tabaka, Ryszard Grygiel, Marzena Szmyt & Richard P. Evershed, "Earliest Evidence for Cheese Making in the Sixth Millennium," *Nature* 493 (2013): 522-25. doi:10.1038/nature11698.

092 这些圆球会开始聚集在一起：P. L. H. McSweeney, ed., *Cheese Problems Solved* (Cambridge, UK: Woodhead Publishing Ltd., 2007), 50.

093 蓝绿色的大理石纹：Paul S. Kinstedt, *Cheese and Culture: A History of Cheese and Its Place in Western Civilization* (White River Junction, VT: Chelsea Green, 2012).

094 最接近它的野生近亲：John G. Gibbons, Leonidas Salichos, Jason C. Slot, David C. Rinker, Kriston

L. McGary, Jonas G. King, Maren A. Klich, David L. Tabb, W. Hayes McDonald, and Antonis Rokas, "The evolutionary imprint of domestication on genome variation and function of the filamentous fungus *Aspergillus oryzae*," *Current Biology* 22 (2012): 1403–9. doi:10.1016/j.cub.2012.05.033.

095 真正美味的东西：Jean Anthelme Brillat-Savarin,*The Physiology of Taste: or Meditations on Transcendental Gastronomy*, M.F.K. Fisher, translator (New York: Vintage electronic edition, 2009), Kindle location 1838.

096 马铃薯、肉类和硫黄（的气味）：Gerrit Smit, Bart A. Smit, and Wim J. M. Engels, "Flavour formation by lactic acid bacteria and biochemical flavour profiling of cheese products,"*FEMS Microbiology Reviews* 29,no.3(2005): 591–610. doi:10.1016/j.femsre.2005.04.002.

097 香味持续演变：Kirsten Shepherd-Barr and Gordon M. Shepherd, "Madeleines and neuromodernism: Reassessing mechanisms of autobiographical memory in Proust," *Auto/Biography Studies* 13 (1998): 39-59.

098 酸、甜、苦、咸、鲜味：Xiaoke Chen, Mariano Gabitto, Yueqing Peng, Nicholas J. P. Ryba, Charles S. Zuker, "A gustotopic map of taste qualities in the mammalian brain," *Science* 333 (2011): 1262–65.

099 现在特殊的、不断改变的性质：A. D. (Bud) Craig, "How do you feel—now? The anterior insula and human awareness," *Nature Reviews: Neuroscience* 10,no.1(2009): 59–70. doi:10.1038/nrn2555.

100 处理喜悦与憎恶：Morten L. Kringelbach, "The human orbitofrontal cortex: Linking reward to hedonic experience," *Nature Reviews: Neuroscience* 6 (2005): 691–702. doi:10.1038/nrn1748.

101 效果更强大的感觉：Clara McCabe and Edmund T. Rolls, "Umami: A delicious flavor formed by convergence of taste and olfactory pathways in the human brain," *European Journal of Neuroscience* 25,no.6(2007): 1855–1864. doi:10.1111/j.1460-9568.2007.05445.x.

102 针对糖所做的反应：Christian H. Lemon, Susan M. Brasser, and David V. Smith, "Alcohol activates a sucrose-responsive gus-tatory neural pathway," *Journal of Neurophysiology* 92, no.1 (2004): 536–44, doi:10.1152/jn.00097.2004.

103 让你在一口气干杯之后反倒精神大振：Alex Bachmanov, Monell Chem-ical Senses Center, interview.

104 类似甜椒的新鲜蔬菜香味：Amy Coombs, "Scientia Vitis: Decanting the Chemistry of Wine Flavor," *Chemical Heritage Magazine*(Winter 2008–09), http://www.chemheritage.org/discover/media/magazine /articles/26-4-scientia-vitis.aspx.

105 在一项研究中：Richard J. Stevenson and Robert A. Boakes, "Sweet and Sour Smells: Learned Synesthesia Between the Senses of Taste and Smell," in *The Handbook of Multisensory Processes*, eds. Gemma A. Calvert, Charles Spence and Barry E. Stein (Cambridge, MA: MIT Press, 2004), 69-83.

106 和字词或符号有关联的颜色：Julia Simner, "Beyond perception: Synaesthesia as a psycholinguistic phenomenon," *Trends in Cognitive Sciences* 11,no.1(2007): 23–29. doi:10.1016/j.tics.2006.10.010.

107 它们所形容的食物的味道：Jamie Ward and Julia Simner, "Lexical-gustatory synaesthesia: Linguistic and conceptual factors," *Cognition* 89,no.3(2003): 237–261. doi:10.1016/S0010-0277(03)00122-7.

108 回溯到数千年前的神话：Julien D'Huy, "Polyphemus (Aa. Th. 1137): A phylogenetic reconstruction of a prehistoric tale," *Nouvelle Mythologie Comparée* 1 (2013): 1–21.

109 自发行动：Homer, *The Odyssey*, Robert Fagles, translator. (New York: Penguin Classics, Electronic Edition, 2002), Kindle Location location 5674.

第五章 | 甜蜜诱惑 The Seduction

110 尝起来反而越甜：Ayako Koizumi, Asami Tsuchiya, Ken-ichiro Nakajima, Keisuke Ito, Tohru Terada,

Akiko Shimizu-Ibuka, Loïc Briand, Tomiko Asakura, Takumi Misaka, and Keiko Abe, "Human sweet taste receptor mediates acid-induced sweetness of miraculin," *Proceedings of the National Academy of Sciences* 108, no.40 (2011): 16819–24. doi:10.1073/pnas.1016644108.

111 放射线也会损伤味蕾： Patty Neighmond, "Chemo Can Make Food Taste Like Metal: Here's Help." *Morning Edition*, NPR (April 7, 2014). http://www.npr.org/2014/04/07/295800503/chemo-can-make-food-taste-like-metal-heres-help; Marlene K. Wilken and Bernadette A. Satiroff, "Pilot study of 'Miracle Fruit' to improve food palatability for patients receiving chemotherapy," *Clinical Journal of Oncology Nursing*, 16,no.5 (2012): E173–E177. doi:10.1188/12.CJON.E173-E177.

112 冠绝全球： Credit Suisse Research Institute, "Sugar Consumption at a Crossroads," (2013), 4.

113 肥胖成年人的数量更是多达四分之三： Centers for Disease Control and Prevention, "Number (in Millions) of Civilian, Noninstitutionalized Persons with Diagnosed Diabetes, United States, 1980–2011," http://www.cdc.gov/diabetes/statistics/prev/national/figpersons.htm.

114 至于究竟是什么食物则有许多版本：Asvaghosha, "The Buddhacarita (Life of Buddha)," in *Buddhist Mahāyāna Texts*,trans. E. B. Cowell, F. Max Muller, and J. Takakusu, trans. (New York: Dover Publications, 1969), 166; Sanjida O' Connell, *Sugar: The Grass That Changed the World* (London: Virgin Books, 2004), 9.

115 史上最初的甜点： Tim Richardson, *Sweets: A History of Candy* (New York: Bloomsbury, 2002), Kindle location 1101-4.

116 他变得刀枪不入：Tim Richardson, *Sweets*, Kindle location 1125.

117 把甘蔗和精制方法传播出去：John Kieschnick, *The Impact of Buddhism on Chinese Material Culture* (Princeton, NJ: Princeton University Press, 2003), 249-254.

118 记录各种食物库存的列表上：*The Oxford English Dictionary* (Oxford, England: Oxford University Press, Compact Edition, 1980) 3343-44.

119 用于食物（的仅有307千克）： Sidney Mintz, *Sweetness and Power: The Place of Sugar in Modern History*(New York: Penguin Books, 1985), 99, 82.

120 第一种咳嗽糖浆： *OED*, 2120.

121 开始自己种植： J.H. Galloway, *The Sugar CaneIndustry : An Historical Geography from its Origins to 1914* (Cambridge, UK: Cambridge University Press, 1989), 63.

122 马匹、牛或水车带动的磨粉机：Mintz, *Sweetness and Power*, 33-34.

123 紧急情况时用来砍断手脚： Matthew Parker, *The Sugar Barons: Family, Corruption, Empire, and War in the West Indies* (New York: Walker, 2011), Kindle locations 1546-48.

124 阻塞消化道的诱惑： Ivan Day, "The Art of Confectionery," in *Pleasures of the Table: Ritual and Display in the European Dining Room 1600-1900: An Exhibition at Fairfax House*,eds.Peter Brown and Ivan Day(New York Civic Trust,2007).

125 读过泰伦的著作： Tristram Stuart,*The Bloodless Revolution: A Cultural History of Vegetarianism from 1600 to Modern Times* (New York: W.W. Norton and Company, 2007), 243-244.

126 1900年增加到41千克： Mintz, *Sweetness and Power*, 67, 143.

127 甜食之王： Daniel Carey, "Sugar, colonialism and the critique of slavery: Thomas Tryon in Barbados," *Studies on Voltaire and the Eighteenth Century* 9 (2004): 303-321.

128 玉米糖浆成为了标准食品添加剂：Richard O. Marshall and Earl R. Kooi, "Enzymatic conversion of D-glucose to D-fructose," Science 125, no. 9 (1957): 648–649; James N. BeMiller, "One hundred years of commercial food carbohydrates in the United States," *Journal of Agricultural and Food Chemistry* 57 (2009): 8125–29. doi:10.1021/jf8039236.

129 复杂生物演化过程中的第一个事件： John H. Koschwanez, Kevin R. Foster, and Andrew W. Murray, "Sucrose utilization in budding yeast as a model for the origin of undifferentiated

multicellularity," PLoS Biology 9, no. 8 (2011): e1001122. doi:10.1371/journal.pbio.1001122.
130 不要因为这样而开始喝酒：William James, "To Miss Frances R. Morse. Nanheim, July 10, 1901," in *Letters of William James*, ed. Henry James, (Boston: Atlantic Monthly Press, 1920).
131 奥尔兹写道：James Olds, "Pleasure Centers in the Brain," *Scientific American*,195,no.4 (October 1956): 105–17. doi:10.1038/scientificamerican1056-1105.
132 自己按压杠杆获得刺激后：James Olds and Peter Milner, "Positive reinforcement produced by electrical stimulation of septal area and other regions of rat brain," *Journal of Comparative and Physiological Psychology* 47,no.6(1954): 419–427.
133 拨动开关：Morton L. Kringelbach and Kent C. Berridge, "The functional neuroanatomy of pleasure and happiness" *Discovery Medicine* 9,no.49(2010): 579–587.
134 好像在舔嘴唇：Dallas Treit and Kent C. Berridge, "A comparison of benzodiazepine, serotonin, and dopamine agents in the taste-reactivity paradigm," *Pharmacology Biochemistry and Behavior* 37,no.21(1990): 451–456.
135 愉悦、兴奋或好吃的快乐信息：Roy A. Wise, "The dopamine synapse and the notion of 'pleasure centers' in the brain," *Trends in Neurosciences* 3 (1980): 91–95.
136 缓解他们的症状：Alan A. Baumeister, "Tulane electrical brain stimulation program: A historical case study in medical ethics," *Journal of the History of the Neurosciences* 9, no. 3 (2000): 262–278.
137 在一名年轻人(代号为B–19)脑部：Charles E. Moan and Robert G. Heath, "Septal stimulation for the initiation of heterosexual behavior in a homosexual male," *Journal of Behavioral Therapy and Experimental Psychiatry* 3 (1972): 23–30.
138 与男性和女性发生关系：Kent C. Berridge, "Pleasures of the brain," *Brain and Cognition* 52,no.1(2003): 106–128. doi:10.1016/S0278-2626(03)00014-9.
139 弄混了它的成因：Kent C. Berridge, Isabel L. Venier, and Terry E. Robinson, "Taste reactivity analysis of 6-hydroxydopamine-in-duced aphagia: Implications for arousal and anhedonia hypotheses of dopamine function," *Behavioral Neuroscience* 103,no. 1(1989): 36–45.
140 直接带来愉悦的大脑结构：Susana Peciña and Kent C. Berridge, "Opioid site in nucleus accumbens shell mediates eating and hedonic 'liking' for food: Map based on microinjection Fos plumes," *Brain Research* 863,nos.1-2(2000): 71–86.
141 一生中有几十亿个神经元做这件事的状况：Wolfram Schultz, Peter Dayan, and P. Read Montague, "A neural substrate of prediction and reward," *Science*, 275(5306), 1593–99. doi:10.1126/science.275.5306.1593; Wolfram Schultz, "The reward signal of midbrain dopamine neurons," *News in Physiological Science* 14 (1999): 67–71.
142 甚至快乐本身：Morten L. Kringelbach and Kent C. Berridge, "The Neurobiology of Pleasure and Happiness," in *Oxford Handbook of Neuroethics*, eds., Judy Illes and Barbara J. Sahakian(Oxford, UK: Oxford University Press, 2011), 15-32.
143 啜饮糖水（后有一股模糊的满足感）：Ivan E. de Araujo, Albino J. Oliveira-Maia, Tatyana D. Sotnikova, Raul R. Gainetdinov, Marc G. Caron, Miguel A.L. Nicolelis, and Sidney A. Simon, "Food reward in the absence of taste receptor signaling," *Neuron* 57,no.6(2008): 930–941. doi:10.1016/j.neuron.2008.01.032.
144 （把蔗糖衍生物）变成杀虫剂：Walter Gratzer, "Light on Sweetness: the Discovery of Aspartame," in *Eurekas and Euphorias: The Oxford Book of Scientific Anecdotes*(Oxford, UK: Oxford University Press, 2004), 32.
145 （人工甜味剂可能）导致糖尿病：Jotham Suez, Tal Korem, David Zeevi, Gili Zilberman-Schapira, Christoph A. Thaiss, Ori Maza, David Israeli, Niv Zmora, Shlomit Gilad, Adina Weinberger, Yael Kuperman, Alon Harmelin, Ilana Kolodkin-Gal, Hagit Shapiro, Zamir Halpern, Eran Segal, and

Eran Elinav, "Artificial sweeten-ers induce glucose intolerance by altering the gut microbiota," *Nature* 514 (October 2014): 181–86, doi:10.1038/nature13793.
146 （甜菊糖甙）则有苦味： Caroline Hellfritsch, Anne Brockhoff, Frauke Stähler, Wolfgang Meyerhof, and Thomas Hofmann, "Human psychometric and taste receptor responses to steviol glycosides," *Journal of Agricultural and Food Chemistry* 60,no.27(2012): 6782-6793.

第六章 ｜ 喜好和恶心 Gusto and Disgust

147 割下质量最好的部位：Charles Darwin, *The Voyage of the Beagle* (New York: P.F. Collier and Son, 1909. Internet Wiretap: http://www1.umassd.edu/specialprograms/caboverde/darwin.html), 86.
148 吃人的证据：Ann Chapman, *European Encounters with the Yahgan People of Cape Horn, Before and After Darwin* (New York: Cambridge University Press,2010), 180.
149 发出怪味的东西：Paul Ekman and Wallace Friesen, "Constants across cultures in the face and emotion," *Journal of Personality and Social Psychology* 17,no.2(1971): 124–129.
150 群体比其他灵长类动物大：Seth D. Dobson and Chet C. Sherwood, "Correlated evolution of brain regions involved in producing and processing facial expressions in anthropoid primates,"*Biology Letters*, 7,no.1(2010): 86–88. doi:10.1098/rsbl.2010.0427.
151 更细微精确的沟通形式：关于语言、手势和面部表情演化的讨论，见 Maurizio Gentilucci and Michael C. Corballis, "The Hominid that Talked," in *What Makes Us Human*, ed. Charles Pasternak, (Oxford, UK: Oneworld Publications, 2007), 49-70.
152 提高警觉性来回应：Daniel M. T. Fessler, Serena J. Eng, and C. David Navarrete, "Elevated disgust sensitivity in the first trimester of pregnancy: Evidence supporting the compensatory prophylaxis hypothesis," *Evolution and Human Behavior* 26,no.4(2005): 344–351. doi:10.1016/j.evolhumbehav.2004.12.001.
153 永无止境、不断改变的威胁：Valerie Curtis, Robert Aunger, and Tamer Rabie, "Evidence that disgust evolved to protect from risk of disease," *Proceedings of the Royal Society of London. Series B, Biological Sciences* 271(2004): S131–133. doi:10.1098/rsbl.2003.0144; Valerie Curtis, "Why disgust matters,"*Philosophical Transactions of the Royal Society of London. Series B, Biological Sciences* 366,no.1583(2011): 3478–3490. doi:10.1098/rstb.2011.0165; Valerie Curtis, "Dirt, disgust and disease: A natural history of hygiene,"*Journal of Epidemiology and Community Health* 61,no.8(2007): 660–664. doi:10.1136/jech.2007.062380; Valerie Curtis, Mícheál de Barra, and Robert Aunger, "Disgust as an adaptive system for disease avoidance behaviour," *Philosophical Transactions of the Royal Society of London. Series B, Biological Sciences* 366,no.1563(2011): 389–401. doi:10.1098/rstb.2010.0117.
154 向外界发送它的真实感觉：Ralph Adolphs,Daniel Tranel,Michael Koenigs,and Antonio R. Damasio,"Preferring one taste over another without recognizing either,"*Nature Neuroscience* 8,no. 7(2005)： 860–61, doi：10.1038/nn1489.
155 认为那些食物"很好吃"：Ralph Adolphs, "Dissociable neural systems for recognizing emotions," *Brain and Cognition* 52,no.1(2003)： 61–69, doi：10.1016/S0278-2626(03)00009-5.
156 移情反应结合的位置：Bruno Wicker, Christian Keysers, Jane Plailly, Jean-Pierre Royet, Vittorio Gallese, and Giacomo Rizzolatti. "Both of us disgusted in my insula: The common neural basis of seeing and feeling disgust," *Neuron* 40,no. 3(2003): 655–664. http://www.ncbi.nlm.nih.gov/pubmed/14642287.
157 脑岛活化程度也越高：See, for example Mbemba Jabbe, Marte Swart, and Christian Keysers (2007), "Empathy for positive and negative emotions in the gustatory cortex," *NeuroImage* 34,no.4(2008): 1744–

1753. doi:10.1016/j.neuroimage.2006.10.032.

158 关系和社会人格：A. D. (Bud) Craig, “*How do you feel—now?*” 59–70; Isabella Mutschler, Céline Reinbold, Johanna Wanker , Erich Seifritz and Tonio Ball, “Structural basis of empathy and the domain general region in the anterior insular cortex,” *Frontiers in Human Neuroscience*, 7: 177. doi:10.3389/fnhum.2013.00177; James Woodward and John Allman, “Moral intuition: Its neural substrates and normative significance,” *Journal of Physiology-Paris* 101,nos.4-6(2007): 179–202.

159 原始的道德形式：H. A. Chapman, D. A. Kim, J. M. Susskind, and A. K. Anderson, “In bad taste: evidence for the oral origins of moral disgust,” *Science* 323,no. 5918(2009): 1222–1226. doi:10.1126/science.1165565.

160 成人则有将近一半拒绝：Paul Rozin, April Fallon, and MaryLynn Augustoni-Ziskind, “The child’s conception of food: The development of contamination sensitivity to ‘disgusting’ substances,” *Developmental Psychology* 21,no.6: 1075–79. doi:10.1037//0012-1649.21.6.1075.

161 毛茸茸的野兽：Nick Hazelwood, *Savage: The Life and Times of Jemmy Button*(New York: St. Martin’s Press,2000),338.

162 德黑兰的人猿孩子：Lucien Malson, *Wolf Children and the Problem of Human Nature* (New York: Monthly Review Press, 1972). Also contains the text of Itard’s “The Wild Boy of Aveyron.”

163 名望甜点店橱窗（里的瓶瓶罐罐）：Laudan, *Cuisine and Empire*, location 295.

164 容易预测又十分可靠：William H. Brock,*Justus von Liebig: The Chemical Gatekeeper* (Cambridge, England: Cambridge University Press, 1997), 216-229.

第七章 | 寻找天下第一辣 Quest for Fire

165 更鲜明、更令人愉悦：McGee,*On Food and Cooking*, 394-95.

166 感觉变得比较迟钝：Bernd Nilius and Giovanni Appendino, “Tasty and healthy TR(i)Ps: The human quest for culinary pungency,” *EMBO Reports*, 12, no.11 (2011): 1094–101. doi:10.1038/embor.2011.200.

167 不辣的番椒受到感染的情形，比辣的番椒严重许多：David C. Haak, Leslie A. McGinnis, Douglas J. Levey, and Joshua J. Tewksbury, “Why are not all chilies hot? A trade-off limits pungency,” *Proceedings of The Royal Society B: Biological Sciences 279* (2011): 2012-2017. doi:10.1098/rspb.2011.2091; Joshua J. Tewksbury, Karen M. Reagan, Noelle J. Machnicki, Tomas A. Carlo, David C. Haak, Alejandra Lorena Calderon Penaloza, and Douglas J. Levey, “Evolutionary ecology of pungency in wild chilies,” *Proceedings of the National Academy of Sciences*,105,no.33(2008):11808–11. doi:10.1073/pnas.0802691105.

168 墨西哥青辣椒、安祖辣椒、塞拉诺高山椒和塔巴斯科辣椒的前身：Linda Perry and Kent V. Flannery, “Pre-Columbian use of chili peppers in the valley of Oaxaca , Mexico,” *Proceedings of the National Academy of Sciences* 104,no.29(2007): 11905–09.

169 受大家喜爱的程度不输现在：Linda Perry, Ruth Dickau, Sonia Zarrillo, Irene Holst, Deborah Pearsall, Dolores R. Piperno, Richard G. Cooke, Kurt Rademaker, Anthony J. Ranere, J. Scott Raymond, Daniel H. Sandweiss, Franz Scaramelli, and James A. Zeidler, “Starch fossils and the domestication and dispersal of chili peppers (*Capsicum* spp. L.) in the Americas,” *Science* 315,no. 5814(2007): 986–88. doi:10.1126/science.1136914.

170 每年可以出口（50艘船的胡椒）：Christopher Columbus, *The Log of Christopher Columbus*, Robert H. Fuson, trans. (Camden, ME: International Marine Publishing, 1987).

171 科泽科德辣椒：Jean Andrews, *Peppers: The Domesticated Capsicums* (Austin, TX: University of Texas Press, 1984), 5.

172 （把它们带到了）世界各地的港口：Michael Krondl, *The Taste of Conquest: The Rise and Fall of the*

Three Great Cities of Spice (New York: Ballantine Books, 2007), 170.

173 写了一首歌(献给红辣椒)：Ibid, 172

174 （世界辣椒贸易总值却）增长了25倍：UN Food and Agriculture Organization data, URL/PUB INFO TK.

175 这个数字现在翻了不止两倍：USDA Economic Research Service data, URL/PUB INFO TK.

176 （美国西南部的辣椒则）没那么刺激，但更厚重一些：Paul Bosland, interview.

177 辣椒的辣其实是一种痛觉：T. S. Lee, "Physiological gustatory sweating in a warm climate," *Journal of Physiology* 124(1954): 528–42.

178 中国太监（在去势之前）：Arpad Szallasi and Peter M. Blumberg (1999). "Vanilloid (capsaicin) receptors and mechanisms," *Pharmacological Review* 51,no.2(1999): 159–212; Mary M. Anderson, *Hidden Power: The Palace Eunuchs of Imperial China* (Buffalo, NY: Prometheus, 1990), 15-18 and 307-11.

179 （这个白色粉末很漂亮）价格又便宜：Sigmund Freud, *Cocaine Papers*, Robert Byck, editor (New York: Plume, 1975), 123.

180 整个身体呈现过热的状态：Narender R. Gavvaa, James J. S. Treanor, Andras Garami, Liang Fang, Sekhar Surapaneni, Anna Akrami, Francisco Alvarez, Annette Bake, Mary Darling, Anu Gore, Graham R. Jang, James P. Kesslak, Liyun Ni, Mark H. Norman, Gabrielle Palluconi, Mark J. Rose, Margaret Salfi, Edward Tan, Andrej A. Romanovsky, Christopher Banfield, and Gudarz Davar, "Pharmacological blockade of the vanilloid receptor TRPV1 elicits marked hyperthermia in humans" *Pain* 136,nos.1-2(2008): 202–210. doi:10.1016/ j.pain.2008.01.024.

181 （会自动连接上一个未知的受体）热觉受体：Arpad Szallasi, "The vanilloid (capsaicin) receptor: Receptor types and species specificity," *General Pharmacology* 25 (1994): 223–243.

182 （帮助在）喜马拉雅山脉中的士兵：Sudha Ramachandran, "Indian Defense Spices Things Up," *Asia Times Online* (July 8, 2009). http://www.atimes.com/atimes/South_Asia/KG08Df01.html.

183 糖尿病的前兆：Celine E. Riera, Mark O. Huising, Patricia Follett, Mathias Leblanc, Jonathan Halloran, Roger Van Andel, Carlos Daniel de Magalhaes Filho, Carsten Merkwirth, and Andrew Dillin, "TRPV1 pain receptors regulate longevity and metabolism by neuropeptide signaling," *Cell* 157, no.5 (2014): 1023–1036. doi:10.1016/j.cell.2014.03.051.

184 但有时细胞会死掉：Peter Holzer, "The pharmacological challenge to tame the transient receptor potential vanilloid-1 (TRPV1) nocisensor," *British Journal of Pharmacology* 155, no.8 (2008): 1145–62. doi:10.1038/bjp.2008.351; Peter Holzer interview, 3/12

185 提高新陈代谢的速率：Keith Singletary, "Red Pepper: Overview of potential health benefits," *Nutrition Today* 46, no.1 (2011): 33–47.

186 和解渴（联想在一块）：R. Eccles, L. Du-Plessis, Y. Dommels, and J. E. Wilkinson, "Cold pleasure: Why we like ice drinks, ice-lollies and ice cream," *Appetite* 71 (2013): 357–360. doi:10.1016/ j.appet.2013.09.011.

187 优先选择这样的食物：Paul Rozin and Deborah Schiller, "The nature and acquisition of a preference for chili pepper by humans," *Motivation and Emotion* 4,no.1(1980): 77–101.

188 （从"刚刚好"到"无法承受"之间，）只有一线之差：Rozin and Schiller, "The nature and acquisition of a preference for chili pepper by humans," 97.

189 这两个系统关系密切：Siri Leknes and Irene Tracey, "A common neurobiology for pain and pleasure," *Nature Reviews: Neuroscience* 9,no.4(2008): 314–320. doi:10.1038/nrn2333.

190 对痛苦结束的期望比较小：Siri Leknes, Michael Lee, Chantal Berna, Jesper Andersson, and Irene Tracey, "Relief as a reward: Hedonic and neural responses to safety from pain," *PloS One* 6, no.4 (2011): e17870. doi:10.1371/journal.pone.0017870.

191 咿呀学语的儿子约瑟夫说的发音错误的马铃薯："Tayto's Place in World History ," *The Independent* (May 6, 2006). http://www.independent.ie/unsorted/features/taytos-place-in-world-history-26383239.html.

192 在大约同期(推出了相同的产品)：Herr's company website, http://www.herrs.com; Frito-Lay history on Funding Universe website, http://www.fundinguniverse.com/company-histories/frito-lay-company-history/.

193 一切都要合乎传统和礼节：Laudan, Cuisine and Empire, location 958.

194 马铃薯、含糖饮料、红肉：Dariush Mozaffarian, Tao Hao, Eric B. Rimm, Walter C. Willett, and Frank B. Hu, "Changes in diet and lifestyle and long-term weight gain in women and men," *The New England Journal of Medicine* 364,no.25(2011): 2392–404. doi:10.1056/NEJMoa1014296.

195 用辣椒来增添它的风味：Cambridge World History of Food website, http://www.cambridge.org/us/books/kiple/potatoes.htm.

196 某个人家的空房、车库或是谷仓：Dirk Burhans, *Crunch!: A History of the Great American Potato Chip* (Madison, WI: Terrace Books, 2008), Kindle location 322.

197 为大脑的快乐中枢带来一股暖流：Kent C. Berridge,"The debate over dopamine's role in reward: The case for incentive salience," *Psychopharmacology* 191,no.3(2007): 391–431. doi:10.1007/s00213-006-0578-x.

198 专注力变得比较集中和敏锐：Clare E. Turner, Winston D. Byblow, Cathy M. Stinear, and Nicholas R. Gant, "Carbohydrate in the mouth enhances activation of brain circuitry involved in motor performance and sensory perception,"*Appetite* 80 (2014): 212-219. doi:10.1016/j.appet.2014.05.020.

199 （越容易觉得东西）尝起来油腻：Marta Yanina Pepino, Latisha Love-Gregory, Samuel Klein, and Nada A. Abumrad, "The fatty acid translocase gene, CD36, and lingual lipase influence oral sensitivity to fat in obese subjects," *Journal of Lipid Research*, 53, no.3 (2012): 561-566. doi:10.1194/jlr.M021873.

200 （这些大鼠显然）乐在其中：Amy J. Tindell, Kyle S. Smith, Susana Peciña, Kent C. Berridge, and J. Wayne Aldridge, "Ventral pallidum firing codes hedonic reward: When a bad taste turns good," *Journal of Neurophysiology*, 96, no.5 (2006): 2399–2409. doi:10.1152/jn.00576.2006.

201 这两种味道会混合：Yuki Oka, Matthew Butnaru, Lars von Buchholtz, Nicholas J. P. Ryba, and Charles S. Zuker, "High salt recruits aversive taste pathways," *Nature* 494 (2013): 472–75. doi:10.1038/nature11905.

202 （整个世界都）对盐上瘾了：Michael J. Morris, Elisa S. Na, and Alan Kim Johnson, "Salt craving: The psychobiology of pathogenic sodium intake," *Physiology & Behavior*, 94, no.5 (2008): 709–21. doi:10.1016/j.physbeh.2008.04.008.

203 体重也逐渐增加：Jacques Le Magnen, Hunger (Cambridge, UK: Cambridge University Press, 1985), 42.

204 打架、攻击他人和不守规矩的情形大大改善：Eliza Barclay, "Food As Punishment: Giving U.S. Inmates 'The Loaf' Persists," *Morning Edition*, NPR (January 2, 2014). http://www.npr.org/blogs/thesalt/2014/01/02/256605441/punishing-inmates-with-the-loaf-persists-in-the-u-s.

205 维持对其他食物的快乐反应：Barbara J. Rolls, Edmund T. Rolls, Edward A. Rowe, and Kevin Sweeney, "Sensory specific satiety in man," *Physiology & Behavior* 27 (1980): 137–42.

206 有些人干脆称它为“火腿和混蛋”：Robert E. Peavey, *Praying for Slack: A Marine Corps Tank Commander in Vietnam* (Minneapolis: Zenith Imprint Press, 2004), 189.

207 （当中牵扯到了）视觉、记忆和知识：Kathrin Ohla, Ulrike Toepel, Johannes le Coutre, and Julie Hudry, "Visual-gustatory interaction: Orbitofrontal and insular cortices mediate the effect of high-

calorie visual food cues on taste pleasantness," *PloS One*, 7, no.3 (2012): e32434. doi:10.1371/journal.pone.0032434.

208 让粉红色的酸奶变得不好吃：Vanessa Harrar and Charles Spence, "The taste of cutlery: How the taste of food is affected by the weight, size, shape, and colour of the cutlery used to eat it," *Flavour* 2,no.21(2013), doi:10.1186/2044-7248-2-21.

209 装在蓝色碗里，会让人觉得味道更咸：Charles Spence, Vanessa Harrar, & Betina Piqueras-Fiszman, "Assessing the impact of the tableware and other contextual variables on multisensory flavour perception," *Flavour* 1,no.7(2012), doi:10.1186/2044-7248-1-7.

210 价格越高的酒越让人觉得好喝：Hilke Plassmann, John Doherty, Baba Shiv, and Antonio Rangel, "Marketing actions can modulate neural representations of experienced pleasantness," *Proceedings of the National Academy of Sciences* 105,no.3(2008): 1050–54.

211 "菊苣""煤炭"和"麝香"：Gil Morrot, Frederic Brochet, and Denis Dubourdieu, "The color of odors," *Brain and Language* 79,no.2 (2001): 309–320. doi:10.1006/brln.2001.2493.

212 把过去的经验全加诸在味道的感受上：Samuel M. McClure, Jian Li, Damon Tomlin, Kim S. Cypert, Latane M. Montague, and P. Read Montague, "Neural correlates of behavioral preference for culturally familiar drinks," *Neuron* 44,no.2(2004): 379–87. doi:10.1016/j.neuron.2004.09.019.

213 选择项目的多寡显然也有举足轻重的影响力：Sheena S. Iyengar and Mark R. Lepper, "When choice is demotivating: Can one desire too much of a good thing?" *Journal of Personality and Social Psychology* 79,no.6(2000): 995–1006.

214 选择食物（的大脑）：Hilke Plassmann, John O. Doherty, and Antonio Rangel, "Orbitofrontal cortex encodes willingness to pay in everyday economic transactions," *The Journal of Neuroscience* 27,no.37(2007): 9984–88. doi:10.1523/JNEUROSCI.2131-07.2007.

215 网络媒体掴客网：Hamiton Nolan, "Americans Will Be Drugged to Believe Their Soda Is Sweeter," *Gawker* (December 3, 2013). http://gawker.com/americans-will-be-drugged-to-believe-their-soda-is-swee-1475526047.

216 （刺激它们）发展成肌肉组织：Nicola Jones, "A taste of things to come? Researchers are sure that they can put lab-grown meat on the menu—if they can just get cultured muscle cells to bulk up," *Nature* 468 (2010): 752-753.

217 "有点像蛋糕"：Davide Castelvecchi, "Researchers Put Synthetic Meat to the Palate Test," *Nature News Blog* (August 15, 2013). http://blogs.nature.com/news/2013/08/researchers-put-synthetic-meat-to-the-palate-test.html.

218 这杯（稍微带有甜味的）饮料里：Rob Rhinehart, "How I Stopped Eating Food," Mostly Harmless blog (February, 13 2013). http://robrhinehart.com/?p=298.

219 （放在网络上）和世界分享：Nimesha Ranasinghe website, http://nimesha.info/projects.html;Nimesha Ranasinghe, Ryohei Nakatsu, Nii Hideaki, and Ponnampalam Gopalakrishnakone, "Tongue-mounted interface for digitally actuating the sense of taste," *Proceedings of the 16th IEEE International Symposium on Wearable Computers* (June 2012): 80-87. doi:10.1109/ISWC.2012.16, ISSN: 1550-4816; Nimesha Ranasinghe, Kasun Karunanayaka, Adrian David Cheok, O. N. N. Fernando, Hideaki Nii, Ponnampalam Gopalakrishnakone, "Digital Taste and Smell Communication," *Proceedings of International Conference on Body Area Networks*, BodyNets 2011 (November 2011): 78-84; Nimesha Ranasinghe, A. D. Cheok, O. N. N. Fernando, H. Nii, and G. Ponnampalam, "Electronic taste stimulation," *Proceedings of the 13th International Conference on Ubiquitous Computing* (2011): 561-562. doi:10.1145/2030112.2030213.

220 带有强烈鲜味：McGee, On Food and Cooking, 237.

221 （过去的两个主流理论）都是错误的：René Dubos, *Louis Pasteur: Free Lance of Science* (Boston: Little, Brown and Company, 1950) 41, 116-134.

222 （烤乳猪的）皮就可以维持酥脆：Hervé This, "Modelling dishes and exploring culinary 'precisions': The two issues of molecular gastronomy," *British Journal of Nutrition* 93, no.1 (2007): S139-S146. doi:10.1079/BJN20041352.

223 （创造）新技术与新菜色："Cooking Statement," The Fat Duck website, http://www.thefatduck.co.uk/Heston-Blumenthal/Cooking-Statement/.

224 （利用当地真菌研究）传统发酵过程：Daniel Felder, Daniel Burns, and David Chang, "Defining microbial terroir: The use of native fungi for the study of traditional fermentative processes," *International Journal of Gastronomy and Food Science* 1,no.1(2011): 64-69. doi:10.1016/j.ijgfs.2011.11.003.

225 蛋奶酥是怎么一回事：Leo Hickman, "Doctor Food," *The Guardian* (April 19, 2005). http://www.theguardian.com/news/2005/apr/20/food.science.

226 西欧和北美洲：Yong-Yeol Ahn, Sebastian E. Ahnert, James P. Bagrow, and Albert-Laszlo Barabasi, "Flavor network and the principles of food pairing," *Scientific Reports* 196, no. 1 (2011): 1-7. doi:10.1038/srep00196.

227 鹅肝酱佐茉莉花酱：Hickman, "Doctor Food."

228 （人类和机械成了）创造新口味的伙伴：Chris Nay, "When Machines Get Creative: The Virtual Chef," *Building a Smarter Planet Blog* (December 12, 2013). http://asmarterplanet.com/blog/2013/12/virtualchef.html. "Cognitive Cookbook," IBM website. http://www.ibm.com/smarterplanet/us/en/cognitivecooking/food.html.

229 把这个味道从中分离出来：Kenzo Kurihara, "Glutamate: From discovery as a food flavor to role as a basic taste (umami)," *American Journal of Clinical Nutrition* 90, no. 3 (2009): 719S-722S. doi: 10.3945/ajcn.2009.27462D.

230 （酿造索维农白葡萄酒的一定是）波尔多葡萄：Gregory V. Jones, "Climate change: Observations, projections and general implications for viticulture and wine production," *Whitman College Economics Department Working Paper*, 2007.

231 （巴不得）全球变暖再加剧一点：John McQuaid, "What Rising Temperatures May Mean for World's Wine Industry," *Yale Environment 360* (December 19, 2011). http://e360.yale.edu/feature/what_global_warming_may_mean_for_worlds_wine_industry/2478/.

参考书目

Bibliography

Allman, John Morgan. *Evolving Brains*. New York: Scientific American Library, 2000.

Andrews, Jean. *Peppers: The Domesticated Capsicums*. Austin: University of Texas Press, 1984.

Baker, Phil. *The Book of Absinthe: A Cultural History*. New York: Grove Press, 2007.

Boring, Edwin G. *Sensation and Perception in the History of Experimental Psychology*. New York: Appleton-Century-Crofts, Inc., 1942.

Brillat-Savarin, Jean Anthelme. *The Physiology of Taste: or Meditations on Transcendental Gastronomy*. Translated by M.F.K. Fisher. New York: Vintage electronic edition, 2009.

Brock, William H. *Justus von Liebig: The Chemical Gatekeeper*. Cambridge, England: Cambridge University Press, 1997.

Burhans, Dirk. *Crunch!: A History of the Great American Potato Chip*. Madison, Wisconsin: Terrace Books, 2008.

Carterette, Edward C. and Morton P. Friedman, eds. *Handbook of Perception,Volume VIA: Tasting and Smelling*. New York: Academic Press, 1978.

Cavalli-Sforza, L. Luca, Paolo Menozzi and Alberto Piazza. *The History and Geography of Human Genes*. Princeton: Princeton University Press, 1994.

Cervantes, Miguel de. *Don Quixote*. Translated by Edith Grossman. New York: HarperCollins, 2009.

Chapman, Ann. *European Encounters with the Yahgan People of Cape Horn,Before and After Darwin*. New York: Cambridge University Press, 2010.

Columbus, Christopher. *The Log of Christopher Columbus*. Translated by Robert H. Fuson. Camden, Maine: International Marine Publishing, 1987.

Cowell, E.B., F. Max Muller, and J. Takakusu, translators. *Buddhist Mahāyāna Texts*. New York: Dover Publications, 1969.

Darwin, Charles. *The Expression of Emotions in Man and Animals*. New York: D. Appleton and Co., 1899. Accessed via Project Gutenberg: http://www.gutenberg.org/files/1227/1227-h/1227-h.htm.

Darwin, Charles. *The Voyage of the Beagle*. New York: P.F. Collier and Son, 1909. Accessed via Internet Wiretap: http://www1.umassd.edu/specialprograms/caboverde/darwin.html.

Dubos, René. *Louis Pasteur: Free Lance of Science*. Boston: Little, Brown and Company, 1950. Accessed via University of California Digital Library: https://archive.org/details/ louispasteurfree009068mbp.

Ekman, Paul, ed. *Darwin and Facial Expression: A Century of Research in Review*. Los Altos, California: Malor Books, 2006.

Finger, Stanley. *Origins of Neuroscience: A History of Explorations into Brain Function*. Oxford, England: Oxford University Press, 2001.

Freud, Sigmund. *Cocaine Papers*. Robert Byck, editor. New York: Plume, 1975.

Galloway, J.H. *The Sugar Cane Industry: An Historical Geography from its Origins to 1914*. Cambridge,England:

Cambridge University Press, 1989.

Gopnik, Alison, Andrew N. Meltzoff, and Patricia K. Kuhl. *The Scientist in the Crib: What Early Learning Tells Us About the Mind*. New York: HarperCollins, 2000.

Gratzer, Walter. *Eurekas and Euphorias: The Oxford Book of Scientific Anecdotes*. Oxford, England: Oxford University Press, 2004.

Hazelwood, Nick. *Savage: The Life and Times of Jemmy Button*. New York: St. Martin's Press, 2000.

Herz, Rachel. *That's Disgusting: Unraveling the Mysteries of Repulsion*. New York: W.W. Norton, 2012.

Heyn, Birgit. *Ayurveda: The Indian Art of Natural Medicine and Life Extension*. Rochester, Vermont: Healing Arts Press, 1990.

Homer. *The Odyssey*. Translated by Robert Fagles. New York: Penguin Classics, 2002.

Hounshell, David A. and John Kenly Smith, Jr. *Science and Corporate and Policy: The United States in the Twentieth Century*. Cambridge, UK: Cambridge University Press, 1988.

Illes, Judy, and Barbara J. Sahakian, eds. *Oxford Handbook of Neuroethics*. Oxford, England: Oxford University Press, 2011.

James, Henry, ed. *Letters of William James*. Boston: Atlantic Monthly Press, 1920.

Kelley, Patricia H., Michal Kowalewski, and Thor A. Hansen, eds. *Predator-Prey Interactions in the Fossil Record*. New York: Kluwer Academic/Plenum Publishers, 2003.

Keysers, Christian. *The Empathic Brain: How the Discovery of Mirror Neurons Changes Our Understanding of Human Nature. Groningen*, Netherlands: Social Brain Press, 2011.

Kieschnick, John. *The Impact of Buddhism on Chinese Material Culture*. Princeton, New Jersey: Princeton University Press, 2003.

Kinstedt, Paul S. *Cheese and Culture: A History of Cheese and its Place in Western Civilization*. White River Junction, Vermont: Chelsea Green, 2012.

Korsmeyer, Carolyn. *Making Sense of Taste: Food and Philosophy*. Ithaca, New York: Cornell University Press, 1999.

Kringelbach, Morton L. *The Pleasure Center: Trust Your Animal Instincts*. Oxford, England: Oxford University Press, 2009.

Krondl, Michael. *The Taste of Conquest: The Rise and Fall of the Three Great Cities of Spice*. New York: Ballantine Books, 2007.

Laudan, Rachel. *Cuisine and Empire: Cooking in World History*. Berkeley, California: University of California Press, 2013.

Le Magnen, Jacques. *Hunger: Problems in the Behavioural Sciences* (Book 3).Cambridge, England: Cambridge University Press, 1985.

Lieberman, Daniel E. *The Evolution of the Human Head.* Cambridge, Massachusetts: The Belknap Press of Harvard University Press, 2011.

Malmberg, Annika B. and Keith R. Bley, eds. *Turning Up the Heat on Pain: TRPV1 Receptors in Pain and Inflammation.* Boston: Birkhauser Verlag, 2005.

Malson, Lucien. *Wolf Children and the Problem of Human Nature.* New York: Monthly Review Press, 1972.

McGee, Harold. *On Food and Cooking: The Science and Lore of the Kitchen.* New York: Scribner, 2004.

McGovern, Patrick. *Uncorking the Past: The Quest for Wine, Beer and Other Alcoholic Beverages. Berkeley,* California: University of California Press, 2009.

McSweeney, P.L.H., ed., *Cheese Problems Solved. Cambridge,* England: Woodhead Publishing Ltd., 2007.

Mintz, Sidney. *Sweetness and Power: The Place of Sugar in Modern History.* New York: Penguin Books, 1985.

Moss, Michael. *Salt Sugar Fat: How the Food Giants Hooked Us.* New York: Random House, 2013.

Newton, Michael. *Savage Girls and Wild Boys: A History of Feral Children.* New York: Picador, 2002.

O'Connell, Sanjida. *Sugar: The Grass That Changed the World. London: Virgin Books, 2004.*

The Oxford English Dictionary. Oxford, England: Oxford University Press, Compact Edition, 1980.

Ostwald, C.W.W. *An Introduction to Theoretical and Applied Colloid Chemistry: The World of Neglected Dimensions.* New York: John Wiley & Sons, 1917. Accessed via University of California Digital Library: https://archive.org/details/theoapplicolloid00ostwrich.

The Oxford English Dictionary, compact edition. Oxford, UK: Oxford University Press, 1980.

Parker, Matthew. *The Sugar Barons: Family, Corruption, Empire, and War in the West Indies.* New York: Walker, 2011.

Pasternak, Charles, ed. *What Makes Us Human.* Oxford, England: Oneworld Publications, 2007.

Peavey, Robert E. *Praying for Slack: A Marine Corps Tank Commander in Vietnam.* Minneapolis: Zenith Imprint Press, 2004.

Plato. *Timaeus.* Translated by Benjamin Jowett. Accessed via MIT Internet Classics Archive: http://classics.mit.edu/Plato/timaeus.html.

Prescott, John and Beverly Tepper, eds. *Genetic Variation in Taste Sensitivity.* New York: Marcel Dekker, 2004.

Reston Jr., James. *Warriors of God: Richard the Lionheart and Saladin in the Third Crusade.* New York: Anchor Books, 2007.

Richardson, Tim. *Sweets: A History of Candy.* New York: Bloomsbury, 2002.

Savage-Rumbaugh, E. Sue, and Roger Lewin. *Kanzi: The Ape at the Brink of the Human Mind.* New York: John Wiley & Sons, 1994.

Shepherd, Gordon M. *Neurogastronomy: How the Brain Creates Flavor and Why it Matters.* New York: Columbia University Press, 2012.

Siegel, Ronald K. *Intoxication: The Universal Drive for Mind-Altering Substances.* New York: Park Street Press, 2011.

Stuart, Tristram. *The Bloodless Revolution: A Cultural History of Vegetarianism from 1600 to Modern Times.* New York: W.W. Norton, 2006.

This, Hervé. *Molecular Gastronomy: Exploring the Science of Flavor.* Translated by Malcolm DeBevoise. New York: Columbia University Press, 2006.

Wrangham, Richard. *Catching Fire: How Cooking Made Us Human.* New York: Basic Books, 2009.

图书在版编目（CIP）数据

品尝的科学：从地球生命的第一口，到饮食科学研究最前沿 / (美) 约翰·麦奎德著；林东翰，张琼懿，甘锡安译. -- 北京：北京联合出版公司，2017.4（2020.10重印）

ISBN 978-7-5502-9993-1

Ⅰ.①品… Ⅱ.①约… ②林… ③张… ④甘… Ⅲ.①食品感官评价—普及读物 Ⅳ.①TS207.3-49

中国版本图书馆CIP数据核字（2017）第055060号

北京市版权局著作权合同登记 图字：01-2017-1795

品尝的科学：从地球生命的第一口，到饮食科学研究最前沿

作　　者：[美] 约翰·麦奎德（John McQuaid）
译　　者：林东翰　张琼懿　甘锡安
出 品 人：赵红仕
出版监制：刘　凯　马春华
选题策划：联合低音
责任编辑：闻　静
封面设计：周伟伟
内文排版：聯合書莊

关注联合低音

北京联合出版公司出版
（北京市西城区德外大街83号楼9层　100088）
北京联合天畅文化传播公司发行
唐山富达印务有限公司印刷　新华书店经销
字数190千字　710毫米 × 1000毫米　1/16　20印张
2017年5月第1版　2020年10月第6次印刷
ISBN 978-7-5502-9993-1
定价：49.80元